Planung flexibler und wirtschaftlicher Fertigungsprozessfolgen für die variantenreiche Serienfertigung

Planning of Flexible and Economical Manufacturing Process Sequences for Multi-Variant Series Production

Von der Fakultät für Maschinenwesen
der Rheinisch-Westfälischen Technischen Hochschule Aachen
zur Erlangung des akademischen Grades eines
D o k t o r s d e r I n g e n i e u r w i s s e n s c h a f t e n
genehmigte Dissertation

vorgelegt von

Lars Niklas Stauder

Berichter/in:

Univ.-Prof. Dr.-Ing. Thomas Bergs
apl. Prof. Dr.-Ing. Dipl.-Wirt.-Ing. Heiner Hans Heimes

Tag der mündlichen Prüfung: 12. August 2025

Diese Dissertation ist auf den Internetseiten der Universitätsbibliothek online verfügbar.

INNOVATIONS IN
MANUFACTURING TECHNOLOGY

Lars Niklas Stauder

Planung flexibler und wirtschaftlicher Fertigungsprozessfolgen für die variantenreiche Serienfertigung

Herausgeber:
Prof. Dr.-Ing. T. Bergs

Band 10/2025

MTI | RWTH AACHEN UNIVERSITY

Fraunhofer
IPT

Bibliografische Information der Deutschen Nationalbibliothek
Die Deutsche Nationalbibliothek verzeichnet diese Publikation in der Deutschen Nationalbibliografie; detaillierte bibliografische Daten sind im Internet über https://portal.dnb.de abrufbar.

Lars Niklas Stauder:

Planung flexibler und wirtschaftlicher Fertigungsprozessfolgen für die variantenreiche Serienfertigung

1. Auflage, 2025

Gedruckt auf holz- und säurefreiem Papier, 100% chlorfrei gebleicht.

Wissenschaftsverlag des Instituts für Industriekommunikation und Fachmedien an der RWTH Aachen
Steinbachstr. 25, 52074 Aachen, Deutschland
Internet: www.apprimus-verlag.de, E-Mail: info@apprimus-verlag.de

Printed in Germany

ISBN 978-3-98555-307-5

Vorwort und Danksagung

Preamble and Acknowledgement

Die vorliegende Arbeit entstand während meiner Zeit als wissenschaftlicher Mitarbeiter am Manufacturing Technology Institute MTI (ehemals Lehrstuhl für Technologie der Fertigungsverfahren am Werkzeugmaschinenlabor WZL) der Rheinisch-Westfälischen Technischen Hochschule Aachen.

Bei Herrn Prof. Dr.-Ing. Thomas Bergs bedanke ich mich herzlichst für die stetige Unterstützung meiner Tätigkeit, die sowohl fachliche als auch persönliche Förderung, seine motivierende und wohlwollende Führung sowie das mir entgegengebrachte Vertrauen. Herrn Prof. Dr.-Ing. Dipl.-Wirt.-Ing. Heiner Heimes danke ich herzlich für die Übernahme des Koreferats meiner Dissertation und die eingehende Durchsicht des Manuskripts meiner Dissertation. Des Weiteren gilt mein Dank Prof. Dr.-Ing. Andreas Jupke für die Übernahme des Prüfungsvorsitzes.

Der Deutschen Forschungsgemeinschaft (DFG) danke ich für die Förderung des Forschungsprojekts BE 2542/185-1 „Entwicklung einer Methodik zur Bewertung bedarfsorientiert flexibler Fertigungsprozessfolgen für die variantenreiche Serienfertigung" (Projekt-ID: 549757578), da wesentliche Inhalte und der Großteil der für die vorliegende Dissertation erfolgten Forschungsaktivitäten durch dieses Projekt unterstützt und ermöglicht wurden.

Außerdem möchte ich mich bei meinen ehemaligen Kolleginnen und Kollegen am WZL und MTI für eine unvergessliche und lehrreiche Zeit sowie die stetige Motivation und großartige Arbeitsatmosphäre bedanken. Insbesondere bedanke ich mich bei: Dr.-Ing. Sebastian Barth, Marc Bredthauer, Peter Breuer, Fabian Brüssel, Tammo Dannen, Alexander Dehmer, Anna Diercks, Hakim El Kadaoui, Gonsalves Grünert, Laura Gehlen, Maximilian Gey, Dr.-Ing. Timm Grünebaum, Dr.-Ing. Lennard Hermann, Nina Hilgers, Stephan Hillmann, Björn Killich, Christian Lürken, Janis Menke, Dominik Mohnen, Daniel Müller, Dr.-Ing. Ulrich Müller, Philipp Niemietz, Dr-Ing. Marius Ohlert, Lucia Ortjohann, Nadja Poniatowski, Dr.-Ing. Sebastian Prinz, Dr.-Ing. Jan Rey, Jannik Röttger, Sina Schwendemann, Dr.-Ing. Sebastian Weber, Ellen Wiener und Fan Yang.

Ebenso danke ich meinen studentischen Mitarbeitenden sowie Bachelor- und Masterarbeitenden für ihre Unterstützung und Arbeit in den vergangenen Jahren. Insbesondere möchte ich mich bei Lukas Kütting, Constantin Staude und Malte Ulrich bedanken. Außerdem gilt ein besonderer Dank Dr.-Ing. Sebastian Apelt, Dr.-Ing. Alexander Beckers und Eike Reuter für die zahlreichen fachlichen Diskussionen, Ratschläge und wundervolle Zeit am Institut und in Aachen.

Bedanken möchte ich mich bei meinen engsten Freunden Benedikt, Florian, Johannes, Kai, Max und Oliver sowie Alicia, Anna, Greta, Jana, Julia, Julian, Lea, Matthias, Max, Tim und Vincent die mir immer eine große Stütze waren und mit denen ich unvergessliche Zeiten verbringen durfte.

Größter Dank gilt meiner Familie. Insbesondere bedanke ich mich bei meinen Eltern Christa und Hans Jacob Stauder dafür, dass sie mich immer auf meinem Weg bestärkt haben und ich mich stets auf ihren Rückhalt verlassen konnte. Ebenso danke ich meinen Geschwistern Jens und Linda für ihre Unterstützung und dafür, dass sie gemeinsam mit ihren Partnern Vera und Ben sowie ihren Kindern Alicia, Clea und Joséphine für den notwendigen Ausgleich gesorgt haben. Außerdem gilt mein Dank Gaby, Christian und Moritz für ihre Unterstützung, die schönen gemeinsamen Zeiten und dafür, dass ich auch Teil ihrer Familien sein darf.

Für ihre stetige und bedingungslose Unterstützung, ihren Glauben an mich, ihr Verständnis für lange Arbeitstage und kurze Wochenenden sowie ihre unerschütterliche Geduld danke ich von Herzen meiner Freundin Elin. Ohne dich, dein Verständnis und deine Unterstützung wäre diese Promotion nicht möglich gewesen – vielen Dank für alles.

Kurzzusammenfassung

Unternehmen stehen vor der Herausforderung, dass aufgrund wachsender Dynamiken an den Märkten und einer steigenden Komplexität die Anzahl technischer Anpassungen von Produkten zunimmt. Folglich reduziert sich auch in der Serienfertigung die Stückzahl gleichartiger Bauteile und es sind zunehmend verschiedene Bauteilvarianten zu fertigen. Gleichzeitig ist die Installation und der Aufbau einer Fertigungsprozessfolge zur Produktion von Bauteilen mit hohen Investitionen verbunden, weshalb nicht für jede Bauteilvariante eine separate Fertigungsprozessfolge berücksichtigt wird. Somit sind Investitionsentscheidungen bzgl. Fertigungsprozessfolgen nicht nur unter Betrachtung aktueller Anforderungen zu treffen, sondern die Anforderungen an zukünftige Bauteilvarianten sind in die Entscheidung zu integrieren, um sicherzustellen, dass zukünftige Bauteilvarianten wirtschaftlich gefertigt werden können.

Folglich wird die Flexibilität von Fertigungsprozessfolgen in Bezug auf zukünftige Bauteilvarianten für Unternehmen in der Serienfertigung ein Erfolgsfaktor. Eine Maximierung der Flexibilität ist jedoch nicht zwangsläufig die wirtschaftlichste Option, da eine höhere Flexibilität i. d. R. mit höheren Investitionen und Betriebskosten verbunden ist. Daraus resultiert die Notwendigkeit der Betrachtung der bedarfsorientierten Flexibilität von Fertigungsprozessfolgen, die durch potenzielle Bauteilvarianten definiert wird, und eine Bewertung der Wirtschaftlichkeit unter Einbeziehung potenzieller Bauteilvarianten, um eine anforderungsgerechte Nutzung der Fertigungsmittel und Sicherstellung des langfristigen Unternehmenserfolgs zu erreichen.

In dieser Dissertation wurde eine Methodik entwickelt, die die Planung von flexiblen und wirtschaftlichen Fertigungsprozessfolgen für die variantenreiche Serienfertigung ermöglicht. Es wurde untersucht, wie eine Modellierung potenzieller, unsicherheitsbehafteter Bauteilvarianten zu gestalten ist, um diese in die Planung von Fertigungsprozessfolgen zu integrieren. Hierbei ist zu berücksichtigen, dass die wirtschaftlich relevanten Charakteristika der zukünftigen Bauteilvarianten zum Planungszeitpunkt nicht eindeutig bekannt sind und somit Unkenntnisse, z. B. bzgl. Eintrittszeitpunkt und Nachfragemengen, bestehen, weshalb vorliegende Unsicherheiten in die Planung zu integrieren sind. Des Weiteren wurde erforscht, wie unter Einbezug unsicherheitsbehafteter Bauteilvarianten eine Bewertung der bedarfsorientierten Flexibilität und eine Prognose der Wirtschaftlichkeit von Fertigungsprozessfolgen umzusetzen sind, um sicherzustellen, dass die Fertigungsprozessfolge nicht nur für aktuell zu fertigende Bauteilvarianten eine kostengünstige Fertigung ermöglicht, sondern eine ganzheitliche wirtschaftliche Optimierung der Fertigung über die Nutzungsdauer erreicht wird.

Abstract

Companies are faced with the challenge of an increase of the number of technical adaptations to products due to growing market dynamics and increasing complexity. As a result, the number of similar components in series production is also decreasing and an increasing number of different component variants need to be produced. In addition, the installation and set-up of a manufacturing process sequence for the production of components is associated with high investments, which is why a separate manufacturing process sequence is not considered for each component variant. Therefore, investment decisions regarding manufacturing process sequences must not only be made under consideration of current requirements, but the requirements for future component variants must also be integrated into the decision in order to ensure that future component variants can be manufactured economically.

As a result, the flexibility of manufacturing process sequences with regard to future component variants is becoming a success factor for companies in series production. However, maximizing flexibility is not necessarily the most economical option, as greater flexibility is generally associated with higher investment and operating costs. As a result, it is necessary to consider the demand-oriented flexibility of manufacturing process sequences, which is defined by potential component variants. Furthermore, an evaluation of the economic efficiency must be considered, taking into account potential component variants, in order to achieve a demand-oriented use of production resources and ensure the long-term success of the company.

In this dissertation, a methodology to enable the planning of flexible-economic manufacturing process sequences for variant-rich series production was developed. It was investigated how potential, uncertain component variants can be modeled in order to integrate them into the planning of manufacturing process sequences. It must be acknowledged that the economically relevant characteristics of the future component variants are not clearly known at the time of planning and thus there is a lack of knowledge, e.g. with regard to the time of occurrence and demand quantities, which is why existing uncertainties must be integrated into the planning. Furthermore, research was conducted into how an assessment of demand-oriented flexibility and a prognosis of the economic efficiency of manufacturing process sequences can be implemented, taking into account component variants subject to uncertainty, in order to ensure that the manufacturing process sequence not only enables cost-effective production for component variants currently to be manufactured, but also achieves holistic economic optimization of production over the useful life.

Inhaltsverzeichnis

Content

1 Einleitung ... 1

2 Wissenschaftliche Vorgehensweise und Aufbau ... 3

2.1 Wissenschaftstheoretischer Bezugsrahmen ... 3
2.2 Formaler und inhaltlicher Aufbau der Arbeit ... 4

3 Abgrenzung des Untersuchungsbereichs ... 7

3.1 Grundlagen und Begriffsabgrenzungen in der Technologieplanung für die variantenreiche Serienfertigung ... 7
3.1.1 Bauteil, Bauteilvariante und Bauteilprogramm ... 7
3.1.2 Serienfertigung ... 9
3.1.3 Technologie und Fertigungsprozessfolgen ... 11
3.1.4 Einordnung in den Technologieplanungsprozess ... 13
3.2 Grundlagen und Definitionen zur Flexibilität in der Fertigung ... 15
3.3 Modelltheoretische und methodische Grundlagen ... 18
3.4 Zwischenfazit und Definition des Untersuchungsbereichs ... 20

4 Stand der Forschung ... 23

4.1 Ansätze zur Gestaltung von Technologieketten und Fertigungsprozessfolgen ... 23
4.2 Ansätze zum Umgang mit Bauteilvarianten in der Fertigung ... 34
4.3 Ansätze zur Betrachtung der Flexibilität in der Fertigung ... 39
4.4 Wissenschaftliche Problemstellung ... 46

5 Zielsetzung und Konzeption der Methodik ... 49

5.1 Zielsetzung der Arbeit ... 49
5.2 Anforderungen an die Methodik ... 50
5.2.1 Formale Anforderungen ... 50
5.2.2 Inhaltliche Anforderungen ... 51
5.3 Annahmen und Eingrenzungen ... 52
5.4 Ableitung des Grobkonzepts ... 53
5.5 Ansatz zur Modellierung von Unsicherheiten ... 55

6 Detaillierung der Methodik ... 61

6.1 Modellierung unsicherheitsbehafteter Bauteilvarianten ... 61
6.1.1 Modell zur Beschreibung von Bauteilen ... 62
6.1.2 Ermittlung unsicherheitsbehafteter Bauteilvarianten ... 65
6.1.3 Validierung und Zwischenfazit ... 88
6.2 Ableitung bedarfsorientiert flexibler Fertigungsprozessfolgen ... 95
6.2.1 Ermittlung relevanter technologischer Fähigkeiten von Fertigungsprozessfolgen ... 96

6.2.2 Ermittlung von bedarfsorientiert flexiblen Prozessfolgen 103
6.2.3 Validierung und Zwischenfazit 117
6.3 Prognose der Wirtschaftlichkeit von Fertigungsprozessfolgen bei unsicherheitsbehafteten Bauteilvarianten 122
6.3.1 Modell zur Wirtschaftlichkeitsbewertung von Fertigungsprozessfolgen 123
6.3.2 Prognose der Wirtschaftlichkeit von Prozessfolgen 127
6.3.3 Validierung und Zwischenfazit 133

7 Diskussion und Verwertung 139

7.1 Kritische Diskussion der entwickelten Methodik 139
7.2 Wissenschaftliche und wirtschaftliche Verwertung 140

8 Zusammenfassung 143

9 Literaturverzeichnis VII

10 Anhang XXI

10.1 Vorgehen (2) zur Überprüfung der technologischen Umsetzbarkeit von Bauteilvarianten XXI
10.2 Ergänzende Informationen und Abbildung zur Validierung in Abschnitt 6.1.3 XXV
10.3 Ergänzende Informationen und Abbildungen zur Validierung in Abschnitt 6.2.3 XXIX
10.4 Exemplarische Ergebnisdarstellung Softwareprototyp XXXIII
10.5 Ergänzende Informationen und Abbildungen zur Validierung in Abschnitt 6.3.3 XXXV

Formelzeichen und Abkürzungsverzeichnis

Formula Symbols and Abbreviations

Formelzeichen

$A_{\mathrm{FM},s}$		Anzahl reduzierter Fertigungsmittel Szenario s
$AF_{\mathrm{n,m}}$		Anforderung m von Anforderungspaket n
$A_{\mathrm{FPF},s}$		Anzahl reduzierter Fertigungsprozessfolgen Szenario s
$A_{\mathrm{FT},s}$		Anzahl reduzierter Fertigungsmittel Szenario s
$a_{i,t,j}$	Bauteile	Stückzahl Bauteilvariante i in Periode t und Iteration j
AP_n		Anforderungspaket n
$AZ_{i,j}$		Anfangszeitpunkt Bauteilvariante i Iteration j
BK_i		Bewertungskriterium i
BV_i		Bauteilvariante i
B_y		Bedienverhältnis Prozess y
$CV_{g,i}$		Variationskoeffizient der Bauteilvariante i des Einflussfaktors g
EF_g		Einflussfaktor g
$EG_{j,i}$		Erfüllungsgrad Lösungskonzept j Kriterium i
$EZ_{i,j}$		Endzeitpunkt Bauteilvariante i Iteration j
$F_{BV_i,j}$		Feature j der Bauteilvariante i
F_iM_h		Bauteilmerkmal h des Features i
F_k		Relative bedarfsorientierte Flexibilität Fertigungsprozessfolge k
F_k^*		Absolute bedarfsorientierte Flexibilität Fertigungsprozessfolge k
FK_j		Featureklasse j
FK_jM_h		Bauteilmerkmal h der Featureklasse j
$FK_jM_h^i$		Bauteilmerkmal h der Featureklasse j nach Fertigungsprozess i
FPF_k		Fertigungsprozessfolge k
FP_i		Fertigungsprozess i
g_i		Gewichtung Kriterium i
$G_{k,j}$		Gewinn Fertigungsprozessfolge k in Iteration j
i		Laufvariable Bauteilvariante
j		Laufvariable Iteration
k		Laufvariable Fertigungsprozessfolge
K		Anzahl Fertigungsprozessfolgen
$K_{BW,z,t}$	€	Beschaffungskosten Werkzeug z in Periode t
$K_{E,i,t,j}$	€	Einzelkosten Bauteilvariante i in Periode t und Iteration j

$K_{F,y,i,t,j}$	€	Fertigungskosten Prozess y der Bauteilvariante i in Periode t und Iteration j
K_G	€	Gemeinkosten der Fertigung
$K_{HB,y,i,t}$	€	Kosten Hilfs- und Betriebsstoffe Prozess y der Bauteilvariante i in Periode t
$K_{L,y,i,t,j}$	€	Lohnkosten Prozess y der Bauteilvariante i in Periode t und Iteration j
$K_{LH,y,t,j}$	€/h	Lohnkosten pro Stunde Prozess y in Periode t und Iteration j
$K_{M,y,i,t,j}$	€	Maschinenkosten Prozess y der Bauteilvariante i in Periode t und Iteration j
$K_{MA,y,t}$	€	Kosten für Abschreibungen der Maschine bei Prozess y in Periode t
$K_{ME,y,t}$	€	Energiekosten der Maschine bei Prozess y in Periode t
$K_{MH,y,t,j}$	€/h	Maschinenstundensatz Prozess y Periode t und Iteration j
$K_{MI,y,t}$	€	Instandhaltungskosten der Maschine bei Prozess y in Periode t
$K_{MR,y,t}$	€	Raumkosten der Maschine bei Prozess y in Periode t
$K_{MZ,y,t}$	€	Zinskosten der Maschine bei Prozess y in Periode t
$K_{RH,i,t,j}$	€	Kosten für Rohmaterial oder Halbzeug für Bauteilvariante i in Periode t und Iteration j
$K_{SE,i,t}$	€	Sonstige Einzelkosten Bauteilvariante i in Periode t
$K_{SF,y,i,t}$	€	Sonstige Fertigungskosten Prozess y der Bauteilvariante i in Periode t
$K_{W,y,i,t,j}$	€	Werkzeugkosten Prozess y der Bauteilvariante i in Periode t und Iteration j
$LA^{j}_{n.m}$		Lösungsansatz j der Anforderung m des Anforderungspakets n
$LA_j(AF_{n.m})$		Lösungsansatz j Anforderung m Anforderungspaket n
$LK_k(BV_i)$		Lösungskonzept k der Bauteilvariante i
$m_{RH,i}$	kg	Menge des Rohmaterials oder Halbzeugs Bauteilvariante i
N		Anzahl der Bauteilvarianten
NI_s		Nutzenindex Szenario s
NRI_s		Nutzen-Risiko-Verhältnis Szenario s
NW_j		Nutzwert Lösungskonzept j
$NW_{j,i}$		Nutzwert Lösungskonzept j Kriterium i
$P_{i,t,j}$	€	(Verkaufs-)Preis Bauteilvariante i in Periode t und Iteration j
$P_{RH,t,j}$	€/kg	Preis des Rohmaterials oder Halbzeugs in Periode t und Iteration j
$R_{g,i}$		Relative Relevanz Bauteilvariante i bezogen auf Einflussfaktor g
$R^*_{g,i}$		Absolute Relevanz Bauteilvariante i bezogen auf Einflussfaktor g
R_i		Relative Relevanz Bauteilvariante i
R^*_i		Absolute Relevanz Bauteilvariante i

RI_s		Risikoindex Szenario s
RNW_j	%	Relativer Nutzwert Lösungskonzept j
RZ_s		Risikozahl Szenario s
S_i		Spaltensumme Kriterium i
S_s		Szenario s
t		Laufvariable Periode
$t_{e,y,i}$	s	Zeit je Bauteil Prozess y der Bauteilvariante i
$T_{L,y,t}$	h	Maschinenlaufzeit Prozess y in Periode t
$T_{SM,y,i,z}$		Standmenge Werkzeug z bei Prozess y und Bauteilvariante i
$U_{k,i}$		Umsetzbarkeit Bauteilvariante i mit Fertigungsprozessfolge k (Binärvariable [0;1])
$V_{SZ,i}$		Verhältnis Stückzahl des Anforderungspakets i zur Stückzahl des initialen Bauteils
w_i		Gewichtung Faktor i
W_y		Anzahl Werkzeuge Prozess y
y		Laufvariable Fertigungsprozess
Y		Anzahl Prozesse der Fertigungsprozessfolge
z		Laufvariable Werkzeuge
$\alpha_{i,j}$		Eintritt Bauteilvariante i in Iteration j (Binärvariable [0;1])
$\mu_{AZ\|EW\|EZ\|SZ,i}$		Erwartungswert Anfangszeitpunkt | Eintrittswahrscheinlichkeit | Endzeitpunkt | Stückzahl von Anforderungspaket i
$\mu_{g,i}$		Erwartungswert bzgl. des Einflussfaktor g für Bauteilvariante i
$\mu_{SZ,m\|...\|n}$		Kombinierter Erwartungswert der Stückzahl $(m\|...\|n)$
$\sigma_{AZ\|EW\|EZ\|SZ,i}$		Standardabweichung Anfangszeitpunkt | Eintrittswahrscheinlichkeit | Endzeitpunkt | Stückzahl von Anforderungspaket i
$\sigma_{g,i}$		Standardabweichung bzgl. Einflussfaktor g für Bauteilvariante i
$\sigma_{SZ,m\|...n}$		Kombinierte Standardabweichung der Stückzahl $(m\|...\|n)$

Abkürzungen

A-ZP	Anfangszeitpunkt
E-WK	Eintrittswahrscheinlichkeit
E-ZP	Endzeitpunkt
SZ	Stückzahl

1 Einleitung

Aufgrund der an den Märkten bestehenden Dynamiken und einer steigenden Komplexität müssen produzierende Unternehmen eine zunehmende Anzahl technischer Anpassungen berücksichtigen [SIPP23]. Dies führt dazu, dass sich die Anforderungen an Produkte und Bauteile häufig ändern und bestehende Bauteile anzupassen sind [HERM22]. Somit stehen Unternehmen in der Serienfertigung vor der Herausforderung, dass sich die Stückzahl gleichartiger Bauteile reduziert und zunehmend verschiedene Bauteilvarianten zu fertigen sind. Da die Installation von Fertigungsprozessfolgen mit hohen Investitionen verbunden ist, wird nicht für jede Bauteilvariante eine separate Fertigungsprozessfolge betrachtet [HERM19]. Hieraus ergibt sich, dass die Investitionsentscheidung bzgl. neuer Fertigungsmittel nicht nur unter Betrachtung aktueller Bauteilanforderungen zu treffen ist. Vielmehr sind Anforderungen zukünftiger Bauteilvarianten zu berücksichtigen, um auch zukünftige Anforderungen wirtschaftlich zu erfüllen und die Wettbewerbsfähigkeit zu garantieren. Um wirtschaftlich auf veränderte Bauteilanforderungen reagieren zu können, ist die Flexibilität der Fertigung bzgl. neuer Bauteilvarianten ein Erfolgsfaktor [VDI17], [DENK19], [PRAS19], [HAGH21]. Daraus resultiert die Forderung nach flexiblen Fertigungsprozessfolgen, die kurzfristig ohne umfangreiche Anpassungen auf geänderte Anforderungen reagieren können, um auch zukünftige Bauteilvarianten wirtschaftlich zu fertigen. Jedoch ist eine Maximierung der Flexibilität nicht automatisch wirtschaftlich, da eine höhere Flexibilität der Fertigungsmittel, bedingt durch eine höhere Leistungsfähigkeit und das Vorhalten von fixkostenintensiven Flexibilitätsspielräumen, mit höheren Investitionen und Betriebskosten verbunden ist [CLAU19, S. 89 f.] Somit stellt die Betrachtung der bedarfsorientierten Flexibilität von Fertigungsprozessfolgen, die durch potenzielle Bauteilvarianten definiert wird, und die Prognose der Wirtschaftlichkeit unter Einbeziehung potenzieller Bauteilvarianten eine Lösung dar, um eine anforderungsgerechte Nutzung der Fertigungsmittel und Sicherstellung des langfristigen Unternehmenserfolgs zu erreichen.

Zur Realisierung der genannten Potenziale ist die Modellierung potenzieller, unsicherheitsbehafteter Bauteilvarianten, die die zukünftigen Anforderungen an die Fertigung definieren, erforderlich, um diese in die Planung von Fertigungsprozessfolgen zu integrieren. Es ist zu beachten, dass die zukünftigen Anforderungen an die Bauteilvarianten zum Planungszeitpunkt nicht eindeutig bekannt sind und Unkenntnis z. B. bzgl. Eintrittszeitpunkt und Nachfragemengen bestehen. Um dies zu berücksichtigen, sind vorliegende Unsicherheiten in die Planung zu integrieren. Des Weiteren ist unter Einbezug unsicherheitsbehafteter Bauteilvarianten eine Bewertung der bedarfsorientierten Flexibilität und eine Prognose der Wirtschaftlichkeit von Fertigungsprozessfolgen umzusetzen. Hierdurch wird sichergestellt, dass die Fertigungsprozessfolge nicht nur für aktuell zu fertigende Bauteilvarianten eine kostengünstige Fertigung ermöglicht, sondern eine ganzheitliche wirtschaftliche Optimierung der Fertigung über die Nutzungsdauer erreicht wird. Zur Erreichung dieser Zielstellung wird in dieser Arbeit eine Methodik vorgestellt, welche Anwendenden die Planung flexibler und wirtschaftlicher Fertigungsprozessfolgen in der variantenreichen Serienfertigung ermöglicht.

Introduction

The existing market dynamics and increasing complexity result in manufacturing companies having to take into account an increasing number of technical adaptations [SIPP23]. As a consequence, the requirements for products and components change frequently and existing components have to be adapted [HERM22]. Thus, companies in series production are faced with the challenge of reducing the number of similar components and increasingly having to produce different component variants. As the installation of manufacturing process sequences is associated with high investments, a separate manufacturing process sequence is generally not considered for each component variant [HERM19]. This means that the investment decision regarding new production equipment should not be made solely based on current component requirements. Rather, the requirements of future component variants must be taken into account in order to fulfill future requirements economically and guarantee competitiveness. In order to be able to react economically to changing component requirements, the flexibility of production with regard to new component variants is a success factor [VDI17], [DENK19], [PRAS19], [HAGH21]. This results in the demand for flexible manufacturing process sequences that can react quickly to changing requirements without extensive adjustments in order to be able to produce future component variants economically. However, maximizing flexibility is not automatically economical, as a higher flexibility of the production equipment, due to a higher performance capability and the provision of fixed-cost-intensive flexibility margins, is associated with higher investments [CLAU19, S. 89 f.] Thus, the consideration of the demand-oriented flexibility of manufacturing process sequences, which is defined by potential component variants, and an evaluation of the economic efficiency including potential component variants represents a solution to achieve a demand-oriented use of the production equipment and to ensure the long-term success of the company.

To realize the aforementioned potentials, it is necessary to model potential, uncertain component variants that define future manufacturing requirements in order to integrate them into the planning of manufacturing process sequences. It should be noted that the future requirements of the component variants are not clearly known at the time of planning and that there is a lack of certainty, e.g. with regard to the time of occurrence and demand quantities. In order to take this into account, existing uncertainties must be integrated into the planning. Furthermore, an evaluation of demand-oriented flexibility and a prognosis of the economic efficiency of manufacturing process sequences must be implemented, considering component variants subject to uncertainty, in order to ensure that the manufacturing process sequence not only enables cost-effective production for component variants currently to be produced, but also achieves a holistic economic optimization of production over the useful life. To achieve this objective, this thesis presents a methodology that enables users to evaluate demand-oriented, flexible and economical manufacturing process sequences in variant-rich series production.

2 Wissenschaftliche Vorgehensweise und Aufbau

Scientific Procedure and Structure

Die dieser Arbeit zugrundeliegende wissenschaftliche Vorgehensweise folgt dem Forschungsprozess nach ULRICH [ULRI76]. Für die Ausführung der Vorgehensweise dieser Arbeit erfolgt in Abschnitt 2.1 die Erläuterung des wissenschaftstheoretischen Bezugsrahmens. Anschließend wird in Abschnitt 2.2 unter Berücksichtigung des wissenschaftstheoretischen Bezugsrahmens der formale und inhaltliche Aufbau der Arbeit beschrieben.

2.1 Wissenschaftstheoretischer Bezugsrahmen

Scientific Reference Framework

Folgend dem Verständnis der Wissenschaftssystematik nach ULRICH wird innerhalb der Wissenschaftssystematik die Wissenschaft anhand verschiedener Kategorien untergliedert. Hierbei wird in einer ersten Gliederung die Wissenschaft in Formalwissenschaften und Realwissenschaften gegliedert. (vgl. Abbildung 2-1). [ULRI76, S. 305]

Abbildung 2-1: Wissenschaftssystematik i. A. a. Ulrich [ULRI76, S. 305]

Science systematics referring to ULRICH [ULRI76, p. 305]

Hierbei umfassen die *Formalwissenschaften* die Bildung von Sprachen, d. h. die Kombination von Zeichensystemen mit Regeln zur Nutzung dieser Zeichen. Teil der Formalwissenschaften sind bspw. die Philosophie, Logik oder Mathematik. Demgegenüber befassen sich die *Realwissenschaften* mit der Beschreibung, Gestaltung sowie Erklärung empirisch wahrnehmbarer Wirklichkeitsausschnitte. Darauf aufbauend können in den Realwissenschaften Grundlagen- (nach ULRICH „reine Wissenschaften“) und Handlungswissenschaften (nach ULRICH „angewandte Wissenschaften) unterschieden werden. Fokus der *Grundlagenwissenschaften* ist die Erklärung von wahrnehmbaren und empirischen Wirklichkeitsausschnitten sowie darauf aufbauend die Ableitung und Bildung von Erklärungsmodellen. Die *Handlungswissenschaften* befassen sich mit der Analyse (menschlicher) Handlungsoptionen zur Gestaltung sozialer und technischer Systeme. Basierend auf dieser Analyse ist es das Ziel,

Entscheidungsmodelle oder Entscheidungsprozesse zu entwickeln. Teil der Handlungswissenschaften sind die Ingenieurwissenschaften. ***Die vorliegende Arbeit ist den Handlungswissenschaften zuzuordnen***, da sie Fragestellungen aus den Ingenieurwissenschaften und die methodische Unterstützung bei der Auswahl von Fertigungsprozessfolgen bei unsicherheitsbehafteten Bauteilvarianten adressiert. [ULRI76, S. 305]

2.2 Formaler und inhaltlicher Aufbau der Arbeit

Formal and Content Structure of the Thesis

Der formale und inhaltliche Aufbau der Arbeit folgt dem Forschungsprozess nach ULRICH [ULRI76]. Grundlage des Forschungsprozesses nach ULRICH ist der Kritische Rationalismus nach POPPER [POPP45]. Fokus des Kritischen Rationalismus ist die Überprüfung von Modellen und Hypothesen auf ihre Korrektheit und Wahrheit. Dies bezieht sich einerseits auf die logische Wahrheit einer Aussage (Widerspruchslosigkeit) und andererseits auf die „faktische Wahrheit" (empirische Gestalt). Im Allgemeinen werden verschiedene Forschungsansätze unterschieden. Beim induktiven Forschungsansatz bzw. der vollständigen Induktion erfolgt die Verifikation allgemeingültiger Aussagen über eine wiederholte Bestätigung, es wird vom Einzelfall auf das generell Gültige geschlossen. Dieser Forschungsansatz ist im Kritischen Rationalismus nicht möglich, da das n-fache Eintreffen eines Zustands oder einer Behauptung nicht die Schlussfolgerung zulässt, dass auch bei der n+1-ten Beobachtung der Zustand bzw. die Behauptung wieder eintritt. Somit können Hypothesen nie als endgültig wahr bezeichnet werden. Vielmehr gilt eine Hypothese so lange (vorläufig) als wahr, bis sie durch eine Falsifikation widerlegt wurde. [ULRI76, S. 345 f.]

Beim deduktiven Forschungsansatz wird von allgemeinen Aussagen auf Einzelfälle geschlossen („Top-Down Ansatz"). Innerhalb des deduktiven Ansatzes sollten nur Theorien oder Modelle verknüpft werden, die bislang noch nicht falsifiziert wurden oder bei denen keine Falsifikation zu erwarten ist. Innerhalb des deduktiven Forschungsprozesses ist eine empirische Überprüfung möglich, um damit mögliche Falsifikationen zu identifizieren. Bei einer Falsifikation ist zu untersuchen, ob eine Konkretisierung der Forschungshypothese möglich und sinnvoll ist. Dabei ist jedoch zu berücksichtigen, dass durch die Konkretisierung einer Hypothese die Allgemeingültigkeit, Aussagekraft und Informationsgehalt reduziert werden. [ULRI76, S. 346] Die dieser Arbeit zugrundeliegenden Annahmen und Eingrenzungen (Konkretisierung) werden in Abschnitt 5.3 erläutert.

Dem wissenschaftlichen Vorgehen dieser Arbeit liegt der Forschungsprozess nach ULRICH zugrunde. Hierbei umfasst der Forschungsprozess die Entwicklungen, empirischen Überprüfungen und Erweiterungen sowie die verschiedenen Forschungsaktivitäten. Die spezifischen Forschungstätigkeiten sind als terminologisch-deskriptiv, empirisch-induktiv oder analytisch-deduktiv kategorisiert. Das wissenschaftliche Vorgehen und somit der Aufbau dieser Arbeit ist in Abbildung 2-2 dargestellt und basiert auf der Abfolge der Forschungsaktivitäten entsprechend dem Forschungsprozess nach ULRICH [ULRI76, S. 347 f.]. Im Anschluss an die Einleitung wird in Kapitel 2 die wissenschaftliche Vorgehensweise erläutert. In Kapitel 3 und 4 sowie in Teilen des Kapitels 2 erfolgt eine einheitliche Definition relevanter Begrifflichkeiten sowie die Eingrenzung und Definition des Forschungsobjekts. Diese Schritte sind den *terminologischen-deskriptiven* Forschungsaktivitäten zu zuordnen. Im Weiteren folgen *empirisch-induktive* Forschungsaktivitäten in den Kapiteln 4 und 5. Dies umfasst die Analyse von beobachtbaren Zusammenhängen und Abhängigkeiten in bestehenden Forschungsarbeiten, die Identifikation von Forschungsdefiziten und basierend darauf die Ableitung der dieser Arbeit zugrundeliegenden Forschungshypothese. Zur Lösung der identifizierten Forschungsdefizite folgen in den Kapiteln 5 und 6 *analytisch-deduktive* Forschungsaktivitäten, wie die deduktive Gestaltung und Konstruktion von Modellen, ihre analytische Auswertung und schlussendlich die Überführung in situationsspezifische Handlungsempfehlungen und -anweisungen.

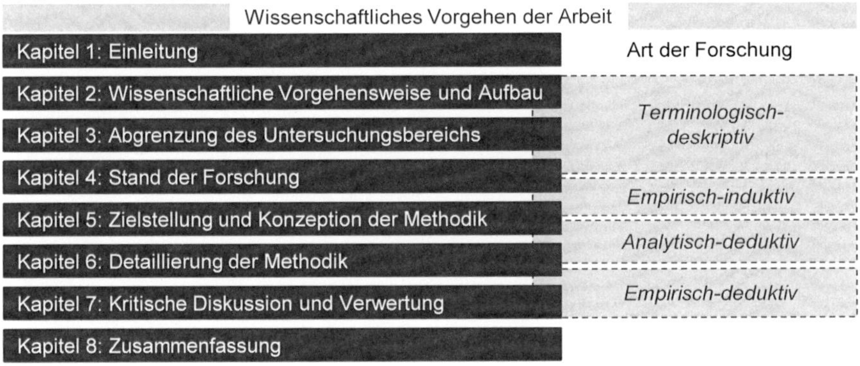

Abbildung 2-2: Wissenschaftliches Vorgehen der Arbeit i. A. a. Forschungsprozess nach ULRICH [ULRI76, S. 347 f.]

Scientific procedure of the work based on research process by ULRICH [ULRI76, p. 347 f.]

Ebenso erfolgen in Kapitel 6 im Anschluss an die Entwicklung der erforderlichen Modelle, Methoden und Teilmethodiken *empirisch-induktive* Forschungsaktivitäten, um zu bewerten und zu überprüfen, ob die entwickelten Lösungen (vorläufig) als korrekt angenommen werden können. Um dies zu ermöglichen, werden Realisierungsuntersuchungen mit den entwickelten Modellen, Methoden und Teilmethodiken durchgeführt. In Kapitel 7 erfolgt eine kritische Diskussion der erzielten Ergebnisse und mögliche Verwertungen werden diskutiert. Dies ist auch den *empirisch-induktiven* Forschungsaktivitäten zuzuordnen. Den Abschluss der Arbeit bildet die Zusammenfassung in Kapitel 8. Es ist zu beachten, dass die Forschungsaktivitäten der verschiedenen Kapitel nicht stets eindeutig einzelnen Aufgaben zugeordnet werden können, was dazu führt, dass die Übergänge zwischen den Forschungsaktivitäten teilweise fließend sind.

3 Abgrenzung des Untersuchungsbereichs

Specification of the Investigation Area

In diesem Kapitel wird der Untersuchungsbereich der vorliegenden Arbeit beschrieben und abgegrenzt. Hierdurch erfolgt eine thematische Einordnung der Arbeit. Des Weiteren wird ein einheitliches Verständnis für die Inhalte der folgenden Kapitel geschaffen. In Abschnitt 3.1 erfolgt sowohl eine objektbezogene als auch zeitbezogene Einordnung und Abgrenzung. Dadurch wird eindeutig spezifiziert, wann und wo in produzierenden Unternehmen die erarbeiteten Inhalte dieser Arbeit Anwendung finden und was Gestaltungsobjekt der vorliegenden Arbeit ist. Hierfür werden die relevanten Begriffe definiert (objektbezogene Abgrenzung). Des Weiteren erfolgt eine Einordnung der entwickelten Ansätze dieser Arbeit in die Ablauforganisation produzierender Unternehmen (zeitbezogene Abgrenzung). Da die Arbeit die Flexibilität in der Fertigung adressiert, wird in Abschnitt 3.2 der Begriff der Flexibilität definiert und gegenüber weiteren eng verbundenen Begrifflichkeiten abgegrenzt, um ein einheitliches Begriffsverständnis zu schaffen. In Abschnitt 3.3 erfolgt die Erläuterung der modelltheoretischen und methodischen Grundlagen, welche in dieser Arbeit die Grundlage für die Entwicklung der Methodik bilden. Zum Abschluss wird in Abschnitt 3.4 ein Zwischenfazit gezogen, in welchem der Untersuchungsbereich der vorliegenden Arbeit definiert wird.

3.1 Grundlagen und Begriffsabgrenzungen in der Technologieplanung für die variantenreiche Serienfertigung

Fundamentals and Definitions of Technology Planning Basics for Variant-Rich Serial Production

Für die Einordnung der Inhalte der vorliegenden Arbeit in die Ablauforganisation produzierender Unternehmen und für die Spezifizierung des adressierten Untersuchungsbereichs werden in Abschnitt 3.1.1 der Begriff der Bauteilvariante definiert und in Abschnitt 3.1.2 die verschiedenen Fertigungsarten erläutert. Im Abschnitt 3.1.3 werden die Begriffe Technologie und Fertigungsprozessfolge definiert. Ergänzend wird zur objektbezogenen Abgrenzung das dieser Arbeit zugrundeliegende Gestaltungsobjekt eingegrenzt. Zum Abschluss werden in Abschnitt 3.1.4 die Grundlagen und Tätigkeiten der operativen Technologieplanung ausgeführt und die Arbeit für die zeitbezogene Eingrenzung in den organisatorischen Ablauf produzierender Unternehmen eingeordnet.

3.1.1 Bauteil, Bauteilvariante und Bauteilprogramm

Component, Component Variants and Component Program

Ein *Bauteil* (oder auch sogenannte Komponente) ist ein Teil (z. B. Welle, Zahnrad, Schraube) eines technischen Komplexes bzw. Produktes (z. B. Maschine, Auto), welches nicht weiter untergliedert werden kann, ohne seine grundlegenden Eigenschaften zu verlieren [DIN20]. Ein Bauteil ist somit i. d. R. ein Teil eines übergeordneten

Produktes, dem eine oder mehrere (Teil-) Funktionen zugeordnet sind und einen Beitrag zur Gesamtfunktionserfüllung des Produktes leistet.

In dieser Arbeit wird die Fertigung einzelner Bauteile adressiert. Zur Beschreibung eines Bauteils und der damit verbundenen Fertigungsaufgabe kann dieses in einzelne Strukturelement, sogenannte Features, untergliedert werden [TROM01, S. 35 ff.]. Die Beschreibung eines Bauteils ist in Abbildung 3-1 exemplarisch dargestellt und wird im Folgenden detailliert ausgeführt.

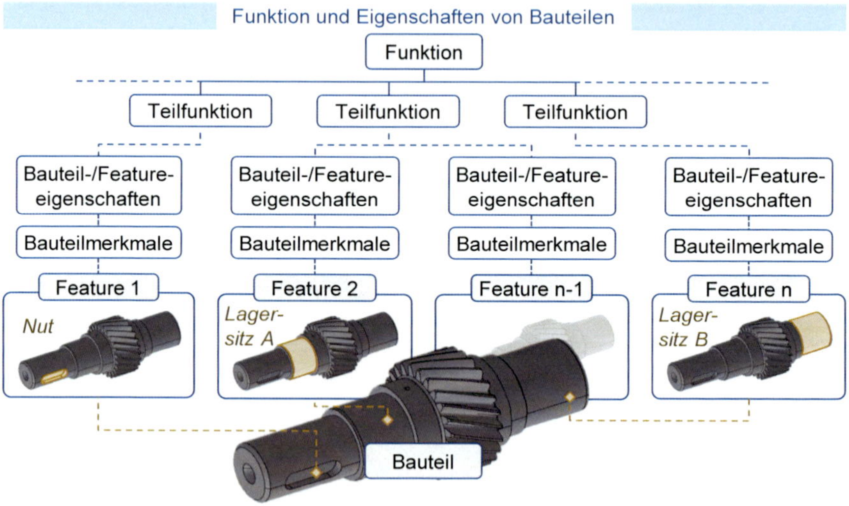

Abbildung 3-1: Bauteilbeschreibung mittels Features und Merkmalen i. A. a. [BECK23, S. 14]

Component description on the basis of features and characteristics referring to [BECK23, p. 14]

Ein *Feature* ist ein Flächen- oder Volumenelement eines Bauteils, dem eine oder mehrere spezifische Funktionen direkt zugeordnet sind (z. B. ein Gewinde (Feature) zur Befestigung einer Schraube (Funktion)) [KLOC17, S. 576]. Die Charakteristika bzw. die bauteilkonstituierenden Features werden mithilfe sogenannter Bauteileigenschaften beschrieben. Die Bauteileigenschaften können entweder einzelnen Elementen oder Bereichen (Features) oder, falls sie das gesamte Bauteil betreffen, dem gesamten Bauteil zugeordnet werden. KLOCKE, BRINKSMEIER und WEINERT unterscheiden bei den *Bauteileigenschaften* die vier Ebenen Makrogeometrie, Mesoeigenschaften, Mikrogeometrie und Nanoeigenschaften [KLOC05, S. 23]. Die Makrogeometrie umfasst die Abmessungen, Geometrie sowie die Form- und Lagetoleranzen. Weitere Informationen bzgl. der Gefügestruktur und mechanischen Eigenschaften, wie z. B. Eigenspannungen und Härte, werden durch Mesoeigenschaften beschrieben. Die Mikrogeometrie beschreibt die Oberflächenstruktur z. B. anhand von Rauheitskennwerten. Die Nanoeigenschaften umfassen zusätzliche tribochemische Reaktionsschichten, welche bauteilspezifisch zu definieren sind, da diese keiner einheitlichen Normung unterliegen. Die einzelnen Bauteileigenschaften werden jeweils durch verschiedene (Bauteil-) *Merkmale* detailliert. Beispiele hierfür sind u. a. Länge, Oberflächenrauheit oder Härte. [BUCH14, S. 55] Durch die Beschreibung der einzelnen Features eines Bauteils anhand der verschiedenen Ebenen der Bauteileigenschaften und den zugehörigen Merkmalen ist eine eindeutige Bauteilbeschreibung möglich.

Von einem Bauteil existieren (im Laufe der Zeit) i. d. R. verschiedene Bauteilvarianten [HERM19, S. 1]. Ursächlich hierfür sind bspw. veränderte Kundenforderungen oder Produktinnovationen [GROß04, S. 8 ff.]. Die DIN 199-1 definiert eine Variante allgemein als einen „Gegenstand ähnlicher Form und/oder Funktion mit einem in der Regel hohen Anteil identischer Gruppen oder Teile“ [DIN21]. Diese Definition bezieht sich aber mehr auf ganze Produktvarianten als auf Bauteilvarianten. GROßE-HEITMEYER und WIENDAHL definieren Bauteilvarianten als unterschiedliche Ausführungsformen eines Bauteils [GROß04, S. 7]. In Anlehnung an BUCHHOLZ sind Bauteilvarianten dadurch charakterisiert, dass sie zur gleichen Bauteilart gehören, in der die Merkmale der zugehörigen Bauteile eine Ähnlichkeit besitzen, die einzelnen Varianten sich jedoch in einem (geringen) Maße voneinander unterscheiden [BUCH12, S. 14]. Nach GEMBRY gleichen sich Bauteilvarianten in einem Großteil ihrer Merkmale, unterscheiden sich aber durch die Ausprägungen bzw. Werte mindestens eines der Merkmale [GEMB98, S. 5]. Aufbauend auf den ausgeführten Definitionen werden im Rahmen dieser Arbeit *Bauteilvarianten* als verschiedene Bauteile definiert, welche eine gleiche Gesamtfunktion und vergleichbare Teilfunktionen erfüllen und in einem Großteil ihrer Merkmale gleich sind, sich aber mindestens in einem Merkmal voneinander unterscheiden (z. B. Rauheit eines Features, Härte, Werkstoff, ...). Bspw. werden mehrere Zahnräder mit einer unterschiedlichen Teilung als Bauteilvarianten bezeichnet. Hierbei ist zu berücksichtigen, dass nicht immer eine eindeutige und klare Trennung zwischen einer Variante eines Bauteils und einem gänzlich neuen Bauteil möglich ist und es teils subjektiv ist, weshalb dies anwendungsfallspezifisch unter Berücksichtigung der Bauteilcharakteristika zu erfolgen hat. Neue Bauteilvarianten können i. d. R. ergänzend oder als Ersatz für bestehende Bauteilvarianten eingeführt werden, sodass innerhalb eines gewissen Betrachtungszeitraums mehrere Bauteilvarianten teilweise parallel gefertigt werden. Die Summe aller zu fertigenden Bauteilvarianten über einen gewissen Betrachtungszeitraum wird im Folgenden als *Bauteilprogramm* definiert.

3.1.2 Serienfertigung

Serial Production

Bei der Herstellung eines Bauteils wird das Rohmaterial oder Halbzeug in den angestrebten Endzustand gebracht. Dabei sind i. d. R. mehre Bearbeitungsschritte erforderlich. Außerdem unterscheiden sich die innerhalb eines definierten Zeitraums zu fertigende Bauteile hinsichtlich ihrer Losgröße oder der Gesamtstückzahl. In Abhängigkeit von den Kriterien einer Produktionsaufgabe werden verschiedene Fertigungstypen definiert, welche sich bzgl. der zugehörigen Planungsaufgaben und der Gestaltung der Fertigungsabläufe unterscheiden. [WÖHE16, S. 332 f.] Die unterschiedlichen

Fertigungstypen werden v. a. in Abhängigkeit von der zu fertigenden Stückzahl bzw. durchschnittlichen Wiederholhäufigkeit in Einzel- und Kleinserien, Serien- sowie Massenfertigung gegliedert, wobei es keine eindeutige Grenze zwischen diesen Typen gibt [SCHU14, S. 29]. In der *Einzel- und Kleinserienfertigung* wird von einem Bauteil nur eine einzige Einheit oder eine sehr geringe Stückzahl gefertigt und die Fertigung erfolgt auftragsbezogen. Beispiele für diesen Fertigungstyp sind der Großmaschinenbau (z. B. Turbinen) oder der Werkzeugbau [KELL20, S. 73]. Im Gegensatz dazu ist die *Serienfertigung* (teilweise auch als Großserienfertigung bezeichnet) durch eine hohe, aber auch begrenzte Anzahl gleichartiger Bauteile, welche über einen längeren Zeitraum gefertigt werden, charakterisiert (z. B. Elektronik- oder Automobilindustrie). Werden einzelne oder wenige ähnliche Bauteile bzw. Produkte (z. B. Toilettenpapier oder Bier) in sehr hoher Stückzahl über eine lange Zeitspanne oder ohne definiertes Ende gefertigt und die Fertigungsprozesse laufen i. d. R. ununterbrochen bzw. kontinuierlich, so handelt es sich um eine *Massenfertigung*. [THOM20, S. 198 f.] ***In der vorliegenden Arbeit wird die wiederholte Herstellung verschiedener aber gleichartiger Bauteile bzw. Bauteilvarianten betrachtet, weshalb der Schwerpunkt auf der Serienfertigung liegt.*** Jedoch wird durch die angestrebte Generalität der Ergebnisse eine grundsätzliche Übertragbarkeit auf andere Fertigungstypen (ggf. mit individuellen Anpassungen) angestrebt.

Neben den verschiedenen Fertigungstypen werden in der Fertigungsplanung auch unterschiedliche Organisationstypen in Abhängigkeit von der organisatorischen Gestaltung und Gerichtetheit der Bearbeitungsreihenfolge, der Zuordnung von Arbeitsstationen sowie der zeitlichen Bindung der Fertigungsschritte unterschieden. [KELL20, S. 72] Hauptsächlich wird zwischen Werkstattfertigung und Fließfertigung differenziert. Es existieren noch weitere Organisationstypen, wie bspw. die Gruppenfertigung. Hierbei handelt es sich i. d. R. jedoch um eine Kombination von Werkstatt- und Fließfertigung. Bei der *Werkstattfertigung* werden die Arbeitsstationen und Maschinen mit gleichartigen Arbeitsaufgaben zu Fertigungseinheiten zusammengefasst. Die *Fließfertigung* ist dadurch charakterisiert, dass die Arbeitsstationen und Anlagen in eindeutiger zeitlicher Reihenfolge der zur Fertigung eines Bauteils erforderlichen Tätigkeiten in einem starren Materialfluss angeordnet sind. [THOM20, S. 199 ff.] Während die Fließfertigung v. a. in der Serienfertigung zum Einsatz kommt, findet die Werkstattfertigung insbesondere in der Einzel- und Kleinserienfertigung Anwendung [KIEN18, S. 51]. ***Entsprechend der Einordnung der Arbeit in die Serienfertigung und die Betrachtung verschiedener Bauteilvarianten auf einer Fertigungslinie, sind die Forschungsinhalte auf die Fließfertigung ausgerichtet.*** Die organisatorische Ausgestaltung der einzelnen Elemente ist jedoch nicht Bestandteil der Arbeit, sodass eine grundsätzliche Übertragbarkeit der Methodik auch auf andere Organisationstypen gegeben ist.

3.1.3 Technologie und Fertigungsprozessfolgen

Technology and Manufacturing Process Sequences

Für die Begriffe Technologie und Technik existieren in der wissenschaftlichen Literatur verschiedene Verständnisse und es gibt somit keine einheitliche Definition. Die Technologie kann allgemein als Wissenschaft der Technik verstanden werden [MÖHR18], wobei die *Technik* spezifische Anwendungen der Technologie in materieller Form umfasst [ROPO09, S. 31 ff.].

Durch eine Analyse bestehender Begriffsverständnisse kamen BINDER und KANTOWSKY zu der Erkenntnis, dass eine eindeutige begriffliche Abgrenzung von Technologie und Technik nicht zu erreichen bzw. erforderlich ist. Begründet wird dies dadurch, dass die beiden Begriffe eng miteinander verknüpft sind sowie eine Technik als die materialisierte Ausprägung und Anwendung einer Technologie ist. Übertragen auf den vorliegenden Betrachtungsrahmen der Produktionstechnik bedeutet dies bspw., dass eine Maschine als Technik die zugrundeliegende(n) Technologie(n) repräsentiert. Basierend darauf führen BINDER und KANTOWSKY ein integratives Verständnis von Technologie und Technik ein. In diesem umfasst die übergeordnete Ebene der *Technologie* sowohl die Kenntnisse, das Wissen und die Fertigkeiten zur Lösung technischer Probleme als auch deren physische Umsetzung in Form von Verfahren und Anlagen. Somit wird Technik als Subsystem der Technologie verstanden. [BIND96, S. 87 ff.] Dieser Arbeit liegt das integrative Begriffsverständnis zugrunde.

Technologien können anhand verschiedener Kriterien kategorisiert werden. Ein Beispiel hierfür ist die Kategorisierung von GERPOTT, welcher Technologien anhand ihrer Funktion bzw. des Einsatzgebietes, dem Grad des Produktbezugs oder der betrachten Lebenszyklusphase kategorisiert [GERP05, S. 26 f.]. In Bezug auf das Einsatzgebiet werden Technologien nach SCHUH weiter in Produkt-, Produktions- und Materialtechnologie untergliedert, vgl. Abbildung 3-2.

Abbildung 3-2: Klassifizierung von Technologien nach Einsatzgebiet i. A. a. [TSCH98, S. 231], [GERP05, S. 26 f.] und [SCHU11, S. 35 ff.]

Classification of technologies according to their field of application referring to [TSCH98, p. 231], [GERP05, p. 26 f.] und [SCHU11, p. 35 ff.]

Produkttechnologien umfassen Technologien eines Produktes bzw. die materiellen und immateriellen Inputs, welche für die Erfüllung einer Aufgabe eines Endproduktes genutzt werden [QIAN02, S. 28]. Als Produktionstechnologien werden Technologien zur Herstellung von Produkten verstanden und umfassen Fertigungs- und Montagetechnologien, welche den Fokus der vorliegenden Arbeit bilden [TSCH98, S. 231]. Materialtechnologien bezeichnen die technischen Eigenschaften von eingesetzten Materialien, um den Kundenanforderungen zu entsprechen. [SCHU11, S. 35 ff.]

In der vorliegenden Arbeit stellen Fertigungstechnologien sowie deren Verkettung einen zentralen Betrachtungsgegenstand dar. Zu diesen gehören die in der DIN 8580 definierten Fertigungsverfahren für die Herstellung geometrisch bestimmter, fester Körper [DIN22]. Für eine einfachere Lesbarkeit werden im Folgenden Fertigungsverfahren als Fertigungstechnologien bezeichnet sowie der Begriff Technologie synonym für den Begriff Fertigungstechnologie genutzt. Fertigungsmittel umfassen die physische Realisation von Fertigungstechnologien für die direkte und/oder indirekte Form-, Substanz- oder Fertigungszustandsänderung mechanischer bzw. chemisch-physikalischer Art. Beispiele für Fertigungsmittel stellen Schleif-, Erodier- oder Fräsmaschinen dar. Neben den Fertigungsmitteln beinhalten Produktionsmittel auch Transport-, Handhabungs-, Lager- oder Mess- und Prüfmittel. [TROM01, S. 34] Fertigungstechnologien sind allgemein produktionsmittelunabhängig, sie ermöglichen jedoch die Kategorisierung von spezifischen Fertigungsmitteln. Für die weitere objektbezogene Eingrenzung dieser Arbeit werden im Folgenden die verschiedenen Gestaltungsobjekte der Technologie- bzw. Fertigungsplanung definiert. Für die Herstellung eines Bauteils bzw. für die Überführung eines Eingangsbauteilzustands in einen gewünschten Ausgangsbauteilzustand sind i. d. R. mehrere Bearbeitungsschritte mit verschiedenen Fertigungstechnologien erforderlich, welche sequenziell oder teilweise parallel verknüpft werden [BUCH14, S. 7].

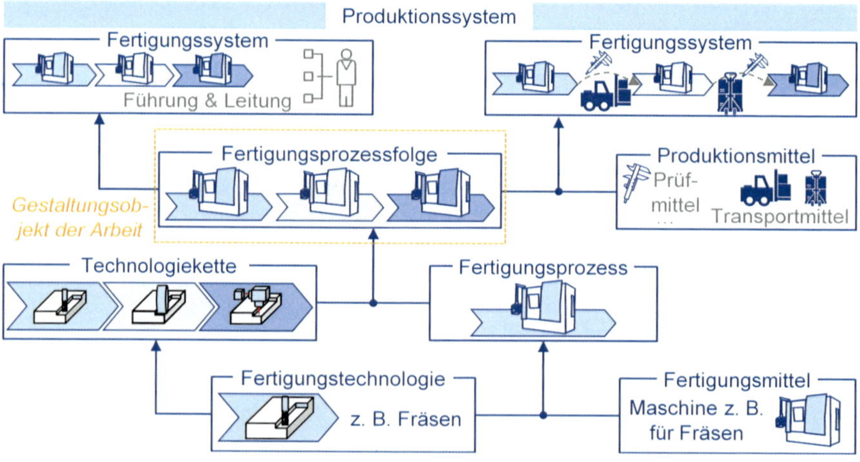

Abbildung 3-3: Gestaltungsobjekte der Technologieplanung [STAU17, S. 6] & [BECK23, S. 10]

Design objects of technology planning [STAU17, p. 6] & [BECK23, p. 10]

Die produktionsmittelunabhängige Kombination von Fertigungstechnologien in einer definierten Reihenfolge wird als *Technologiekette* definiert [FALL00, S. 14]. Die fertigungsmittelbezogene Realisation einer Fertigungstechnologie wird als Fertigungsprozess bezeichnet (z. B. Schleifen auf Maschine A). Somit wird die sequenzielle Kombination (basierend auf einer Technologiekette) von direkt-wertschöpfenden und fertigungsmittelbezogenen Fertigungsprozessen als eine *Fertigungsprozessfolge* definiert. [TROM01, S. 32] Für eine vereinfachte Lesbarkeit wird diese im Folgenden auch als *Prozessfolge* bezeichnet. Erweiterungen von Prozessfolgen bilden Fertigungsfolgen und Fertigungssysteme. Neben der Kombination der fertigungsmittelbezogenen Fertigungstechnologien zur Herstellung eines Bauteils umfasst eine *Fertigungsfolge* auch die erforderlichen Handhabungs-, Prüf-, Lagerungs- und Transportschritte [TROM01, S. 32]. Ein *Fertigungssystem* bezeichnet die Erweiterung einer Prozessfolge um Leistungs- und Führungsaufgaben [WEST06, S. 51 ff.].

In der vorliegenden Arbeit erfolgt eine fertigungsmittelbezogene Betrachtung und Bewertung von Fertigungsalternativen, weshalb Fertigungsprozessfolgen bzw. Prozessfolgen das Gestaltungsobjekt dieser Arbeit bilden. Eine Übertragbarkeit auf andere Gestaltungsobjekte (insbesondere Technologieketten) ist jedoch grundsätzlich gegeben. Die Betrachtung von Handhabungs-, Prüf-, Lagerungs- und Transportschritten erfolgt explizit nicht.

3.1.4 Einordnung in den Technologieplanungsprozess

Classification in the Technology Planning Process

Für den langfristigen unternehmerischen Erfolg ist ein wesentlicher Faktor der optimale und kundenorientierte Einsatz von Technologien (Produkt-, Produktions- und Materialtechnologien), um die Wettbewerbsfähigkeit von Unternehmen sicherzustellen. Diese Herausforderung adressiert das Technologiemanagement. [KLAP11, S. 6] Das übergeordnete Ziel des *Technologiemanagements* ist es, Technologien zu identifizieren und zu entwickeln, um eine aktuelle und zukünftige kundenorientierte Ausrichtung des Leistungsportfolios nachhaltig sicherzustellen und dieses zu optimieren. Hierzu werden verschiedene Planungsaktivitäten durchgeführt, um die Wettbewerbsfähigkeit zu sichern. [ZAHN95, S. 14 ff.] Das Technologiemanagement wird in verschiedene Grundaktivitäten unterteilt (vgl. Abbildung 3-4) [SCHU11, S. 15 f.]. Da die Technologieplanung den Fokus dieser Arbeit darstellt, wird diese im Weiteren detaillierter erläutert. Die *Technologieplanung* umfasst sämtliche Aktivitäten innerhalb eines Unternehmens bzgl. der technologischen Ausrichtung sowie deren Umsetzung [SCHU11, S. 15]. Die einzelnen Aktivitäten innerhalb der Technologieplanung lassen sich entsprechend des Zeithorizonts und der betrachteten Zielgröße in die strategische und operative Technologieplanung unterteilen, vgl. Abbildung 3-4 [SCHR99, S. 40 ff.].

Die strategische Technologieplanung umfasst die langfristige Ausrichtung eines Unternehmens zur Sicherung bzw. für den Ausbau der Wettbewerbsfähigkeit. Sie adressiert die technologische Ausrichtung des Unternehmens (v. a. Produktinnovationen). Die zentrale Zielgröße ist hierbei die Effektivität. [SCHR99, S. 40 ff.] Im Gegensatz dazu fokussiert die operative Technologieplanung die kurz- bis mittelfristige Umsetzung der Ziele aus der strategischen Technologieplanung und somit den optimierten Einsatz von Fertigungstechnologien [SCHI14, S. 11 ff.]. Sie umfasst Aktivitäten wie die Analyse des Bauteilspektrums, die Identifikation potenzieller Fertigungstechnologien, die wirtschaftliche und technische Bewertung sowie die finale Auswahl von Produktionsmitteln zur Realisierung der Fertigung von Bauteilen. Sie behandelt somit die konkrete Umsetzung von Produktionsaufgaben (v. a. die Planung der Fertigung), wobei die zentrale Zielgröße die Effizienz ist. [SCHR99, S. 40 ff.]

Abbildung 3-4: Aktivitäten des Technologiemanagements und der Technologieplanung i. A. a. [SCHR99, S. 40 ff.]

Activities of technology management and technology planning referring to [SCHR99, p. 40 ff.]

Häufig erfolgen diese Aktivitäten parallel zur Bauteilkonstruktion und können weiter in die Technologiegrob- und feinplanung unterteilt werden. In der Technologiegrobplanung werden v. a. zahlreiche potenzielle Technologieketten zur Realisation der geplanten Fertigungsaufgabe generiert und eine Vorauswahl von Technologieketten auf Basis der unternehmens- bzw. aufgabenindividuellen Randbedingungen durchgeführt [FALL00, S. 46 ff.]. In der Technologiefeinplanung werden darauf aufbauend alternative Prozessfolgen betrachtet und detailliert bewertet. Hierfür erfolgt die Betrachtung konkreterer alternativer Fertigungsmittel und Spezifikationen und die Analyse potenzieller Stückzahl-, Bauteil- und Kostenszenarien [FALL00, S. 55 ff.]. [SCHR99, S. 40 ff.]

Die Technologiefeinplanung befasst sich mit der Bewertung und Auswahl von Fertigungsmitteln und Prozessfolgen, was den zentralen Bestandteil dieser Arbeit bildet. Des Weiteren werden in der der Arbeit potenzielle, zukünftige Bauteilvarianten betrachtet, um sie bereits in der Fertigungsplanung zu berücksichtigen und somit eine langfristige und erfolgsversprechende Nutzung der Prozessfolge sicherzustellen. **Deshalb ist diese Arbeit der operativen Technologieplanung, insbesondere der Technologiefeinplanung, zuzuordnen, wobei Aspekte der strategischen Technologieplanung zur Integration zukünftiger Bauteilvarianten ebenfalls im Rahmen dieser Arbeit berücksichtigt werden.**

3.2 Grundlagen und Definitionen zur Flexibilität in der Fertigung

Fundamentals and Definitions of Flexibility in Manufacturing

Die vorliegende Arbeit adressiert die Gestaltung von Fertigungsprozessfolgen unter Berücksichtigung der Flexibilität von Fertigungsprozessfolgen. Daher ist ein eindeutiges Begriffsverständnis der Flexibilität für die Arbeit erforderlich. Der Begriff der Flexibilität stammt aus dem Lateinischen (*flexibilis* – biegsam, elastisch) und beschreibt die Fähigkeit, sich an veränderte Rahmenbedingungen anzupassen [KLUG02, S. 300]. Entsprechend dieser zunächst sehr offenen Bedeutung gibt es unterschiedliche Konzepte der Flexibilität in verschiedenen Wissenschaftsbereichen und auch innerhalb einer Fachrichtung wird die Flexibilität auf vielfältige, sich zum Teil widersprechende Art interpretiert. In diesem Abschnitt wird deshalb zunächst der Begriff der Flexibilität im Kontext der Fertigung diskutiert und zu dem eng verknüpften Begriff der Wandlungsfähigkeit abgegrenzt. Basierend darauf wird dann die der Arbeit zugrundeliegende Definition der Flexibilität eingeführt. Abschließend werden dann die Unterschiede zu weiteren ähnlichen, international gebräuchlichen Konzepten erläutert und bzgl. der Flexibilität eingeordnet und abgegrenzt.

Bereits in den späten 1980er und frühen 1990er wurde das Konzept der Flexibilität in der Fertigung eingeführt. Insbesondere im Zeitraum zwischen 1995 und 2005 hat die Forschung zum grundsätzlichen Konzept der Flexibilität große wissenschaftliche Aufmerksamkeit erfahren. [SEEB13] In der Literatur existieren eine Vielzahl an verschiedenen Definitionen und Erklärungen der Flexibilität in der Fertigung sowie unterschiedliche Klassifikationsschemata und Konzepte. Einen Überblick sowie umfangreiche Diskussionen hierzu liefern SETHI und SETHI [SETH90], DE TONI und TONCHIA [TONI98], SHEWCHUK und MOODIE [SHEW98], BEACH et al. [BEAC00], D'SOUZA und WILLIAMS [D'SO00], SEEBACHER und WINKLER [SEEB13], PÉREZ et al. [PÉRE16], PRASAD et al. [PRAS19] und MAAROF et al. [MAAR22].

Trotz unterschiedlicher Verständnisse und Interpretationen der Flexibilität in der Fertigung ist den verschiedenen Ansätzen gemein, dass sie die Flexibilität als die Fähigkeit eines Systems verstehen, sich an veränderte Randbedingungen und Anforderungen anzupassen [WEMH05, S. 28]. In einer der ersten und häufig wieder aufgegriffenen Definition bezeichnet MANDELBAUM die Flexibilität als die Fähigkeit, effektiv auf veränderter Randbedingen zu reagieren [MAND78, S. 4]. COX spezifiziert die Flexibilität weiter und definiert sie als die Schnelligkeit und Leichtigkeit mit der Fabriken oder Anlagen auf Veränderungen von Marktbedingungen reagieren [COX89, S. 68]. ABELE et al. charakterisieren Flexibilität als die Fähigkeit der Fertigung auftretende Störungen zu bewältigen, wobei zwei wesentliche Hauptfaktoren existieren, die die Flexibilität erforderlich machen. Diese sind eine instabile Umwelt sowie die Variabilität von Produkten und Prozessen. [ABEL06, S. 433] NYHUIS erweitert das Flexibilitätsverständnis durch das konkrete Vorhalten von Flexibilitätsspielräumen durch Maßnahmenbündel, damit ein Produktionssystem schnell und mit möglichst geringen Kosten auf geänderte Einflussfaktoren angepasst werden kann. Somit sind mögliche Systemzustände im Rahmen der Flexibilität eines Produktionssystems durch in der Planungsphase definierte Maßnahmen und Flexibilitätskorridore begrenzet. [NYHU08, S. 24] WIENDAHL et al. unterscheiden zwischen statischer und dynamischer Flexibilität. Während die statische Flexibilität die Fähigkeit der Fertigung umfasst, in einem festen Mengenbereich von Produkten bzgl. der Zielgrößen Qualität, Kosten und Zeit stabil zu laufen, beschreibt die dynamische Flexibilität, die Fähigkeit, kurzfristig und kostengünstig die Fertigung bzgl. Kapazität, Struktur und Abläufen anzupassen. [WIEN14, S. 123] Der VEREIN DEUTSCHER INGENIEURE definiert in der VDI Richtlinie 5201 die Flexibilität als „die Veränderungsfähigkeit eines über eine bestimmte Dauer in seiner Struktur als konstant betrachteten Produktionssystems durch einen zeitlichen Vergleich derselben Kennzahlen [z. B. Kosten]" [VDI17]. PRASAD und JAYSWAL erläutern, dass eine höhere Flexibilität in der Fertigung bedeutet, dass mehr Möglichkeiten bestehen, sich an wandelnde Kundenbedürfnisse anzupassen und auf einen steigenden Wettbewerbsdruck zu reagieren. Außerdem sind je nach Betrachtungsrahmen unterschiedliche Detailgrade der Flexibilität zu unterscheiden. Hierzu werden zehn Arten der Flexibilität definiert (z. B. Maschinen-, Prozess-, Volumen- oder Produktionsflexibilität). [PRAS19, S. 189–190] THOMMEN et al. verstehen die Flexibilität als die Fähigkeit, Handlungen auf veränderte Umweltbedingungen anpassen zu können. Im Rahmen der Fertigung sind hierbei die wesentlichen Fähigkeiten, auf mengenmäßige Nachfrageveränderungen für bestehende Produktprogramme und auf individuelle Kundenbedürfnisse zu reagieren sowie neue Produkte und Modelle kurzfristig realisieren zu können [THOM20, S. 188].

In der Literatur wird die Flexibilität häufig in Verbindung mit dem Begriff der Wandlungsfähigkeit genannt, weshalb der Begriff der Flexibilität im Folgenden von der Wandlungsfähigkeit abgegrenzt wird, um ein eindeutiges dieser Arbeit zugrundeliegendes Begriffsverständnis der Flexibilität zu ermöglichen. Eine Gegenüberstellung von Flexibilität und Wandlungsfähigkeit sowie die wesentlichen Unterschiede sind in Abbildung 3-5 dargestellt.

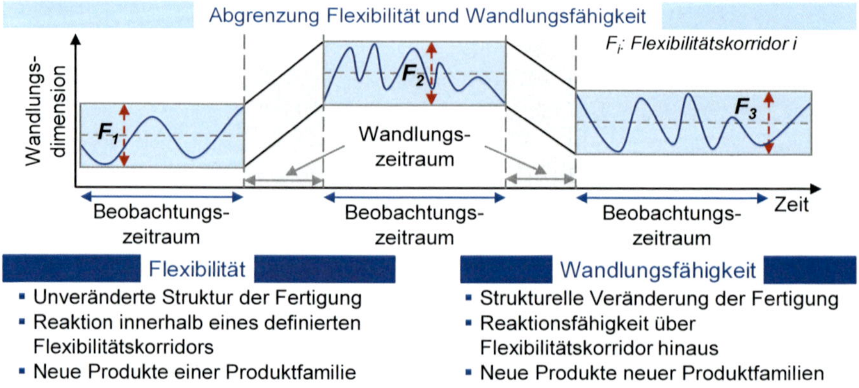

Abbildung 3-5: Abgrenzung Flexibilität und Wandlungsfähigkeit i. A. a. [WIEN14] und [VDI17]

Differentiation of flexibility and adaptability referring to [WIEN14] and [VDI17]

Während die Flexibilität eine möglichst kurzfristige Anpassung an geänderte Randbedingungen in einem vorab definierten und begrenzten Flexibilitätskorridor innerhalb eines Betrachtungszeitraums ermöglicht, umfasst die Wandlungsfähigkeit die Fähigkeit über den vorhanden Flexibilitätskorridor hinaus in weiteren vorgedachten Lösungsräumen innerhalb eines Wandlungskorridors zu reagieren. Somit bedarf die Wandlungsfähigkeit aufgrund umfangreicher Anpassungen einer längeren Reaktionsdauer [RAUC13, S. 54]. Aus diesem übergeordneten Unterschied zwischen Flexibilität und Wandlungsfähigkeit resultieren die zentralen differenzierenden Charakteristika. Während bei der Flexibilität die grundsätzliche Struktur der Fertigung (z. B. Maschinen) unverändert bleibt, ist die Wandlungsfähigkeit durch eine strukturelle Veränderung der Fertigung gekennzeichnet [VDI17]. Die Flexibilität beschreibt die (aktuelle) Fähigkeit der Fertigung v. a. auf neue (aber ähnliche) Produkte/Bauteile einer Produkt-/Bauteilfamilie zu reagieren, hingegen durch die Wandlungsfähigkeit wird v. a. die Anpassung an andere Produktfamilien und somit eine Veränderung der Fähigkeiten verfolgt [RAUC13, S. 49–50].

Da im Rahmen dieser Arbeit die Anpassungsfähigkeit von Fertigungsprozessfolgen auf neue Bauteilvarianten betrachtet werden soll und es sich hierbei um eine unveränderliche Struktur (Fertigungsprozessfolge) und vergleichsweise gleichartige Bauteile handelt sowie eine möglichst schnelle und kurzfristige Anpassung auf neue Bauteilvarianten verfolgt wird, ist im Folgenden der Begriff der Flexibilität von zentraler Bedeutung. Es bleibt jedoch festzuhalten, dass eine trennscharfe Abgrenzung von Flexibilität und Wandlungsfähigkeit nicht möglich ist; die Flexibilität kann als Teilmenge der Wandlungsfähigkeit verstanden werden [MÖLL08, S. 15].

Die dieser Arbeit zugrundeliegende Definition der Flexibilität lautet wie folgt:

> *Die Flexibilität einer Fertigungsprozessfolge beschreibt die Fähigkeit, innerhalb vorgehaltener und im Rahmen der Fertigungsplanung definierten Flexibilitätsspielräumen möglichst effizient auf geänderte Rahmenbedingungen in Form von veränderten Kundenbedürfnissen und Marktentwicklungen, welche zu neuen Bauteilvarianten führen, zu reagieren, wobei die die Fertigungsprozessfolge konstituierenden Maschinen als konstant angesehen werden.*

Hierbei ist zu berücksichtigen, dass das generelle Ziel in der Fertigung nicht die Maximierung der Flexibilität ist, sondern die wirtschaftlich optimale Flexibilität der Fertigungsprozessfolge anzustreben ist. [WEMH05, S. 55] Eine höhere Flexibilität der Fertigungsprozessfolge, bedingt durch eine höhere Leistungsfähigkeit und das Vorhalten größerer Flexibilitätsspielräume, ist in der Regel mit höheren Investitionen und Betriebskosten verbunden [CLAU19, S. 89–90]. Weshalb eine Fokussierung auf die Maximierung der Flexibilität nicht sinnvoll ist. Vielmehr ist eine bedarfsorientierte Betrachtung der Flexibilität erforderlich, wobei der Bedarf an Flexibilität bzw. der Nutzen der Flexibilität durch die (potenziellen) zu fertigenden Bauteilvarianten definiert wird. [WEMH05, S. 55]

Neben der Wandlungsfähigkeit existieren weitere Begrifflichkeiten, welche häufig im Zusammenhang mit dem Begriff der Flexibilität genannt werden. Im Folgenden werden die wichtigsten Begriffe kurz erläutert. Die *Resilienz* beschreibt in der Fertigung die Fähigkeit eines Systems nach dem Auftreten einer Störung (z. B. Maschinenausfälle oder disruptive Innovationen) in den Ausgangszustand zurückzukehren bzw. einen neuen angestrebten Zustand nach Auftritt einer Störung zu erreichen [BOOS21, S. 8]. Resiliente Systeme sind dadurch gekennzeichnet, dass sie in der Lage sind auf Störungen so zu reagieren, dass der Übergang zu einem unerwünschten Zustand vermieden werden kann [ALEX22, S. 1]. Die *Robustheit* wird einerseits als Bestandteil zur Erreichung einer resilienten Fertigung gesehen [BOOS21, S. 8], andererseits wird die Robustheit auch als Alternative zur Resilienz verstanden [HING22, S. 4]. Während die Resilienz durch reaktives Handeln auf Störungen gekennzeichnet ist, stellt die Robustheit eine proaktive Strategie dar, indem Störungen vermieden werden oder im Eintretensfall einer Störung die Funktion des Systems weiterhin gewährleistet wird [HING22, S. 4]. Folglich sind robuste Systeme dadurch charakterisiert, dass sie beim Auftreten einer Störung so reagieren, dass die erforderliche Funktion ohne Einschränkungen aufrechterhalten werden kann und weisen somit eine ausreichende Widerstandsfähigkeit auf [MITC08, S. 88–91]. Ein weiterer relevanter Begriff ist die Agilität. Die *Agilität* beschreibt die Fähigkeit eines Systems schnell auf vor allem marktseitige Veränderungen effektiv reagieren zu können, um eine langfristige erfolgreiche Weiterentwicklung zu ermöglichen [BOOS21, S. 8]. Die Agilität weist damit Ähnlichkeiten zur Flexibilität auf. Die Agilität wird häufig im organisatorischen Zusammenhang verwendet, während die Flexibilität im operativen Zusammenhang Anwendung findet.

Abschließend bleibt festzuhalten, dass das Verständnis der zuvor vorgestellten Begriffe teilweise synonym erfolgt, da eine eindeutige und trennscharfe Abgrenzung der Begriffe nicht immer möglich ist, weil häufig auch individuelle Verständnisse der Begrifflichkeiten vorliegen. Dies hängt neben der zeitlichen und regionalen Herkunft der Arbeiten auch von den verschiedenen Fachdisziplinen ab, denen die Arbeiten zuzuordnen sind. Da im Folgenden die Reaktionsfähigkeit der Fertigung auf veränderte Bauteilvarianten betrachtet wird, wurde der Begriff der Flexibilität gewählt, weil das dieser Arbeit zugrundeliegende Begriffsverständnis die Flexibilität als die Fähigkeit beschreibt, effizient auf geänderte Rahmenbedingungen in Form von veränderten Kundenbedürfnissen und Marktentwicklungen, woraus neue Bauteilvarianten resultieren, zu reagieren. Grundsätzlich ist festzuhalten, dass eine Fertigung mit einer höheren Flexibilität im Allgemeinen auch eine höhere Robustheit, Agilität oder auch höhere Resilienz aufweist, weshalb diese Begriffe sehr eng miteinander verknüpft sind.

3.3 Modelltheoretische und methodische Grundlagen

Model-Theoretical and Methodological Foundations

Die zentralen Bestandteile der vorliegenden Arbeit stellen die Entwicklung von Modellen und Methoden sowie basierend darauf die Gestaltung von Methodiken dar. Daher werden im Folgenden modelltheoretische und methodische Grundlagen erläutert. Das dieser Arbeit zugrundeliegende Methodikmodell basiert auf dem Ansatz von JENKE [JENK07]. Dieser Ansatz wurde bereits in verschiedenen Arbeiten in der Technologieplanung genutzt (vgl. z. B. [STAU17], [REY20], [GRÜN22] und [BECK23]). Das Methodikmodell dient als Rahmenkonzept für die Konzeption der Methodik. Die Abbildung 3-6 visualisiert die zentralen Bestandteile des Methodikmodells nach JENKE. Demnach stellt eine *Methodik* eine Verknüpfung verschiedener Methoden entsprechend einer Systematik dar [JENK07, S. 25 ff.]. Die *Systematik* stellt dabei den übergeordneten Rahmen zur logischen und zeitlichen Verknüpfung von Methoden zu einer Methodik dar. Des Weiteren umfasst sie die erforderlichen Rahmenbedingungen sowie Voraussetzungen für die Anwendung der verschiedenen Methoden. [RODE13, S. 35] *Methoden* repräsentieren ein zielgerichtetes und planmäßiges Vorgehen, weshalb die Begriffe Methode und Vorgehen in diesem Zusammenhang häufig synonym verwendet werden. Ziel der Anwendung einer Methode ist die regelbasierte Überführung eines Inputs in einen entsprechenden Output. [LIND09, S. 57 ff.] Hierfür werden innerhalb einer Methode verschiedene Modelle als Hilfsmittel genutzt. Sie stellen die Grundlage für die Ausgestaltung einer Methode dar. [JENK07, S. 27 ff.] Modelle sind folglich neben der Systematik und den Methoden die zentralen Elemente einer Methodik. [RODE13, S. 35]

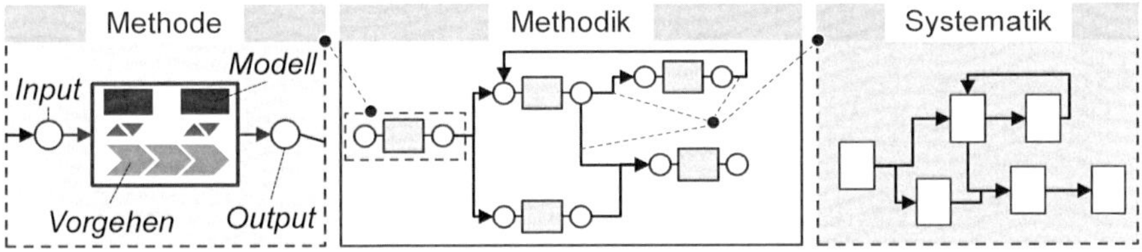

Abbildung 3-6: Methodikverständnis nach JENKE [JENK07] und BECKERS [BECK23, S. 46]

Understanding of a methodology according to JENKE [JENK07] and BECKERS [BECK23, p. 46]

Allgemein definiert PATZAK ein *Modell* als die Repräsentation eines realen Sachverhalts bzw. eines Systems in abstrahierender oder simplifizierender Form. Ziel der Modellierung ist die Vorhersage des realen Verhaltens des betrachteten Systems. [PATZ82, S. 307] Dabei ist nach STACHOWIAK ein Modell durch drei Hauptmerkmale (Abbildungs-, Verkürzungs- und pragmatisches Merkmal) charakterisiert. Ein Modell stellt stets die Repräsentation eines Originals dar (Abbildungsmerkmal). Zur Reduzierung der Komplexität beschreibt ein Modell das Original nur mit den für den jeweiligen Anwendungsfall relevanten Attributen (Verkürzungsmerkmal). Außerdem wird jedes Modell nur im Hinblick auf einen Verwendungszweck unter Berücksichtigung eines begrenzten zeitlichen Betrachtungsrahmens entwickelt (pragmatisches Merkmal). [STAC73, S. 131–133]

In Anlehnung an PATZAK können Beschreibungs-, Erklärungs-, Vorhersage- und Entscheidungsmodelle unterschieden werden. *Beschreibungsmodelle* (deskriptive Modelle) bilden einen Zustand ab ohne vorliegende Wirkzusammenhänge einzubeziehen.

Es handelt sich folglich um eine rein deskriptive Erfassung und Abbildung eines Zustands. Zur Erklärung vorliegender Zustände, basierend auf der Analyse von Wirkzusammenhängen, werden *Erklärungsmodelle* (explikative Modelle) genutzt. Sie ermöglichen durch logisch-induktive Schritte das Auftreten eines Zustands zu verstehen. Aufbauend auf Erklärungsmodellen ist es mit *Vorhersagemodellen* (prognostische Modelle) möglich, wahrscheinlichkeitsbasierte Prognosen über zukünftige (potenzielle) Zustände zu treffen. Mithilfe von *Entscheidungsmodellen* (präskriptiv-normative Modelle) werden Anwendende dabei unterstützt, Handlungsalternativen und -empfehlungen unter Berücksichtigung vorliegender Randbedingungen und Ziel- bzw. Nutzenfunktionen abzuleiten. [PATZ82, S. 311 ff.] Im Rahmen der vorliegenden Arbeit werden innerhalb der Methodikentwicklung verschiedene Modelle unterschiedlicher Modelltypen entwickelt bzw. genutzt und miteinander kombiniert.

3.4 Zwischenfazit und Definition des Untersuchungsbereichs

Interim Conclusion and Object Specification

Wie in der Einleitung erläutert, steigt die Variantenvielfalt, weshalb produzierende Unternehmen vor der Herausforderung stehen, dass zunehmend verschiedene Bauteilvarianten bei gleichzeitiger Reduktion der Stückzahl gleichartiger Bauteile gefertigt werden müssen. Um jedoch kurzfristig und wirtschaftlich auf veränderte Bauteilvarianten reagieren zu können, muss die Fertigung eine ausreichende Flexibilität aufweisen. Infolgedessen wird die Flexibilität von Fertigungsprozessfolgen bzgl. neuer Bauteilvarianten zu einem entscheidenden Erfolgsfaktor für produzierende Unternehmen. Um die Flexibilität von Fertigungsprozessfolgen anforderungsgerecht zu gestalten, ist diese bereits in der Fertigungsplanung zu berücksichtigen. Hierbei ist zu beachten, dass das generelle Ziel in der Fertigung nicht die Maximierung der Flexibilität ist, sondern die wirtschaftlich optimale Flexibilität der Fertigungsprozessfolge anzustreben ist [WEMH05, S. 55]. Eine höhere Flexibilität der Fertigungsprozessfolge, bedingt durch eine höhere Leistungsfähigkeit und das Vorhalten größerer Flexibilitätsspielräume, ist in der Regel mit höheren Investitionen und Betriebskosten verbunden [CLAU19, S. 89–90]. Daher ist eine Fokussierung auf die Maximierung der Flexibilität nicht sinnvoll. Vielmehr ist eine bedarfsorientierte Betrachtung der Flexibilität unter Berücksichtigung der Wirtschaftlichkeit erforderlich, wobei der Bedarf an Flexibilität bzw. der Nutzen der Flexibilität durch die (potenziell) zu fertigenden Bauteilvarianten definiert wird. [WEMH05, S. 55]

Somit stellt die Betrachtung der bedarfsorientierten Flexibilität, die durch potenzielle Bauteilvarianten definiert wird, und eine Bewertung der Wirtschaftlichkeit der Fertigung unter Einbeziehung potenzieller Bauteilvarianten einen Lösungsansatz dar. So wird sichergestellt, dass die Fertigungsprozessfolge und die sie konstituierenden Fertigungsmittel nicht nur für aktuell zu fertigende Bauteilvarianten eine kostengünstige Fertigung ermöglicht, sondern eine ganzheitliche wirtschaftliche Optimierung der Fertigung über die Nutzungsdauer der Fertigungsprozessfolge umgesetzt wird. Hierbei ist jedoch zu beachten, dass zukünftige Anforderungen an die Bauteilvarianten zum

Planungszeitpunkt nicht eindeutig bekannt sind und Unkenntnis über den Eintrittszeitpunkt von Bauteiländerungen besteht. Um die Herausforderungen zu lösen, sind vorliegende Unsicherheiten in die Planung zu integrieren. Die dieser Arbeit zugrundeliegende wirtschaftliche Problemstellung, die zu lösen ist, lautet wie folgt:

Aktuell werden potenzielle, unsicherheitsbehaftete Bauteilvarianten und die daraus resultierenden zukünftigen Anforderungen an die Fertigung in der Planungsphase vernachlässigt. Dies führt langfristig zu einer nicht bedarfsorientierten Fertigungsplanung, wodurch zukünftig Mehrkosten für die Unternehmen entstehen.

Um eine Gestaltung der Fertigung unter Berücksichtigung der bedarfsorientierten Flexibilität und Wirtschaftlichkeit zu ermöglichen, wird in dieser Arbeit ein neuartiger Ansatz zur Planung von Fertigungsprozessfolgen durch Integration potenzieller, unsicherheitsbehafteter Bauteilvarianten (Bauteilprogramm) zur Berücksichtigung zukünftiger Anforderungen an die Fertigung entwickelt. Hierdurch wird es ermöglicht, systematisch zukünftige Anforderungen an die Fertigung bereits in der Fertigungsplanung zu berücksichtigen und somit die Fertigung bedarfsorientiert flexibel und gleichzeitig wirtschaftlich zu gestalten. Der Untersuchungsbereich der vorliegenden Arbeit endet, sobald die unter aktuellem Informationsstand und vorliegenden Unsicherheiten optimale bzw. bestmögliche Fertigungsprozessfolge bestimmt wurde. Die Auslegung der Fertigungsprozessfolge (z. B. Festlegung der Prozessparameter) ist nicht Bestandteil dieser Arbeit.

4 Stand der Forschung

State of Research

Im folgenden Kapitel werden, aufbauend auf den zuvor erläuterten Grundlagen sowie der Abgrenzung des Untersuchungsbereichs, wissenschaftliche Ansätze analysiert, die einen hohen Bezug zu dem definierten Untersuchungsbereich aufweisen. In Abschnitt 4.1 werden Ansätze zur Gestaltung von Technologieketten und Fertigungsprozessfolgen betrachtet. Anschließend werden in Abschnitt 4.2 Arbeiten analysiert, welche den Umgang mit Bauteilvarianten in der Fertigung adressieren. In Abschnitt 4.3 erfolgt eine Analyse von Ansätzen zur Betrachtung der Flexibilität in der Fertigung. Alle betrachteten Ansätze werden dahingehend analysiert, inwieweit sie einen Beitrag zur Lösung der zuvor erläuterten Problemstellung liefern. Dabei wird insbesondere untersucht, welche Ansätze zur Gestaltung von Fertigungsprozessfolgen bereits existieren und wie potenzielle, unsicherheitsbehaftete Bauteile unter Berücksichtigung der Flexibilität der Fertigungsprozessfolgen in die Fertigungsplanung integriert werden können. Abschließend wird in Abschnitt 4.4 auf Grundlage der Analyse die der Arbeit zugrundeliegende wissenschaftliche Problemstellung abgeleitet.

4.1 Ansätze zur Gestaltung von Technologieketten und Fertigungsprozessfolgen

Approaches for the Design of Technology Chains and Manufacturing Process Sequences

Die vorliegende Arbeit adressiert die Gestaltung von Fertigungsprozessfolgen unter Berücksichtigung potenzieller, unsicherheitsbehafteter Bauteilvarianten in der Fertigungsplanung. Aufgrund dessen werden im Folgenden Arbeiten aus der (operativen) Technologieplanung analysiert, welche sich mit der Gestaltung von Technologieketten und Fertigungsprozessfolgen befassen. Hierbei liegt der Fokus der Analyse auf der Generierung und Gestaltung von Fertigungsprozessfolgen sowie inwieweit die Ansätze zukünftige Bauteiländerungen und daraus resultierende Bauteilvarianten in der Planung bereits berücksichtigen. Des Weiteren ist zu untersuchen, inwieweit vorliegende Unsicherheiten mithilfe der Ansätze in die Fertigungsplanung integriert werden können.

FALLBÖHMER 2000: [FALL00] ***Generieren alternativer Technologieketten in frühen Phasen der Produktentwicklung***

Eine wichtige Grundlage zur Gestaltung von Fertigungsprozessfolgen liefert FALLBÖHMER. In seiner Dissertation entwickelte er eine Methodik für die Generierung alternativer Technologieketten in frühen Phasen der Produktentwicklung. Die Methodik ermöglicht eine konstruktionsbegleitende Planung von Technologieketten und stellt somit einen Ansatz zur frühzeitigen Integration der Technologieplanung in die Produktentwicklung dar, um die Produktgestalt, Werkstoffe und die Fertigungstechnologien bestmöglich aufeinander abzustimmen. [FALL00]

Die Methodik von FALLBÖHMER umfasst sechs Schritte (vgl. Abbildung 4-1). Im ersten Schritt erfolgt eine (grobe) Technologievorauswahl, indem die zu fertigenden Bauteilmerkmale und die durch die einzelnen Technologien realisierbaren Merkmale gegenübergestellt werden. Dessen Ziel ist eine erste Reduktion des Lösungsraums. Darauf aufbauend wird im zweiten Schritt die technische Machbarkeit geprüft. Hierfür wird untersucht, inwiefern welche Technologien kombiniert werden können, um die erforderlichen Bauteilanforderungen zu erfüllen. Zur Bewertung der technischen Machbarkeit wird die Technologiefähigkeit der alternativen Technologien bewertet. Dies erfolgt mithilfe der Fuzzy-Logik, um auch unsichere Informationen in die Bewertung integrieren zu können. Im dritten Schritt (Feedback) erfolgen durch Austausch von Technologieplanung und Produktentwicklung ggf. Anpassungen von geometrischer Gestalt, Werkstoff und Fertigungstechnologien. [FALL00, S. 84 ff.]

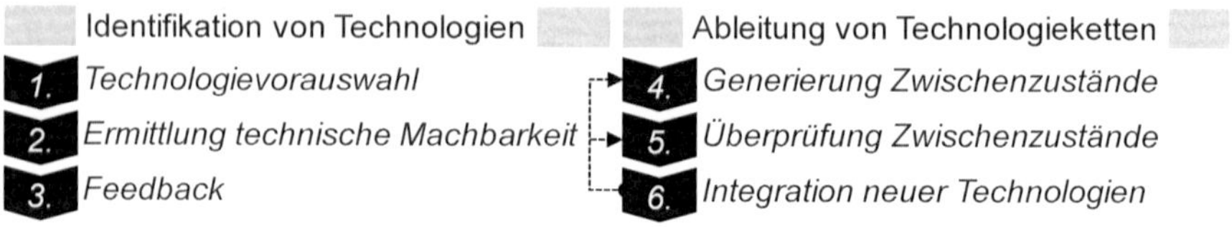

Abbildung 4-1: Vorgehen zur Generierung von Technologieketten nach Fallböhmer [FALL00]

Method for generation of technology chains by FALLBÖHMER [FALL00]

Nachfolgend werden aus den identifizierten Technologien zur Fertigung des Bauteils potenzielle Technologieketten generiert. Hierzu werden in Schritt 4 die Wechselwirkungen zwischen den einzelnen Technologien durch die Integration von Zwischenzuständen berücksichtigt, welche die Schnittstellen zwischen den Technologien beschreiben. Die Zwischenzustände beschreiben die Merkmale bzw. Anforderungen, welche von einer Technologie $i+1$ an eine vorgelagerte Technologie i gestellt werden, damit das Bauteil durch Technologie $i+1$ anforderungsgerecht weiterbearbeitet werden kann. Im Anschluss an die Generierung der Zwischenzustände der potenziellen Technologieketten erfolgt im fünften Schritt eine Überprüfung der technologischen Machbarkeit der Zwischenzustände. Hierfür werden ggf. vorliegende Technologiedefizite ermittelt. Falls ein Technologiedefizit vorliegt, weicht der erforderliche Eingangszustand einer Technologie $i+1$ von dem durch die Technologie i erzeugbaren Zustand ab, sodass zusätzliche Technologien zur Behebung des Defizits zu identifizieren und in die Technologiekette zu integrieren sind (Schritt 6). Die Schritte 4-6 werden iterativ durchlaufen, bis die Zwischenzustände aufeinander abgestimmt sind und keine Technologiedefizite mehr vorliegen. [FALL00, S. 99 ff.]

Die Arbeit von FALLBÖHMER stellt einen Ansatz zur systematischen Generierung von Technologieketten dar und bildet die Grundlage für weitere Arbeiten in der Technologieplanung (z. B. [KLOC17], [MÜLL18], [REY20] und [GRÜN22]). Für die vorliegende Arbeit sind insbesondere die Bewertung der technologischen Machbarkeit und die Betrachtung von Zwischenzuständen von Bedeutung. Allerdings beschränkt sich der Ansatz auf die Generierung von Technologieketten für ein Bauteil, weshalb eine detaillierte wirtschaftliche Bewertung und Berücksichtigung mehrerer potenzieller Bauteile in Form von Bauteilvarianten nicht Bestandteil sind und daher der Ansatz nicht auf die vorliegende Problemstellung übertragbar ist.

TROMMER 2001: [TROM01] ***Methodik zur konstruktionsbegleitenden Generierung und Bewertung alternativer Fertigungsfolgen***

TROMMER entwickelte aufbauend auf der Arbeit von FALLBÖHMER eine Methodik für die Generierung und Bewertung von Fertigungsfolgen. Durch die Methodik werden Anwendende bei der konstruktionsbegleitenden Entscheidung hinsichtlich der technologisch und wirtschaftlich bestmöglich geeigneten Fertigungsalternative unterstützt. [TROM01, S. 2] Die Methodik besteht aus sechs Modulen: Aufbau von Datenmodellen der Produktionsmittel, Eignungsanalyse von Produktionsmitteln der direkten Wertschöpfung (grob), Eignungsanalyse von Produktionsmitteln der direkten Wertschöpfung (fein), Generierung alternativer Fertigungsfolgen, Eignungsanalyse von Produktionsmitteln indirekt wertschöpfender Schritte sowie Bewertung alternativer Fertigungsfolgen. [TROM01, S. 44 f.] Dabei bildet die abschließende Bewertung im sechsten Modul den Fokus der Arbeit. Hierfür entwickelte TROMMER ein modulares Kennwertsystem für die multikriterielle Bewertung auf Grundlage des analytischen Hierarchieprozesses. Für die Abbildung unsicherer Informationen wurde der Ansatz der Fuzzy-Logik in das Bewertungssystem integriert. Innerhalb dieser Bewertung werden quantitative Kriterien wie Fertigungskosten und -zeiten sowie qualitative Kriterien wie die Bauteilqualität, Ökologie oder die Unternehmenseignung berücksichtigt. [TROM01, S. 66 ff.]

In Erweiterung zum Ansatz von FALLBÖHMER hat TROMMER auch nicht wertschöpfende Schritte wie Handhabungs-, Transport- und Lagerschritte in die Betrachtung integriert. Außerdem ermöglicht der Ansatz eine multikriterielle Bewertung alternativer Fertigungsfolgen. Unsicherheiten hinsichtlich unscharfer Informationen werden mithilfe des Ansatzes der Fuzzy-Logik berücksichtigt. Die Betrachtung der Auswirkungen mehrerer Bauteile bzw. alternativer potenzieller Bauteilvarianten auf die Fertigungsplanung ist nicht Bestandteil der Arbeit. Insbesondere die Ableitung potenzieller Bauteilvarianten, deren Einfluss auf die Auswahl von Fertigungsprozessfolgen und eine wirtschaftliche Bewertung von Fertigungsprozessfolgen unter Berücksichtigung unsicherheitsbehafteter Bauteilvarianten ist explizit nicht mit dem Ansatz umsetzbar.

MÜLLER 2008: [MÜLL08] ***Methodik für die entwicklungs- und planungsbegleitende Generierung und Bewertung von Produktionsalternativen***

In seiner Dissertation stellt MÜLLER eine Methodik für eine entwicklungs- und planungsbegleitende Generierung und Bewertung von Produktionsalternativen dar, wobei neben Fertigungsschritten auch Montageschritte betrachtet werden [MÜLL08, S. 11]. Die Methodik besteht aus fünf Partialmodellen [MÜLL08, S. 85]. Das erste Modell umfasst eine Referenzinformationsstruktur zur Modellierung von Wissen über Fertigungsverfahren bzw. Fertigungsprozesse [MÜLL08, S. 88 ff.]. Für die Ableitung alternativer Fertigungsfolgen entwickelte MÜLLER im zweiten Modell einen Ansatz zur Abbildung von Abhängigkeiten zwischen dem zu fertigenden Produkt und den Fertigungsverfahren

(Produkt-Primärverfahren-Matrix) sowie einen Ansatz zur Beschreibung der Sequenzbeziehungen zwischen Fertigungsverfahren (Primärverfahren-Primärverfahren-Matrix) [MÜLL08, S. 94 ff.]. Das dritte Modell umfasst eine Kostenbewertung auf Grundlage der Maschinenstundensatzrechnung [MÜLL08, S. 106 ff.]. Mithilfe des vierten Modells wird eine qualitative Bewertung alternativer Fertigungsprozessfolgen auf Grundlage der Nutzwertanalyse ermöglicht. Dabei umfasst die Nutzwertanalyse Kriterien wie bspw. die Wandlungsfähigkeit oder das technische Risiko. Anhand der Wandlungsfähigkeit wird bewertet, inwieweit eine Fertigungsfolge an künftige planbare und nicht planbare Anforderungen angepasst werden kann. Dabei basiert die Bewertung auf einer qualitativen, teils subjektiven Einschätzung in Bezug auf den Erfüllungsgrad der Kriterien. [MÜLL08, S. 118 ff.] Das letzte Modell umfasst die Bewertung von Einmalaufwänden durch die Berechnung des aufwandsorientierten Kapitalwerts. Abschließend erfolgt die Verknüpfung der Partialmodelle zu einem Vorgehen zur Generierung und Bewertung von Fertigungsalternativen [MÜLL08, S. 124 ff.].

Die Methodik von MÜLLER unterstützt Anwendende bei der Generierung sowie bei der quantitativen und qualitativen Bewertung von Fertigungsfolgen. Der Ansatz stellt eine wichtige Grundlage zur Generierung von Fertigungsprozessfolgen unter Berücksichtigung technologischer Abhängigkeiten dar. Zwar adressiert MÜLLER in seinem Ansatz die Flexibilität bzw. Wandlungsfähigkeit als wichtiges Bewertungskriterium zur Reaktion auf zukünftige Veränderungen, jedoch wird diese rein qualitativ anhand eines Erfüllungsgrades bewertet. Eine konkrete Berücksichtigung neuer potenzieller Bauteilvarianten und deren Einfluss auf die Fertigungsplanung wird nicht explizit berücksichtigt. Somit liefert die Arbeit von MÜLLER keinen ausreichenden Ansatz zur Berücksichtigung der Flexibilität von Fertigungsprozessfolgen in der Fertigungsplanung.

SCHINDLER 2014: [SCHI14] ***Strategische Planung von Technologieketten für die Produktion***

SCHINDLER entwickelte eine Methodik zur Unterstützung von Anwendenden bei der strategischen Planung von Technologieketten [SCHI14, S. 15 f.]. Hierfür werden relevante Bewertungskriterien (z. B. Technologiereife, Wirtschaftlichkeit und Technologiepotenzial) für die Bewertung von Technologieketten im Rahmen der strategischen Planung identifiziert [SCHI14, S. 43 ff.]. Für die Generierung von Technologieketten und deren Bewertung erarbeitete SCHINDLER ein fünfschrittiges Vorgehen. Im ersten Schritt erfolgt die Definition der Technologiestrategie, die Festlegung der Produktionsaufgabe und schließlich die Modellierung des Produktes. Darauf aufbauend werden potenzielle Technologiealternativen identifiziert und zur Reduktion der Technologiealternativen diese anhand der Technologiereife, technischen Machbarkeit und Technologiepotenzial grobbewertet. Der dritte Schritt adressiert die Generierung von Technologiekettenalternativen. Hierfür definiert SCHINDLER verschiedene Arten von Wechselwirkungen bzw. Abhängigkeiten innerhalb von Technologieketten. Dabei handelt es sich um Wechselwirkungen zwischen Bauteil-Features (1. Art), Wechselwirkungen zwischen Technologien (2. Art) sowie Wechselwirkungen zwischen Technologien und Bauteilfeatures (3. Art) [SCHI14, S. 91 ff.]. Zur Abbildung dieser Wechselwirkungen entwickelte SCHINDLER verschiedene Matrixmodelle, um basierend darauf geeignete Technologiekettenalternativen zu generieren. Im vierten Schritt erfolgt eine Bewertung der Technologiekettenalternativen z. B. anhand der Wirtschaftlichkeit und des Eignungsgrades der Technologiekettenalternativen. Zur Berücksichtigung von Unsicherheiten in Bezug auf bspw. die Technologiereife oder die Wirtschaftlichkeit wird die Monte-Carlo-Simulation genutzt. Abschließend erfolgt im fünften Schritt die Auswahl einer Technologiekette auf Basis der Bewertungsergebnisse. [SCHI14, S. 82 ff.]

Durch die Methodik von SCHINDLER wird eine Generierung und Bewertung von Technologieketten unter Einbezug strategischer Unternehmensziele und Berücksichtigung verschiedener Wechselwirkungen ermöglicht. Dabei stellt insbesondere die Betrachtung von verschiedenen Wechselwirkungen bei der Generierung von Technologieketten eine Grundlage für die Planung von Technologieketten und Fertigungsprozessfolgen dar, welche auch in weiteren Ansätzen aufgegriffen wurde (z. B. [HERM22]). Des Weiteren liefert SCHINDLER durch die Anwendung der Monte-Carlo-Simulation einen Ansatz zur Berücksichtigung von Unsicherheiten bei der wirtschaftlichen Bewertung von Technologieketten innerhalb der Fertigungsplanung, was eine wichtige Grundlage für die vorliegende Arbeit darstellt. Eine Berücksichtigung von Unsicherheiten in Bezug auf das Bauteil bzw. alternative Bauteilvarianten ist jedoch nicht Bestandteil des Ansatzes. Des Weiteren beschränkt sich der Ansatz auf die Betrachtung eines eindeutig definierten Bauteils bzw. Produktes, weshalb potenzielle Bauteilvarianten nicht berücksichtigt werden können.

BUCHHOLZ 2014: [BUCH14] ***Bewertung des Substitutionsrisikos von Fertigungssystemen***

In seiner Dissertation entwickelte BUCHHOLZ eine Methodik für die Bewertung des Substitutionsrisikos von Fertigungssystemen [BUCH14, S. 39]. Die Methodik besteht aus drei Modulen (vgl. Abbildung 4-2). Das erste Modul adressiert die Generierung alternativer Fertigungssysteme. Innerhalb dessen werden ausgehend von der zu definierenden Bearbeitungsaufgabe alternative Fertigungssysteme unter Berücksichtigung technologischer Schnittstellen und Wechselwirkungen zwischen Fertigungstechnologien und Bauteilmerkmalen generiert. Hierfür definierte BUCHHOLZ fünf Übergabegrößen, welche die Bauteilzwischenzustände beschreiben (Eigenspannungen, Härte, Form- und Lagetoleranzen, Oberflächenrauheit sowie Makrogeometrie). Zum Abschluss des ersten Moduls werden die abgeleiteten Technologieketten auf Grundlage der Fertigungshistorie optimiert und schließlich die Technologieketten in fertigungsmittelbezogene Prozessfolgen überführt. [BUCH14, S. 53 ff.]

Das zweite Modul umfasst eine statische ökonomische und ökologische Bewertung der identifizierten Fertigungssysteme, wobei der Fokus auf der Bewertung der Wirtschaftlichkeit auf Basis der Herstellkosten liegt. Die Grundlage hierfür bildet die Maschinenstundensatzrechnung, welche um Ausschussraten und die Auslastung der Fertigungsmittel erweitert wurde. Mithilfe dieses Moduls wird es Anwendenden ermöglicht, aus der Menge potenzieller Fertigungssysteme die für die aktuelle Bearbeitungsaufgabe beste Alternative abzuleiten. [BUCH14, S. 83 ff.]

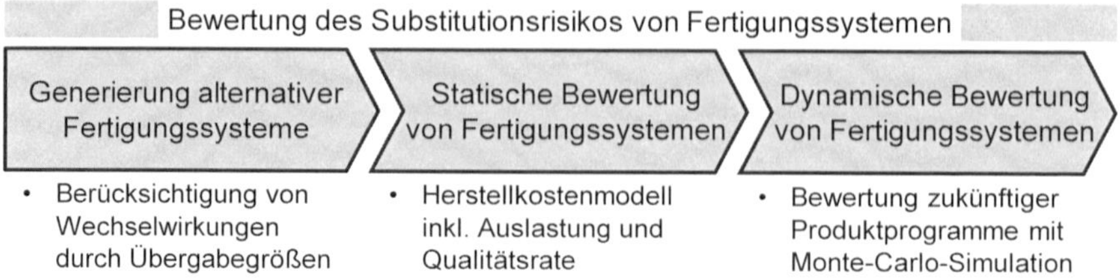

Abbildung 4-2: Methodik zur Bewertung des Substitutionsrisikos von Fertigungssystemen [BUCH14]

Methodology for evaluating the substitution risk of manufacturing systems [BUCH14]

Im dritten Modul wird die dynamische Bewertung von Fertigungssystemen in Hinblick auf zukünftig wahrscheinliche Produktprogramme vorgestellt. In einem ersten Schritt wird ein Vorgehen zur Prognose zukünftig wahrscheinlicher Produktprogramme mithilfe der Szenariotechnik nach GAUSEMEIER vorgestellt [GAUS96]. Außerdem wird ein Vorgehen zur Identifikation von Handlungsmöglichkeiten zur Anpassung von Fertigungssystemen entwickelt. In einem dritten Schritt erfolgt die Entwicklung eines wirtschaftlichen Bewertungsmodells auf Grundlage der Monte-Carlo-Simulation zur stochastischen und dynamischen Bewertung von Fertigungssystemen für zukünftige Produktprogramme. Abschließend entwickelte BUCHHOLZ ein Modell zur Ermittlung des Substitutionsrisikos von Fertigungssystemen. [BUCH14, S. 95 ff.]

Die Methodik von BUCHHOLZ stellt einen detaillierten Ansatz zur Generierung von Fertigungssystemen bzw. Fertigungsprozessfolgen unter Berücksichtigung vorliegender Abhängigkeiten und Wechselwirkungen dar. Des Weiteren entwickelte BUCHHOLZ ein Modell zur wirtschaftlichen Bewertung von Fertigungssystemen unter Berücksichtigung von zukünftigen Produktprogrammen. Hierbei stellt insbesondere die stochastische Bewertung mithilfe der Monte-Carlo-Simulation einen vielversprechenden Ansatz dar. Eine Berücksichtigung von Unsicherheiten (z. B. bzgl. Eintrittszeitpunkt und Stückzahl von Bauteilvarianten) und deren Auswirkungen auf die Fertigungsplanung erfolgt jedoch nicht. Des Weiteren adressiert BUCHHOLZ nicht die Ableitung und Modellierung neuer Bauteilvarianten und ermöglicht auch keine detaillierte Berücksichtigung dieser in der Wirtschaftlichkeitsbewertung. Insgesamt stellt die Methodik von BUCHHOLZ jedoch eine wichtige Grundlage für das Ziel der vorliegenden Arbeit dar.

TÖNISSEN 2014: [TÖNI14] ***Economic Efficiency of Manufacturing Technology Integration***

TÖNISSEN untersuchte in seiner Dissertation die wirtschaftliche Effizienz der Integration von Fertigungstechnologien in Multitechnologieplattformen, welche die Möglichkeit bieten, mehrere Technologien in einer Maschine zu kombinieren. TÖNISSEN zeigt, dass die Vorteile von Multitechnologieplattformen vor allem bei kleineren Stückzahlen liegen. Bei Multitechnologieplattformen werden nach TÖNISSEN mehr Funktionen integriert als die Fertigung zum Planungszeitraum benötigt, um auf spätere Änderungen ohne Verzögerung reagieren zu können und adressiert daher die Rekonfigurierbarkeit von Fertigungsmitteln. Somit ist die Integration von Fertigungstechnologien in Multitechnologieplattformen bei einer höheren Volatilität und daraus resultierenden geringeren Stückzahlen von Bauteilvarianten von Vorteil. [TÖNI14]

TÖNISSEN adressiert in seiner Arbeit ähnliche Herausforderungen einer zunehmenden Variantenvielfalt aufgrund einer steigenden Volatilität an den Märkten. Dabei betrachtet er die Funktionsintegration in Fertigungsmittel. Jedoch ermöglicht die Arbeit keine Fertigungsplanung ganzer Fertigungsprozessfolgen, da der Fokus auf dem Vergleich von Einzeltechnologien und Multitechnologieplattformen liegt. Des Weiteren werden vorliegende Unsicherheiten bzgl. der zukünftig vorliegenden Bauteilvarianten unzureichend berücksichtigt. Jedoch resümiert TÖNISSEN, dass Multitechnologieplattformen Befähiger für eine flexible Fertigung darstellen, da sie im Vergleich zu herkömmlichen Werkzeugmaschinen mit nur einer Technologie über ein größeres Funktionsfenster verfügen [TÖNI14, S. 109]. Daher und wegen der von TÖNISSEN gezeigten Vorteilhaftigkeit von Multitechnologieplattformen bei hoher Volatilität und einer steigenden Variantenvielfalt aufgrund einer höheren Flexibilität ist die zu entwickelnde Methodik so zu gestalten, dass Multitechnologieplattformen als potenzielle Fertigungsmittel einer Fertigungsprozessfolge berücksichtigt werden können.

ZÖNNCHEN 2019: [ZÖNN19] ***Frühzeitige Bewertung und Gestaltung fertigungstechnischer Prozessketten im Rahmen der Entwicklung neuartiger Werkstoffe***

ZÖNNCHEN entwickelte eine Methodik zur Bewertung und Gestaltung von Prozessfolgen im Rahmen der Entwicklung neuartiger Werkstoffe. Ziel der Methodik ist, die Gestaltung von Prozessfolgen in die Forschung und Entwicklung von Werkstoffen zu integrieren, um die strategische Produktplanung sowie die Fertigungsplanung zu unterstützen und mögliche Potenziale frühzeitig zu identifizieren sowie die langfristige Wettbewerbsfähigkeit zu verbessern. Somit wird eine Integration zukünftiger Werkstoffentwicklungen und hieraus resultierende Bauteiländerungen in die Planungsphase ermöglicht. [ZÖNN19, S. 5 ff.] Zur Erreichung dieses Ziels erarbeitete ZÖNNCHEN ein Bewertungsmodell, welches, ausgehend von einem definierten Zielsystem, die Bewertung von Prozessketten hinsichtlich Kosten und Nutzen umsetzt. Anschließend wurde ein Vorgehen zur Gestaltung von Prozessketten unter Einbezug neuer Werkstoffentwicklungen erarbeitet. Durch die Verknüpfung des Bewertungsmodells und des Vorgehens zur Gestaltung von Prozessketten wird die Identifikation der vielversprechendsten Prozesskette erreicht. [ZÖNN19, S. 138 ff.]

Mithilfe der Methodik wird es Anwendenden ermöglicht, bereits in der Fertigungsplanung neuartige Werkstoffe und die daraus resultierenden Auswirkungen auf die Gestaltung von Prozessketten zu berücksichtigen. Der Fokus der Arbeit von ZÖNNCHEN liegt auf der Integration neuer Werkstoffentwicklungen in die Fertigungsplanung. Eine Berücksichtigung von Bauteiländerungen und daraus resultierender neuer Varianten infolge geänderter technologischer Anforderungen wird explizit nicht betrachtet. Des Weiteren wird der Umgang mit vorliegenden Unsicherheiten nicht hinreichend adressiert. Dennoch liefert der Ansatz relevante Vorarbeiten für die vorliegende Arbeit in Bezug auf die Integration potenzieller Bauteilvarianten in die Fertigungsplanung.

Rey 2020: [REY20] ***Methodik zur hochiterativen Gestaltung von Fertigungsprozessfolgen***

In seiner Dissertation erarbeitete Rey eine Methodik zur hochiterativen Gestaltung von Fertigungsprozessfolgen. Durch die Methodik wird es Anwendenden ermöglicht, Fertigungsplanung und Bauteilentwicklung (teilweise) zu parallelisieren. Hierdurch wird eine entwicklungsbegleitende Gestaltung von Fertigungsprozessfolgen und somit eine fertigungsgerechte Entwicklung des Bauteils erreicht. [REY20, S. 1] Infolge der Parallelisierung von Fertigungsplanung und Konstruktionen unterliegen die für die Planung erforderlichen Informationen hinsichtlich der zu fertigenden Bauteilmerkmale Unsicherheiten. Zur Lösung dieser Herausforderung liefert Rey einen Ansatz, welcher eine iterative Gestaltung von Prozessfolgen unter Berücksichtigung unsicherer Informationen hinsichtlich der zu fertigenden Bauteilmerkmale ermöglicht. Hierzu wird in den einzelnen Iterationsschritten der Bedarf an technologischen und wirtschaftlichen Informationen bewertet und basierend darauf werden die zu beschaffenen Informationen ermittelt. Das Konzept der Methodik von Rey, welches iterativ durchlaufen wird, setzt sich aus drei Schritten zusammen (vgl. Abbildung 4-3). [REY20, S. 50 ff.]

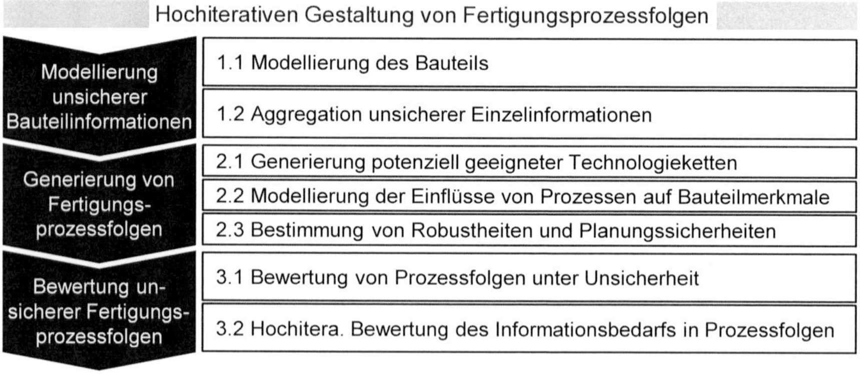

Abbildung 4-3: Methodik zur hochiterativen Gestaltung von Fertigungsprozessfolgen [REY20]

Methodology for the highly iterative design of manufacturing process sequences [REY20]

Der erste Schritt umfasst die Modellierung unsicherer Bauteilinformationen. Aufbauend auf einem Beschreibungsmodell für Bauteile entwickelte Rey einen Ansatz zur Aggregation unsicherer Einzelinformationen zur Beschreibung von Bauteilen bzw. Bauteilmerkmalen. Zur Modellierung von Unsicherheiten nutzt Rey die Evidenztheorie nach Dempster-Shafer. Die Evidenztheorie ermöglicht die Kombination von Informationen aus verschiedenen Quellen und eine Unterscheidung zwischen epistemischen

Unsicherheiten (keine Informationen verfügbar) und aleatorischen Unsicherheiten (widersprüchliche Informationen). [REY20, S. 53 ff.] Der zweite Schritt adressiert die Generierung und Modellierung unsicherer Prozessfolgen. Im Anschluss an die Generierung potenziell geeigneter Technologieketten werden die Einflüsse der einzelnen Fertigungsprozesse auf die Bauteilmerkmale modelliert. Anschließend werden die Robustheiten und Planungssicherheiten bestimmt. Die Robustheit wird aus der Überschneidung der Prozessfähigkeit in Form von Prozessgrenzwertintervallen und den Bauteilmerkmalsintervallen (aus Schritt 1) ermittelt. Diese Kennzahl gibt an, wie robust die potenziellen Prozessfolgen gegenüber einer Anpassung von Bauteilmerkmalen während der Konstruktion sind. Zur Ermittlung der Planungssicherheit werden die vorliegenden Unsicherheiten in Bezug auf die Prozessfolgen mit der Robustheit verknüpft. [REY20, S. 76 ff.] Der dritte Schritt der Methodik umfasst die hochiterative Bewertung unsicherer Prozessfolgen. Hierzu erfolgt zunächst eine Bewertung der Prozessfolgen unter Berücksichtigung der vorliegenden Unsicherheiten hinsichtlich der Herstellkosten und den zu erwartenden Nutzenwerten. Ausgehend davon wird dann der Informationsbedarf für die weitere Planung der Prozessfolgen abgeleitet. Dafür werden die Informationsbedarfe hinsichtlich der individuellen Einflussgrößen priorisiert und somit identifiziert, welche Informationen die größten Potenziale zur Steigerung der Planungssicherheit der Prozessfolgen darstellen. Unter Berücksichtigung der Annahme, dass die Prozessfolge, welche die geringste Planungssicherheit und einen hohen Nutzwert aufweist, den größten Informationsbedarf hat, wird die Informationsbeschaffung in jedem Iterationsschritt priorisiert. Unterstützt wird die Entscheidung bezüglich weiterer zu beschaffender Informationen durch eine Sensitivitätsanalyse. [REY20, S. 103 ff.]

Die Arbeit von Rey liefert einen Ansatz zum Umgang mit Unsicherheiten innerhalb der Fertigungsplanung. Rey betrachtet Unsicherheiten hinsichtlich des initial zu fertigenden Bauteils und dessen Umsetzbarkeit durch die Fertigung. Es wird lediglich ein Bauteil betrachtet und es erfolgt somit keine Berücksichtigung mehrerer potenzieller Bauteilvarianten. Des Weiteren erfolgt die Bewertung alternativer Fertigungsprozessfolgen auf Grundlage eines Nutzwertes. Innerhalb des Nutzenwertes werden zwar auch die Herstellstückkosten berücksichtigt, jedoch ist für die Bewertung von Fertigungsprozessfolgen unter Berücksichtigung potenzieller Bauteilvarianten eine detaillierte Wirtschaftlichkeitsbewertung unter Einbezug von Unsicherheiten erforderlich. Aufgrund dessen ist eine Übertragbarkeit des Ansatzes von Rey auf das Ziel der vorliegenden Arbeit nicht ohne weitere Forschung möglich. Allerdings liefert die Arbeit von Rey relevante Grundlagen insbesondere in Bezug auf den Umgang mit Unsicherheiten in der Fertigungsplanung. Zur Modellierung von Unsicherheiten nutzt Rey die Evidenztheorie nach Depmster-Shafer, welche ebenfalls für die vorliegende Arbeit einen interessanten Ansatz darstellt. Im Rahmen der Methodikentwicklung ist zu untersuchen, welcher Ansatz für die Anforderungen dieser vorliegenden Arbeit bestmöglich geeignet ist.

Grünebaum 2022: [GRÜN22] ***Gestaltung von Technologieketten und Prozessfolgen nach lebensphasenübergreifend ökologisch-ökonomischen Kriterien***

Die Dissertation von Grünebaum liefert einen Ansatz für die Gestaltung von Technologieketten und Prozessfolgen nach lebensphasenübergreifend ökologisch-ökonomischen Kriterien. Die entwickelte Methodik unterstützt Anwendende bei der Quantifizierung, Bewertung und, basierend darauf, bei der Reduktion von Umwelteinflüssen und Kosten von Prozessfolgen. Dabei ist der Ablauf der Methodik wie folgt. Zunächst werden alternative Technologieketten bzw. Prozessfolgen abgeleitet. [GRÜN22, S. 61 ff.] Anschließend wird zur Aufnahme der ökologischen Auswirkungen eine Sachbilanzierung durchgeführt, in der die Energie- und Stoffflüsse erfasst werden. [GRÜN22, S. 68 ff.] Danach erfolgt eine ökonomisch-ökologische Bewertung der Technologieketten bzw. Prozessfolgen. Hierzu werden auf Grundlage der Sachbilanzierung die Umweltwirkungen sowie mittels der Materialflussrechnung die Herstellkosten bestimmt. [GRÜN22, S. 89 ff.] Zum Abschluss werden Maßnahmen zur Reduktion der Kosten und Umweltwirkungen identifiziert. [GRÜN22, S. 112 ff.] Zur Modellierung vorliegender Unsicherheiten und widersprüchlicher Informationen insbesondere innerhalb der Sachbilanzierung nutzt Grünebaum die Fuzzy-Logik. Die Fuzzy-Logik ist ein Ansatz, der es ermöglicht, mehrere unsichere Informationen zu einer Gesamtaussage zu verknüpfen und dabei die Glaubwürdigkeit unterschiedlicher Informationsquellen in die Betrachtung einzubeziehen. [GRÜN22, S. 68 ff.]

Die von Grünebaum entwickelte Methodik adressiert neben der Berücksichtigung wirtschaftlicher auch die Integration ökologischer Kriterien in die Gestaltung von Fertigungsprozessfolgen. Durch die integrative Betrachtung ist die Berücksichtigung von ökologisch-ökonomischen Abhängigkeiten möglich und eine ganzheitliche Optimierung wird angestrebt. Der Fokus der Arbeit liegt vor allem auf der Kombination der Wirtschaftlichkeits- und Ökologiebewertung. Die Berücksichtigung von Unsicherheiten erfolgt in Bezug auf die Quantifizierung von Stoff- und Energieflüssen mithilfe der Fuzzy-Logik. Unsicherheiten hinsichtlich der Gestalt des Bauteils und die Berücksichtigung unterschiedlicher Bauteilvarianten und deren Auswirkungen auf die Bewertung und Gestaltung von Prozessfolgen werden nicht explizit behandelt, weshalb eine Übertragbarkeit der Ergebnisse von Grünebaum auf die Aufgabenstellung der vorliegenden Arbeit nicht möglich ist. Dennoch liefert der Ansatz von Grünebaum relevante Grundlagen für diese Arbeit bspw. in Bezug auf die Generierung von Prozessfolgen oder die Integration von Unsicherheiten in die Fertigungsplanung mithilfe der Fuzzy-Logik.

Weitere Forschungsarbeiten zur Gestaltung von Fertigungsprozessfolgen und Zwischenfazit

Neben den bereits aufgeführten Forschungsarbeiten existieren weitere Forschungsarbeiten zur Gestaltung von Fertigungsprozessfolgen, welche auf die vorgestellten Arbeiten referenzieren, Teilaspekte der Arbeiten aufgreifen sowie unterschiedliche Elemente der Gestaltung von Fertigungsprozessfolgen adressieren. Im Folgenden werden diese Ansätze kurz genannt, jedoch wird auf eine detaillierte Beschreibung und Analyse dieser weiteren Ansätze verzichtet, da sie für die vorliegende Arbeit im Vergleich zu den bereits ausgeführten Arbeiten von geringer Relevanz sind und in Bezug auf die für diese Arbeit relevanten Aspekte mit den bereits ausgeführten Arbeiten vergleichbar sind.

In ihrer Dissertation entwickelte KNOCHE ein generisches Modell zur Beschreibung von Fertigungstechnologien, welches für eine optimierte Verknüpfung von Technologien und somit für die Generierung von Technologieketten genutzt werden kann [KNOC05]. TRAN liefert eine Methodik für die featurebasierte Bewertung alternativer Technologieketten in der Fertigung [TRAN12]. WUEST et al. entwickelten einen Ansatz zur Beschreibung von Abhängigkeiten zwischen Technologien bzw. Prozessen, welcher die Grundlage für verschiedene Ansätze zur Gestaltung von Prozessfolgen darstellt (vgl. z. B. BUCHHOLZ [BUCH14], REY [REY20] oder GRÜNEBAUM [GRÜN22]) [WUES12]. Einen spezifischen Ansatz für Flugzeugtriebwerkskomponenten erarbeitete GÖTZFRIED in seiner Dissertation zur Analyse und Vergleich fertigungstechnischer Technologieketten [GÖTZ13]. DÖBBELER erarbeitete ein Entscheidungsmodell für die Auswahl von Technologieketten unter Berücksichtigung der Ressourceneffizienz [DÖBB16]. Einige Arbeiten adressieren die Entwicklung von Ansätzen zur Generierung von Technologieketten bzw. Prozessfolgen mit einem spezifischen inhaltlichen Fokus auf den industriellen Werkzeugbau HEESCHEN [HEES15] und PRÜMMER [PRÜM20], den Serienanlauf STAUDER [STAU17] oder die Integration der Prüfplanung in der Fertigungsplanung KLOCKE et al. [KLOC18] und MÜLLER [MÜLL18].

Es bleibt festzuhalten, dass die vorgestellten Ansätze vor allem die Generierung und Gestaltung von Technologieketten und Fertigungsprozessfolgen unter Berücksichtigung qualitativer Abhängigkeiten zwischen den Technologien bzw. Prozessen adressieren. Es existieren somit etablierte Ansätze, welche die grundsätzliche Generierung von Technologieketten und Fertigungsprozessfolgen ermöglichen. Basierend auf der Analyse des aktuellen Stands der Forschung kann somit abgeleitet werden, dass kein weiterer Forschungsbedarf hinsichtlich der allgemeinen Generierung von Fertigungsprozessfolgen besteht. Hierzu können bereits etablierte Ansätze genutzt werden. An dieser Stelle sind exemplarisch die Ansätze von BUCHHOLZ [BUCH14], REY [REY20] und GRÜNEBAUM [GRÜN22] zu nennen. Die Analyse des Stands der Technik zeigt jedoch auch, dass bestehende Ansätze die Berücksichtigung zukünftiger, unsicherheitsbehafteter Bauteilvarianten in der Fertigungsplanung und basierend darauf die Bewertung von Fertigungsprozessfolgen nicht adressieren. Die Ansätze fokussieren sich auf die Betrachtung eines Bauteils und vernachlässigen zukünftige Bauteiländerungen und daraus resultierende Bauteilvarianten. Somit ermöglichen sie keine Planung von Fertigungsprozessfolgen unter Einbezug potenzieller, unsicherheitsbehafteter Bauteilvarianten, weshalb für das Ziel dieser Arbeit weiterer Forschungsbedarf besteht.

4.2 Ansätze zum Umgang mit Bauteilvarianten in der Fertigung

Approaches for Dealing with Component Variants in Production

Wie die Analyse bestehender Ansätze zur Planung und Gestaltung von Fertigungsprozessfolgen im vorherigen Abschnitt gezeigt hat, betrachten diese lediglich ein Bauteil und berücksichtigen somit keine Nachfrageveränderungen, potenziell auftretende Bauteiländerungen und daraus resultierende Bauteilvarianten. Aufgrund dessen werden im Folgenden Ansätze betrachtet, welche den Umgang mit Änderungen von Bauteilen und einer daraus resultierenden erhöhten Bauteilvariantenvielfalt in der Fertigung adressieren. Dabei werden die Ansätze insbesondere dahingehend analysiert, inwiefern sie Anwendende bei der Planung von Fertigungsprozessfolgen unter Einbezug potenzieller, unsicherheitsbehafteter Bauteilvarianten methodisch unterstützen und einen sinnvollen Input für die vorliegende Arbeit darstellen können.

DÖRMER 2013: [DÖRM13] ***Produktionsprogrammplanung bei variantenreicher Fließproduktion***

In seiner Dissertation entwickelte DÖRMER einen Ansatz zur Optimierung der Produktionsprogrammplanung für die variantenreiche Fließproduktion. Der Fokus der Arbeit liegt auf der Montage, lässt sich jedoch durch Anpassungen auf die Fertigung übertragen. Ziel ist es, die Produktion verschiedener Bauteilvarianten bestmöglich unter Berücksichtigung verfügbarer Kapazitäten und der Reihenfolgenbildung umzusetzen. [DÖRM13, S. 4] Hierzu verknüpft DÖRMER in seinem Ansatz die Produktionsprogrammplanung mit der Reihenfolgenplanung, um sie integrativ zu betrachten und zu lösen. Dazu entwickelte DÖRMER einen Ansatz zur Identifikation des Einflusses der Produktionsprogrammplanung auf die Reihenfolgebildung, um diese Einflüsse in der Produktionsprogrammplanung zu berücksichtigen und somit die Reihenfolgebildung bestmöglich zu gestalten. Die Zielgröße stellt hierbei die Minimierung der unfertigen Arbeitsaufträge dar. [DÖRM13, S. 65 ff.] Der Fokus der Arbeit von DÖRMER liegt auf der konkreten organisatorischen Umsetzung der Produktion von Bauteilvarianten unter Berücksichtigung der verfügbaren Kapazitäten. Die Planung der Montage- bzw. Fertigungsprozessfolge und somit die Entscheidung bzgl. verfügbarer oder erforderlicher Kapazitäten ist nicht Bestandteil des Ansatzes. Unsicherheiten hinsichtlich der vorliegenden Variantenvielfalt werden ebenfalls nicht betrachtet.

SCHRÖTER 2021: [SCHR21] ***Konfiguration der Reihenfolgeplanung für die Variantenfließfertigung***

Auch SCHRÖTER erarbeitete wie DÖRMER einen Ansatz für die Variantenfließfertigung. Das Ziel seiner Dissertation ist die Optimierung der Reihenfolgeplanung für die Variantenfließfertigung mithilfe einer effizienten und zielorientierten Prozessgestaltung [SCHR21, S. 4]. Das Grobkonzept untergliedert sich dabei in vier Hauptschritte [SCHR21, S. 76 ff.]. Der erste Schritt umfasst die Entwicklung eines Beschreibungsmodells für die Reihenfolgeplanung in der Variantenfließfertigung, um diese eindeutig zu charakterisieren [SCHR21, S. 79 ff.]. Im zweiten Schritt erfolgt die Erarbeitung eines

Modells zur Beschreibung der Variantenfließfertigung anhand verschiedener Merkmale, welche einen Einfluss auf die Reihenfolgeplanung haben. Dies ermöglicht eine eindeutige Charakterisierung verschiedener Ausprägungsformen der Variantenfließfertigung. [SCHR21, S. 111 ff.] Anschließend erfolgt im dritten Schritt die Ableitung eines Referenzprozessmodells der Reihenfolgeplanung unter Berücksichtigung der Zielsetzung der Variantenfließfertigung zur Identifikation von Gestaltungsempfehlungen [SCHR21, S. 141 ff.]. Der abschließende vierte Schritt umfasst ein Vorgehen zur Konfiguration der Reihenfolgeplanung für die Variantenfließfertigung. Dieses untergliedert sich in die Teilschritte Analyse zur Erfassung der Randbedingungen, Konzeptionierung bzw. Prozesskonfiguration und Umsetzung (Parametrisierung des Systems) [SCHR21, S. 4]. Die Dissertation von SCHRÖTER unterstützt Anwendende bei der Prozessgestaltung und operativen Durchführung der Reihenfolgeplanung bei variantenreicher Fertigung unter Berücksichtigung anwendungsfallspezifischer Randbedingungen und liefert somit wichtige Informationen bzgl. zu berücksichtigender Einflussfaktoren beim Umgang mit verschiedenen Bauteilvarianten in der Planung der Serienfertigung. Jedoch fokussiert sich der Ansatz, ähnlich wie DÖRMER, auf die operative Umsetzung der Variantenfließfertigung und nimmt die zu fertigenden Bauteilvarianten als gegeben an, sodass Unsicherheiten kein Bestandteil des Ansatzes sind. Ebenso erfolgt keine detaillierte Betrachtung der fertigungstechnologischen Umsetzbarkeit der Bauteilvarianten sowie keine explizite Planung von Fertigungsprozessfolgen.

PETERS 2013: [PETE13] ***Markoffsche Entscheidungsprozesse zur Kapazitäts- und Investitionsplanung von Produktionssystemen***

Mit seiner Dissertation liefert PETERS einen Ansatz zur Kapazitäts- und Investitionsplanung von Produktionssystemen über mehrere Perioden bei unsicheren Marktzuständen (insbesondere Nachfrageschwankungen) auf Basis von markoffschen Entscheidungsprozessen. Das Ziel ist die Minimierung der erwarteten Gesamtkosten des Systems über einen endlichen Planungshorizont. Dabei setzen sich die Gesamtkosten aus Periodenkosten und Handlungskosten zusammen. Die Periodenkosten umfassen die Kosten für die Produktion der Nachfragemenge in einer Periode. Die Handlungskosten sind die Kosten (z. B. Investitions- und Umbaukosten) für die Umsetzung von Maßnahmen zur Rekonfiguration des Produktionssystems zwischen den verschiedenen Perioden. Somit ermöglicht der Ansatz von PETERS einerseits die Ermittlung einer Anfangskonfiguration des Produktionssystems aber auch die Anpassung über den zeitlichen Verlauf der Produktion. [PETE13, S. 46] Die von PETERS entwickelte Methodik setzt sich aus drei Modulen zusammen (vgl. Abbildung 4-4).

Das erste Modul umfasst ein grundlegendes Bewertungsmodell der Periodenkosten zur Berechnung der Produktionskosten je Periode. [PETE13, S. 49 ff.] Das zweite Modul beinhaltet ein Optimierungsmodell. Dies unterstützt Anwendende ausgehend von den ermittelten Periodenkosten bei der Ableitung einer Folge von optimalen Handlungsempfehlungen im Hinblick auf die erwarteten Gesamtkosten (z. B. Anpassung oder Rekonfiguration des Produktionssystems). [PETE13, S. 76 ff.] Das abschließende dritte Modul beinhaltet das Lösungsverfahren. Auf Grundlage der Rückwärtsrechnung

(Backward Induction) wird die Strategie identifiziert, die zu den minimalen Gesamtkosten führt. Zur Integration der Unsicherheiten in Bezug auf die Markzustände bzw. Nachfrageschwankungen wird zur Berechnung die Monte-Carlo-Simulation genutzt. [PETE13, S. 85 ff.]

Abbildung 4-4: Markoffsche Entscheidungsprozesse zur Kapazitäts- und Investitionsplanung von Produktionssystemen [PETE13, S. 49]

Markoff decision processes for capacity and investment planning of production systems [PETE13, p. 49]

PETERS liefert einen relevanten Ansatz für die Kapazitäts- und Investitionsplanung in der Fertigung. Dabei betrachtet er nicht nur die initiale Gestaltung der Fertigung, sondern bezieht auch potenzielle Handlungsempfehlungen und Anpassungen der Fertigung unter Berücksichtigung von Nachfrageschwankungen in die Betrachtung mit ein. Somit liegt der Fokus auf der Rekonfiguration von Produktionssystemen. Es werden keine fertigungsmittelbezogene Fertigungsprozessfolgen betrachtet, sondern der Fokus liegt auf den Kapazitäten des Produktionssystems, sodass keine detaillierte Berechnung der Fertigungskosten unter Einbezug vorliegender Unsicherheiten erfolgt. Außerdem werden Unsicherheiten in Bezug auf Bauteilvarianten lediglich durch variierende, unsichere Nachfragemengen betrachtet, welche durch verschiedene Eintrittswahrscheinlichkeiten alternativer Nachfragemengen modelliert werden. Eine detaillierte Betrachtung vorliegender Unsicherheiten (z. B Eintrittszeitpunkt einer Bauteilvariante) und deren Integration in die Wirtschaftlichkeitsbewertung (z. B. Opportunitätskosten, welche bei Nichteintritt einer Bauteilvariante vorliegen können) erfolgen nicht.

SCHMIDT 2015: [SCHM15] ***Integrierte Arbeitsplanung und Fertigungssteuerung auf Basis von Zustandsinformationen***

In seiner Dissertation adressiert SCHMIDT die Möglichkeiten der Nutzung von Zustandsinformation für eine integrierte Arbeitsplanung und Fertigungssteuerung als Reaktion auf eine gesteigerte Variabilität der zu fertigenden Bauteile und zur Erreichung einer gesteigerten Flexibilität. Hierzu entwickelte SCHMIDT eine Methodik, welche, ausgehend von zu realisierenden Fertigungsaufträgen und nichtlinearen Arbeitsplänen unter Berücksichtigung von prozessübergreifenden Abhängigkeiten, eine adaptive Fertigungsplanung ermöglicht. Durch die Integration von Zustandsinformationen wird eine batchweise oder werkstückindividuelle Ableitung optimierter Fertigungsprozessfolgen als Reaktion auf die zunehmende Variantenvielfalt erreicht. [SCHM16] Der

Ansatz liefert ein vielversprechendes Vorgehen, um den Herausforderungen einer gesteigerten Variantenvielfalt in der operativen Fertigungsplanung zu begegnen. Der Ansatz ist jedoch dem Untersuchungsbereich dieser Arbeit, der Auswahl und Gestaltung einer geeigneten Fertigungsprozessfolge nachgelagert, da er nur die operative Umsetzung der Fertigung unter Berücksichtigung vorhandener Fertigungsmittel betrachtet.

Elyasi 2022: [ELYA22]	***Stochastic Production Planning with flexible Manufacturing Systems and Uncertain Demand***

Elyasi et al. entwickelten einen Ansatz zur Optimierung der Produktionsplanung für flexible Fertigungssysteme unter Berücksichtigung von Unsicherheiten hinsichtlich der Nachfrage. Für die Modellierung der Nachfrageunsicherheiten wurde ein szenariobasiertes Vorgehen auf Basis von Szenariobäumen genutzt. Durch die Bildung verschiedener Szenarien werden alternative Zustände in Bezug auf die Nachfrage über den zeitlichen Verlauf abgebildet. Dabei wird jedem Zustand eine Eintrittswahrscheinlichkeit zugeordnet. Das Ziel ist es, Anwendende bei der Minimierung der Kosten (z. B. Bestands- und Outsourcingkosten) zu unterstützen und eine Entscheidungsgrundlage für die Produktionsplanung zu schaffen. Hierzu wird ein entsprechendes lineares Optimierungsproblem formuliert. Zur Lösung wird ein heuristischer Optimierungsalgorithmus genutzt. [ELYA22] Der Ansatz von Elyasi et al. liefert grundlegende Erkenntnisse in Bezug auf den Umgang und die Modellierung von Nachfrageunsicherheiten auf Basis der Szenariotechnik in der Produktionsplanung. Allerdings adressiert der Ansatz keine Produktionsplanung im Sinne der Bewertung und Auswahl von alternativen Fertigungsprozessfolgen, sondern vielmehr die operative Umsetzung und Scheduling (Terminzeitplanung) der Fertigung unter Berücksichtigung verfügbarer Kapazitäten. Des Weiteren beschränken sich die in dem Ansatz adressierten Unsicherheiten auf Unsicherheiten in Bezug auf Absatzmengen eindeutig definierter und bekannter Bauteile und Produkte.

Weitere Forschungsarbeiten zur Adressierung der Variantenvielfalt in der Fertigung und Zwischenfazit

In Ergänzung zu den ausgeführten Arbeiten existieren weitere Ansätze, welche den Umgang mit einer zunehmenden Variantenvielfalt und adaptiven Fertigungsplanung adressieren. In der nachfolgenden Ausführung werden diese Ansätze summarisch ausgeführt, wobei auf eine detaillierte Beschreibung und Analyse verzichtet wird, weil sie im Vergleich zu den bereits beschriebenen Ansätzen eine geringere Relevanz für die vorliegende Arbeit haben und inhaltliche Überschneidungen zu den bereits aufgeführten Arbeiten aufweisen.

Boysen et al. entwickelten einen Ansatz für die Produktionsplanung in der Variantenfließfertigung [BOYS07]. Lanza et al. erarbeiteten ein Konzept für die Bewertung von flexiblen Mengen und Produktvarianten in der Produktion [LANZ10] sowie eine Lösung für die integrierte Kapazitätsplanung bei hochvolatilen Randbedingungen [LANZ12]. Navaei et al. lieferten in ihrer Arbeit einen Ansatz für die Gruppierung von Bauteil- und

Produktvarianten auf der Grundlage einer vernetzten Arbeitsfolge zur Optimierung der Fertigungsplanung [NAVA16]. Für die adaptive Arbeitsplanung und Produktionssteuerung lieferten DENKENA et al. ein Vorgehen für die automatisierte Produktionsdatenrückführung [DENK19]. In seiner Dissertation erarbeitete HERMANNS ein Modell zur Integrationsplanung variantenreicher Baukastenprodukte mit dem Fokus auf die Montage [HERM19]. SHARMA et al. gestalteten ein neuartiges Konzept für die Optimierung der Fertigungsplanung durch dynamische Programmplanung [SHAR21]. TEERASOPONPONG et al. entwickelten einen Simulationsoptimierungsansatz für die adaptive Planung von Fertigungskapazitäten [TEER21]. BURGGRÄF et al. erarbeiteten einen Ansatz für die Fertigungsplanung unter Berücksichtigung von Ungewissheit bzw. Unsicherheiten und Veränderbarkeit [BURG22].

Es bleibt zusammenfassend festzuhalten, dass bereits zahlreiche Ansätze existieren, die den Umgang mit einer steigenden Anzahl von Bauteilvarianten bzw. individueller Nachfrage adressieren. Diesen Ansätzen ist jedoch gemein, dass sie vor allem die operative und organisatorische Umsetzung der Fertigung von Bauteilvarianten unter Berücksichtigung verfügbarer Kapazitäten adressieren. Die Ansätze liefern meist ein Konzept, mit dem auf Basis von Informationen bzw. Daten aus der Fertigung (z. B. freie Kapazitäten oder technologische Fähigkeiten der Prozesse) eine Fertigungs- bzw. Produktprogrammplanung umgesetzt werden kann. Sie sind somit dem Betrachtungsrahmen und Ziel der vorliegenden Arbeit nachgelagert und nicht auf diese Arbeit übertragbar. Dennoch beinhalten sie teilweise relevante Aspekte und Input für diese Arbeit, hier ist exemplarisch die Arbeit von PETERS ([PETE13]) zu nennen.

Die Analyse bestehender Ansätze zeigt, dass die Ansätze aus dem Bereich der Planung und Gestaltung der Fertigung bzw. von Fertigungsprozessfolgen keine ausreichende Berücksichtigung von Bauteiländerungen ermöglichen. Unter dem Thema Manufacturing Change Management (MCM) wurden in den letzten Jahren verschiedene Ansätze in der Produktionstechnik erarbeitet, die sich mit der Herausforderung häufig ändernder Anforderungen und somit zunehmender Änderungen von Bauteilen befassen. Allgemein adressiert das MCM die effiziente Implementierung von Veränderungen in der Fertigung [KOCH17, S. 25 f.]. Beispielsweise entwickelte PLEHN eine Methode zur Vorhersage der Auswirkungen und der Fortpflanzung von eindeutig definierten Änderungen in der Fertigung sowie deren wirtschaftliche Bewertung, um eine Entscheidung über die Umsetzung und Realisierung der Fertigungsänderung zu treffen. Die Schwerpunkte der Methodik bilden die Modellierung des Fertigungssystems anhand einer erweiterten Multiple-Domain-Matrix, die wahrscheinlichkeitsbasierte Formalisierung von Unsicherheiten sowie die Simulation der Änderungsfortpflanzung [PLEH17]. Die Basis dieses Ansatzes bildet eine bestehende Fertigung. Somit ist der Ansatz nicht für die Planung von Fertigungsprozessfolgen unter Berücksichtigung von Bauteiländerungen und verschiedener Bauteilvarianten geeignet. Jedoch bietet die Methode Erkenntnisse bezüglich der Modellierung von Unsicherheiten sowie des Umgangs mit Bauteiländerungen innerhalb der Fertigungsplanung. MARKS et al. liefern in ihrem Ansatz eine Methode zur technologischen Beschreibung der Fähigkeiten von

Fertigungs- und Montagemaschinen, um bei auftretenden Bauteiländerungen Anpassungsalternativen zu generieren und diese zu bewerten. Das Vorgehen von MARKS et al. lässt Erkenntnisse darüber zu, wie Fertigungsprozesse modelliert werden können, um die Umsetzbarkeit von Bauteiländerungen und somit die Flexibilität von Fertigungsprozessfolgen zu bewerten [MARK18]. HERMANN erarbeitete in seiner Dissertation eine Methodik zur kosteneffizienten Gestaltung von Anpassungen für Fertigungsprozessfolgen aufgrund von geforderten Bauteiländerungen. Elementare Bestandteile der Methodik sind die Beschreibung und Analyse resultierender technologischer Anforderungen von Bauteiländerungen sowie deren wirtschaftliche Bewertung zur Ableitung der bestmöglichen Anpassungsoption der bestehenden Fertigung [HERM22]. HERMANN adressiert, wie auftretende Änderungen in einer bestehenden Fertigung umzusetzen sind und ist somit der Planung der Fertigungsprozessfolge nachgelagert, welche Bestandteil dieser Arbeit ist. Die Analyse und Modellierung technologischer Anforderungen von Bauteiländerungen und folglich neuer Bauteilvarianten sowie deren Auswirkungen auf die Fertigung stellen jedoch eine wichtige Grundlage für das Ziel dieser Arbeit dar.

Neben den vorgestellten Ansätzen von PLEHN, MARKS et al. und HERMANN gibt es verschiedene weitere Ansätze (vgl. [CICH17], [KOCH17], [OLME18], [HOAN19], [HAGH21]), die sich mit der Umsetzung von (Bauteil-) Änderungen in der Fertigung befassen. Jedoch werden in allen Ansätze bereits etablierte Fertigungsprozessfolgen und die Umsetzung von Bauteiländerungen und somit nicht die Fertigungsplanung betrachtet. Dennoch bieten diese Ansätze wichtige Erkenntnisse für die Modellierung von Fertigungsprozessen und Bauteiländerungen, welche einen wichtigen Beitrag für die vorliegende Arbeit liefern.

4.3 Ansätze zur Betrachtung der Flexibilität in der Fertigung

Approaches for the Consideration of Flexibility in Production

In den Ansätzen der bisherigen Analyse des Stands der Forschung wurde bislang die Flexibilität der Fertigung nicht explizit betrachtet. Jedoch ist die Flexibilität der Fertigung ein zentrales Kriterium, um auf auftretende Bauteiländerungen und somit neue Bauteilvarianten adäquat und effizient reagieren zu können. Durch die Integration der Betrachtung der Flexibilität der Fertigung in Bezug auf potenzielle Bauteilvarianten in die Fertigungsplanung kann eine langfristig orientierte sowie anforderungsgerechte Gestaltung der Fertigung bzw. von Fertigungsprozessfolgen erreicht werden. Daher werden im folgenden Abschnitt Ansätze analysiert, welche die Betrachtung der Flexibilität bzw. verwandter Konzepte (z. B. Wandlungsfähigkeit) in der Fertigung adressieren. Dabei wird untersucht, inwiefern diese Ansätze auf die Zielstellung der vorliegenden Arbeit zur Bewertung der bedarfsgerechten Flexibilität übertragen und genutzt werden können, um die Betrachtung und Bewertung der Flexibilität in die Fertigungsplanung zu integrieren.

MÖLLER 2008: [MÖLL08] ***Bestimmung der Wirtschaftlichkeit wandlungsfähiger Produktionssysteme***

MÖLLER entwickelte in seiner Dissertation einen Ansatz zur Ermittlung des optimalen Grads der Wandlungsfähigkeit für Produktionssysteme. Hierbei erfolgt die Bewertung auf Grundlage der Kapitalwertrechnung unter Berücksichtigung von Realoptionen (mögliche Handlungsoptionen im Zeitverlauf). Dabei werden Unsicherheiten (z. B. Stückzahlen, Lohnkosten etc.) anhand von Entscheidungsbäumen und jeweiligen Wahrscheinlichkeiten modelliert. [MÖLL08, S. 5] Die Methodik von MÖLLER untergliedert sich in drei Hauptschritte, welche iterativ durchlaufen werden können (vgl. Abbildung 4-5) [MÖLL08, S. 87 ff.].

Im ersten Schritt erfolgt die Modellierung der Produktionssysteme mittels eines Kostenmodells zur Bestimmung der Kosten bzw. Kostenprofile, eines Rezeptormodells zur Modellierung des Umfeldprofils sowie eines Modells der Handlungsmöglichkeiten zur Beschreibung der Optionsprofile. Das Umfeldprofil beschreibt, welche außerhalb der Systemgrenze festgelegten Anforderungen die Produktion erfüllen muss und wie sich diese in der Zukunft verändern werden. [MÖLL08, S. 90 ff.]

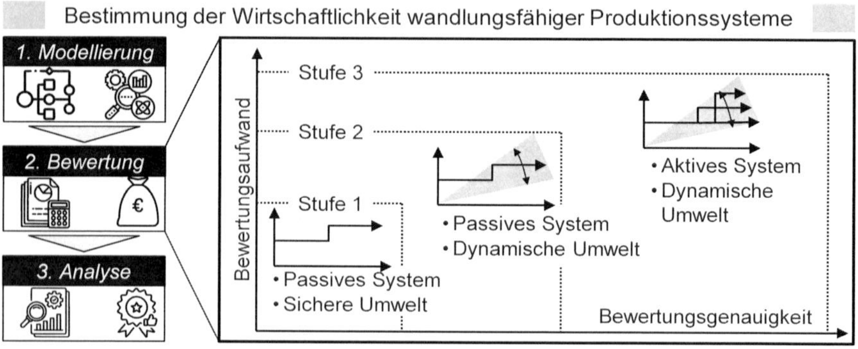

Abbildung 4-5: Bestimmung der Wirtschaftlichkeit wandlungsfähiger Produktionssysteme [MÖLL08]

Determination of the economic efficiency of adaptable production systems [MÖLL08]

Im zweiten Hauptschritt erfolgt die Bewertung der Produktionssysteme und Handlungsoptionen. Dabei ist die Bewertung in drei Stufen unterteilt (vgl. Abbildung 4-5 (rechts)). In der ersten Stufe erfolgt eine Bewertung des starren Systems unter der Annahme einer sicheren Umwelt (unveränderliches Produktionssystem, sichere Zukunft). In der zweiten Stufe wird das System weiterhin starr aber in einer dynamischen Umwelt betrachtet. Es wird bewertet, welchen Einfluss ein dynamisch veränderliches Umfeld auf die Wirtschaftlichkeit der (verbliebenen) Alternativen hat. Dabei werden Veränderung der Eingangsgrößen (z. B. Stückzahl, Produkt oder Lohn) betrachtet und der Anpassungsbedarf und das Anpassungspotenzial des Produktionssystems bestimmt. Bei der dritten Stufe werden ein aktives Produktionssystem und eine dynamische Umwelt betrachtet. Somit werden innerhalb dieser Stufe Handlungsmöglichkeiten zur aktiven Anpassung des Systems zur Reaktion auf variable, externe Einflüsse berücksichtigt. [MÖLL08, S. 112 ff.] Der dritte Hauptschritt umfasst die Analyse und ist Bestandteil jedes Bewertungszyklus. Die erzielten Bewertungsergebnisse der alternativen Produktionssysteme werden analysiert und eine Entscheidung darüber getroffen, ob der iterative Bewertungsprozess fortgeführt und durch die Berücksichtigung weiterer Handlungsoptionen detailliert werden soll. [MÖLL08, S. 153 ff.]

MÖLLER liefert einen Ansatz zur Integration der Bewertung der Wandlungsfähigkeit von Produktionssystemen in die Fertigungsplanung. Dabei bezieht er mögliche Anpassungen des Produktionssystems durch Handlungsoptionen in die Bewertung ein, womit der Ansatz über eine generelle Betrachtung der Flexibilität von Fertigungsprozessfolgen hinausgeht. Die Wirtschaftlichkeitsbewertung in der Dissertation von MÖLLER basiert auf der Kapitalwertmethode. Ein detailliertes Kostenmodell, z. B. zur Bestimmung der Fertigungskosten, ist nicht Bestandteil. Für eine ganzheitliche und anforderungsgerechte Bewertung ist jedoch eine Detaillierung der Bewertung erforderlich. Des Weiteren werden technologische Aspekte, wie z. B. die Berücksichtigung der technologischen Umsetzbarkeit potenzieller Bauteilvarianten bzw. Produkte, nicht berücksichtigt. Außerdem werden Unsicherheiten lediglich durch eindeutig definierte Zukunftsszenarien betrachtet. Abschließend bleibt festzuhalten, dass beim Ansatz von MÖLLER Defizite hinsichtlich der Modellierung von Unsicherheiten, der Wirtschaftlichkeitsbewertung und Berücksichtigung technologischer Aspekte bestehen.

ROGALSKI 2009: [ROGA09] ***Entwicklung einer Methodik zur Flexibilitätsbewertung von Produktionssystemen***

In seiner Dissertation erarbeitete ROGALSKI eine Methodik zur Flexibilitätsbewertung von Produktionssystemen. Dabei betrachtet er drei Arten von Flexibilität (Mengenflexibilität, Mixflexibilität und Erweiterungsflexibilität), welche er anhand von Kennzahlen beschreibt und die Abhängigkeiten zwischen den verschiedenen Flexibilitätsarten in die Betrachtung einbezieht. Die Methodik dient als Instrument zur Entscheidungsunterstützung für die Planung und Analyse von Produktionssystemen. [ROGA09, S. 8] Die Methodik besteht aus vier Schritten. Im ersten Schritt wurde eine Vorgehensweise zur Bewertung von Mengen-, Mix- und Erweiterungsflexibilität erarbeitet, um jeweils geeignete Bewertungsansätze zu identifizieren. [ROGA09, S. 61 ff.]

Der zweite Schritt umfasst die Entwicklung eines Berechnungsvorgehens zur Flexibilitätsbewertung für die quantitative Ermittlung der verschiedenen Flexibilitätsarten und Ableitung entsprechender Kennzahlen. Ausgangspunkt für die Flexibilitätsbewertung stellt die Ermittlung eines optimalen (gewinnmaximalen) Produktionsplans bzw. Produktionsprogramms mithilfe des Simplex-Algorithmus unter Berücksichtigung vorliegender Randbedingungen (z. B. verfügbare Betriebszeiten) dar. Der Produktionsplan gibt Aufschluss darüber, welche Produkte je Periode zu fertigen sind und wird im Anschluss an die Ermittlung als fixe Inputgröße für die Flexibilitätsbewertung betrachtet. Basierend auf dem Produktionsplan erfolgt die Bestimmung der Mengenflexibilität des Systems und seiner Subsysteme unter Berücksichtigung der zu bestimmenden

Maximalkapazitäten des Systems sowie der Break-even-Mengen. Anschließend wurde ein Ansatz zur Berechnung der Mixflexibilität entwickelt. Hierzu erfolgt die Ermittlung der Mixflexibilität für jedes Subsystem auf Basis der durchschnittlichen Produktionsgewinnabweichung in Bezug auf den betrachteten Produktionsplan. Die Ermittlung der Erweiterungsflexibilität beruht auf der Bestimmung des Verhältnisses des erweiterungsbezogenen Flexibilitätsraums zum ursprünglichen Flexibilitätsraum. Der erweiterungsbezogene Flexibilitätsraum ergibt sich aus der Quantifizierung des Kosten-Nutzen-Verhältnisses der besten Erweiterungsmaßnahme. [ROGA09, S. 70 ff.] Für die Berücksichtigung der Wirtschaftlichkeit wird im dritten Schritt eine Kostenermittlung auf Basis der Kosten- und Leistungsrechnung erarbeitet, um die verschiedenen in einem Produktionssystem anfallenden Kostenelemente auf die kostenbezogenen Berechnungsparameter (variable Produktionskosten und Fixkosten) der einzelnen bewertungsrelevanten Objekte zu verteilen. [ROGA09, S. 118 ff.] Abschließend erfolgt im letzten Schritt die Konzeption des Produktionssystemmodells. Ziel dessen ist eine eindeutige Beschreibung der einzelnen Betrachtungsobjekte (Fabrik, Segment, Linie und Arbeitsplatz) und Modellierung der gegenseitigen Abhängigkeiten zwischen den einzelnen Betrachtungsobjekten, um dies in die Flexibilitätsbewertung zu integrieren. [ROGA09, S. 130 ff.]

Die von ROGALSKI entwickelte Methodik unterstützt Anwendende bei der Analyse der Flexibilität von Produktionssystemen und ermöglicht somit grundsätzlich einen Vergleich alternativer Produktionssysteme sowie die Identifikation von Flexibilitätsdefiziten. Dabei bildet die Grundlage der Bewertung ein initial zu bestimmender optimaler Produktionsplan, sodass von einer gesicherten Nachfrage ausgegangen wird und Unsicherheiten bspw. hinsichtlich des Eintritts oder der Stückzahl einer Bauteilvariante nicht Bestandteil des Ansatzes sind. Des Weiteren erfolgt keine detaillierte Betrachtung der Kostenberechnung auf Fertigungsmittelebene und der Ansatz adressiert mit der Betrachtung ganzer Fabriksysteme eine andere Detaillierungsebene, weshalb der Ansatz nicht auf die vorliegende Problemstellung und die Betrachtung von Fertigungsprozessfolgen übertragbar ist.

HEINICKE 2017: ***Resilienzorientierte Beurteilung von Produktionsstrukturen*** **[HEIN17]**

Mit seiner Dissertation liefert HEINICKE eine Methode zur resilienzorientierten Beurteilung bestehender Produktionsstrukturen. Ziel dessen ist die Identifikation eines potenziellen Veränderungsbedarfs und die Ableitung des Zeitpunkts erforderlicher Strukturanpassungen. Das Vorgehen ermöglicht es Anwendenden, frühzeitig Maßnahmen für die anforderungsgerechte Adaption des Produktionssystems an variierende Umfeldbedingungen zu identifizieren. Hierbei werden sowohl reaktive als auch proaktive Maßnahmen zur Strukturadaption betrachtet. Der der Arbeit zugrundeliegende Ansatz basiert auf dem Regelkreisansatz. [HEIN17, S. 62] Das Vorgehen untergliedert sich in zwei Hauptelemente. Das erste Hauptelement umfasst die Beurteilung des Veränderungsbedarfs von Produktionsstrukturen. Es wurde ein Vorgehen zur Ermittlung des extern induzierten Veränderungsbedarfs entwickelt, welcher aus der Veränderung der

Kundennachfrage und somit zu einer Variation des Produktionsprogramms führt. Außerdem wird innerhalb des Ansatzes ebenfalls intern induzierter Veränderungsbedarf betrachtet, der sich aus störungsbedingten Abweichungen, welche im System auftreten, ergibt. [HEIN17, S. 64 ff.] Ausgehend vom ermittelten Veränderungsbedarf der Produktionsstruktur erfolgt im zweiten Hauptelement die resilienzorientierte Beurteilung der Produktionsstruktur. Hierzu wird zunächst das Veränderungspotenzial der bestehenden Produktionsstruktur durch die systematische Ableitung potenzieller Strukturanpassungen abgeleitet. Es wird zwischen funktionaler, räumlicher und zeitlicher Anpassung der Struktur unterschieden. Im Anschluss erfolgt die Simulation alternativer Systemkonfigurationen. Hierzu werden alternative Systemszenarien gebildet. Diese alternativen Systemszenarien werden im Anschluss wirtschaftlich bewertet, um die optimale Strukturanpassung zu identifizieren. [HEIN17, S. 79 ff.]

Der Ansatz von HEINICKE fokussiert die Bewertung bestehender Produktionssysteme hinsichtlich ihrer Resilienz, um somit die Flexibilität der Produktion (indirekt) zu steigern. Da der Ansatz die Optimierung der Fertigung parallel zum laufenden Betrieb der Fertigung und nicht die Fertigungsplanung adressiert, ist er nicht auf die Problemstellung der vorliegenden Arbeit übertragbar. Auch wenn der Ansatz nicht die Planung der Fertigung und insbesondere Fertigungsprozessfolgen betrachtet, liefert er Grundlagen hinsichtlich relevanter Einflussfaktoren auf die anforderungsgerechte Flexibilität.

BURGER et al. 2017: [BURG17] ***Investigating Flexibility as a Performance Dimension of a Manufacturing Value Modeling Methodology***

BURGER et al. erarbeiteten ein Konzept für einen Flexibilitätskatalog zur Beschreibung und Bewertung der Flexibilität in der Fertigung. Ziel dessen ist es, einen Rahmen zu schaffen, der Anwendende dabei unterstützt, die Auswirkungen der Flexibilität auf Prozesse zu ermitteln und Entscheidungen zu treffen. Dabei wird zwischen externen (z. B. Nachfrage, Produktlebenszyklus oder Variantenspektrum) und internen Faktoren (z. B. unternehmensspezifische Ziele und Strategie) sowie Funktionsbereichen und verschiedenen Flexibilitätsarten unterschieden. [BURG17, S. 33 ff.] Es wurden vier relevante Flexibilitätsarten spezifiziert, welche das Variantenspektrum, die Erweiterbarkeit, die Terminplanung oder das Volumen adressieren. Die Flexibilität hinsichtlich des Variantenspektrums zielt auf die Fähigkeit des Systems bzw. der Fertigung ab, neue, verschiedene Varianten fertigen zu können. Die Erweiterungsflexibilität bezieht sich auf die Möglichkeit des Systems, Fähigkeiten in Bezug auf Fertigungstechnologien leicht auszutauschen bzw. zu ergänzen. Sie ist daher mit der Variantenspektrumsflexibilität insofern verbunden, dass ggf. zur Erweiterung des Variantenspektrums neue Technologien erforderlich sind. Die Terminierungsflexibilität umfasst die Fähigkeit eines Systems, Produktionspläne effizient anzupassen, um bspw. kurzfristig auf Veränderungen reagieren zu können. Die letzte Flexibilitätsart umfasst das Volumen. Sie charakterisiert ein System dahingehend, wie gut es effizient produzieren kann, obwohl der Output bzw. die Stückzahlen variieren können. Im Vergleich zur Variantenspektrumsflexibilität bezieht sich diese Flexibilitätsart auf die Stückzahl jeder einzelnen Variante. In Fällen, in denen verschiedene Produktionsmixlösungen verglichen oder bewertet werden, müssen jedoch beide Flexibilitätsarten zusammen analysiert werden, da die Stückzahl jedes Produktes im Variantenspektrum variieren kann. [BURG17, S. 35 ff.] Zur Ermittlung der Flexibilität der Fertigung wird zwischen verschiedenen Betrachtungsobjekten (Arbeitsstationen, Transport, Ablaufsteuerung und IT-System) unterschieden, für die jeweils die verschiedenen Flexibilitätsarten zu betrachten sind [BURG17, S. 36].

Die Arbeit von BURGER et al. liefert einen Ansatz zu Betrachtung der Flexibilität von Fertigungssystemen und differenziert dabei zwischen verschiedenen Flexibilitätsarten. Die Betrachtung der Flexibilität fokussiert sich dabei auf den Grad der Flexibilität im Fertigungsablauf. Zwar gehen BURGER et al. auch darauf ein, dass die Flexibilität gegenüber neuen Bauteilvarianten relevant ist, eine detaillierte Betrachtung (z. B. unter Berücksichtigung von Unsicherheiten) ist aber nicht Bestandteil des Ansatzes. Des Weiteren adressiert der Ansatz keine Entscheidungsunterstützung in der Fertigungsplanung, da von einer bereits bestehenden Fertigung ausgegangen wird.

STOCKMANN et al. 2021: [STOC21] ***Robustness assessment in production systems***

Der Ansatz von STOCKMANN et al. liefert ein Konzept zur Bewertung der Robustheit von Produktionssystemen aus einer ganzheitlichen Input-Durchsatz-Output-Perspektive unter Verwendung eines Robustheitsindikators. Es wurde ein Konzept der Robustheit eingeführt, das durch die Fähigkeit eines Produktionssystems definiert ist, bei Störungen und Veränderungen eine stabile Leistung auf einem akzeptablen Niveau aufrechtzuerhalten, um die Aufträge weiterhin pünktlich, in der gewünschten Qualität und zu akzeptablen Kosten zu bearbeiten. [STOC21, S. 932 ff.]

Innerhalb des Konzepts werden drei Indikatoren betrachtet, um die Robustheit in der Produktion zu beschreiben: die Abweichungen der Inputressourcen, der Leistung (Durchlaufzeit) und des Outputs. Es werden jeweils Indikatoren für die drei Charakteristika der Robustheit ermittelt. Der Input Indikator bezeichnet die Produktionsressourcen (z. B. Maschinen, Mitarbeitende, Materialien), die erforderlich sind, um ein bestimmtes Robustheitsniveau des Produktionssystems zu erreichen. Zur Bewertung der Ressourcen werden die damit verbundenen Kosten ermittelt. Zur Ermittlung der Robustheit wird die relative Veränderung der Kosten von einem Zeitpunkt i im Vergleich zu einem Zeitpunkt i+1 betrachtet. Dabei bezeichnen die Kosten zum Zeitpunkt i+1 die Kosten, nachdem eine Maßnahme im Vergleich zum Zeitpunkt i (z. B. Anschaffung einer neuen Maschine) umgesetzt wurde. Der Durchsatz wird als Durchlaufzeit verstanden. Zur Ermittlung der Robustheit eines Produktionssystems in Bezug auf die Durchlaufzeit wird die Perfomance des Systems anhand der Verteilung der Durchlaufzeiten bestimmt. Die Robustheit in Bezug auf den Output eines Produktionssystems wird durch das Verhältnis der erzeugten Gut-Teile zum Zeitpunkt i zu den erzeugten Gut-Teilen zum Zeitpunkt i+1 ermittelt. Abschließend werden die einzelnen Indikatoren zu einem Indikator zusammengeführt, um die allgemeine Robustheit des Produktionssystems zu bestimmen. Im Allgemeinen kann der Ansatz für zwei Zielsetzungen verwendet werden, einerseits zur Überwachung der Robustheit eines Systems und andererseits zur Bewertung der Auswirkungen einer bestimmten Maßnahme auf die Robustheit. [STOC21, S. 938 ff.]

Der Ansatz von STOCKMANN et al. liefert ein allgemeines Konzept zur Bewertung der Robustheit von Produktionssystemen und dadurch zur Aufrechterhaltung einer stabilen Leistung trotz Störungen oder Veränderungen. Der Ansatz ist der Ablaufplanung zuzuordnen, da er die Bewertung parallel zur Fertigung adressiert und ist somit nicht unmittelbar auf die Fertigungsplanung übertragbar. Des Weiteren adressiert er die Robustheit und nicht die Flexibilität der Fertigung. Jedoch können ggf. einzelne Aspekte auch bereits in die Planung von flexiblen Fertigungsprozessfolgen übertragen werden. Außerdem sind u. a. die detaillierte Betrachtung potenzieller, unsicherheitsbehafteter Bauteilvarianten sowie eine umfassende Wirtschaftlichkeitsbewertung keine Bestandteile des Ansatzes.

Weitere Forschungsarbeiten zur Betrachtung der Flexibilität in der Fertigung und Zwischenfazit

In Ergänzung zu den bereits aufgeführten Forschungsarbeiten gibt es zusätzliche Forschungsarbeiten, die sich mit der Flexibilität in der Fertigung auseinandersetzen. Diese Arbeiten beziehen sich u. a. auf bereits ausgeführte Arbeiten, greifen Teilaspekte auf und betrachten unterschiedliche Elemente und Dimensionen der Flexibilität. Im Weiteren werden diese Arbeiten kurz genannt, allerdings wird auf eine detaillierte Beschreibung und Analyse verzichtet, da sie für die vorliegende Arbeit im Vergleich zu den bereits ausgeführten Arbeiten von geringer Relevanz sind und in Bezug auf die für diese Arbeit relevanten Aspekte mit den bereits beschriebenen Arbeiten vergleichbar sind.

SCHUH et al. erarbeiteten ein Kennzahlensystem zur Bewertung der Flexibilität von Produktionssystemen [SCHU04]. Mit ihrem Ansatz liefern ABELE et al. eine Möglichkeit zur Messung der Flexibilität von Fertigungssystemen für Investmententscheidungen [ABEL06]. Die Arbeit von KLEMKE et al. beschreibt ein Vorgehen zur Bewertung und Gestaltung der Wandlungsfähigkeit von Produktionssystemen [KLEM11]. In ihrer Studie geben MOURTZIS et al. einen Überblick zur Flexibilitätsbetrachtung bei der Gestaltung von Fertigungssystemen [MOUR12]. LAFOU et al. erarbeiteten einen Ansatz für die Bewertung der Sequenzflexibilität in Fertigungssystemen [LAFO16]. In ihrer Arbeit liefern MONDAL et al. ein Modell zur Modellierung der Prozessrobustheit [MOND16]. MOSLEMI et al. konzipierten einen Robustheitsindex für mehrstufige Fertigungsaufgaben [MOSL17]. HOFMANN et al. analysierten den Einfluss des Routings und der Betriebsflexibilität auf die Leistung der Matrixproduktion im Vergleich zu einer Produktionslinie [HOFM19]. BEIBL et al. führten eine Analyse hinsichtlich der Bedeutung und Anwendung von Flexibilität im Produktdesign und der Produktion durch [BEIB23]. AVALOS et al. erarbeiteten einen Suchalgorithmus für die optimierte Planung flexibler Fertigungsprozesse [AVAL24].

Abschließend bleibt festzuhalten, dass verschiedene Ansätze existieren, welche die Flexibilität in der Fertigung betrachten und die Optimierung der Flexibilität verfolgen. Dabei ist das Ziel einer flexiblen Fertigung vor allem die Erreichung einer Widerstandsfähigkeit gegenüber Veränderungen und diese Ansätze adressieren überwiegende die Aufrechterhaltung einer effizienten bzw. stabilen Fertigung trotz auftretender Störungen oder Veränderungen (z. B. veränderte Marktforderungen). Die Ansätze gehen bereits von einer bestehenden Fertigung bzw. Fertigungsprozessfolge aus und fokussieren deren Optimierung. Somit sind die Ansätze der Ablaufplanung zu zuordnen, da sie eine Anpassung und Optimierung der Produktion parallel zur Fertigung adressieren. Sie sind daher dem Untersuchungsbereich der vorliegenden Arbeit, der Planung von Fertigungsprozessfolgen, nachgelagert. Des Weiteren erfolgt keine explizite Betrachtung variierender bzw. potenzieller Bauteilvarianten und die Wirtschaftlichkeitsbewertung der Fertigung spielt in den Ansätzen eine untergeordnete Rolle. Es besteht somit weiterer Forschungsbedarf, um die Betrachtung der Flexibilität bereits in die Planung von Fertigungsprozessfolgen zu integrieren, um eine Gestaltung bedarfsorientiert flexibler und wirtschaftlicher Fertigungsprozessfolgen zu ermöglichen. Hierfür ist im weiteren Verlauf im Zuge der Methodikentwicklung auch zu untersuchen, wie eventuell bereits bestehende Konzepte der Flexibilitätsbewertung in der Fertigung (z. B. [MÖLL08]) auf die Bewertung der Flexibilität in der Fertigungsplanung unter Berücksichtigung potenzieller, unsicherheitsbehafteter Bauteilvarianten zu übertragen sind.

4.4 Wissenschaftliche Problemstellung

Scientific Problem Statement

Die Analyse des Stands der Forschung hat gezeigt, dass verschiedene Ansätze existieren, welche die Gestaltung von Technologieketten und Fertigungsprozessfolgen adressieren. Dabei erfolgt die Gestaltung unter Berücksichtigung qualitativer Abhängigkeiten zwischen den Technologien bzw. Prozessen. Somit existieren Ansätze, die die Generierung von Fertigungsprozessfolgen umsetzen können, sodass kein weiterer Forschungsbedarf hinsichtlich der allgemeinen Generierung von Fertigungsprozessfolgen besteht. Allerdings fokussieren sich die bestehenden Ansätze auf die Generierung unter Betrachtung eines Bauteils und berücksichtigen keine zukünftigen Bauteiländerungen und daraus resultierende zukünftige Bauteilvarianten. Die resultierenden Anforderungen an die Fertigung und zu betrachtenden Unsicherheiten zur Sicherstellung der langfristigen Wirtschaftlichkeit der Fertigungsprozessfolge und der Realisierung einer bedarfsorientierten Flexibilität werden nicht in die Fertigungsplanung einbezogen, sodass weiterer Forschungsbedarf erforderlich ist (vgl. Abschnitt 4.1.). Die Analyse der Ansätze zum Umgang mit Bauteilvarianten in der Fertigung sowie derer zum Manufacturing Change Management (MCM) zeigt, dass verschiedene Ansätze existieren, welche der Herausforderung einer steigenden Anzahl von Bauteilvarianten bzw. individuellen Nachfragen begegnen (vgl. Abschnitt 4.2). Es bleibt jedoch festzuhalten, dass diese Ansätze die operative und organisatorische Umsetzung von Bauteilvarianten unter Einbezug verfügbarerer Kapazitäten behandeln und somit der

Produktprogrammplanung zu zuordnen sind. Eine Modellierung potenzieller Bauteilvarianten unter Berücksichtigung von Unsicherheiten und deren Integration bereits in die Fertigungsplanung ist nicht Bestandteil der Ansätze. Des Weiteren zeigt die Analyse der Ansätze zur Betrachtung der Flexibilität in der Fertigung, dass Ansätze existieren, welche die Flexibilität in der Fertigung betrachten und die Optimierung der Flexibilität verfolgen (vgl. Abschnitt 4.3). Dabei stellt der Ausgangspunkt dieser Ansätze eine bereits bestehende Fertigung bzw. Fertigungsprozessfolge dar und sie adressieren die Aufrechterhaltung einer effizienten und stabilen Fertigung. Sie sind somit der Ablaufplanung zu zuordnen. Des Weiteren ist die Betrachtung variierender Bauteilvarianten und die Berücksichtigung dieser in der Wirtschaftlichkeitsbewertung kein expliziter Bestandteil. Die in den vorherigen Abschnitten analysierten Forschungsansätze stellen relevante Ansätze für diese Arbeit dar. Jedoch existieren aktuell keine geeigneten Modelle und Methoden für die Lösung der wirtschaftlichen Problemstellung. Durch die nachfolgenden Forschungsdefizite wird die wirtschaftliche Problemstellung operationalisiert.

Forschungsdefizit 1: Die Analyse des Stands der Forschung verdeutlicht, dass aktuell kein systematisches Vorgehen existiert, welches Anwendenden die Ableitung und Modellierung potenzieller Bauteilvarianten unter Berücksichtigung vorliegender Unsicherheiten ermöglicht, um diese in die Fertigungsplanung zu integrieren. Es ist bislang unbekannt, wie ausgehend vom aktuellen Bauteil potenzielle Bauteilvarianten aufgrund sich in der Zukunft ändernder Bauteilanforderungen abzuleiten und zu modellieren sind. Es ist zu untersuchen, wie Anwendende bei der Ableitung und Beschreibung potenzieller Bauteilvarianten unterstützt werden können, welche Charakteristika für eine anforderungsgerechte Modellierung für die Fertigungsplanung erforderlich sind und wie dies in eine systematische Methode zu überführen ist. Zentrale Herausforderung hierbei ist, dass zum Planungszeitpunkt der Fertigung Unsicherheiten (z. B. bzgl. des Eintrittszeitpunktes, der -wahrscheinlichkeit) bestehen und diese in die Modellierung zu integrieren sind. Es bestehen keine hinreichenden Modelle und Methoden, mithilfe derer potenzielle, unsichere Bauteilvarianten modelliert und vorliegende Unsicherheiten kombiniert werden können. ***Bislang ist unzureichend erforscht, wie potenzielle Bauteilvarianten unter Berücksichtigung vorliegender Unsicherheiten systematisch und anforderungsgerecht zu modellieren sind, um diese in die Planung und Bewertung von Fertigungsprozessfolgen zu integrieren.***

Forschungsdefizit 2: Es existieren bereits geeignete Ansätze für die Generierung und Gestaltung von Fertigungsprozessfolgen. Jedoch berücksichtigen diese Ansätze nicht die bedarfsorientierte Flexibilität bei der Gestaltung der Fertigungsprozessfolgen. Die bedarfsorientierte Flexibilität resultiert aus den potenziellen, unsicherheitsbehafteten Bauteilvarianten, weshalb diese in die Gestaltung zu integrieren sind. Es ist unbekannt, wie eine Bewertung der Flexibilität von Fertigungsprozessfolgen in Bezug auf potenzielle Bauteilvarianten unter Integration der vorliegenden Unsicherheiten erfolgen kann. Es ist zu untersuchen, wie Anwendende bei dieser Bewertung durch ein systematisches Vorgehen unterstützt werden können, um eine Bewertung der bedarfsgerechten

Flexibilität zu erreichen und darauf aufbauend geeignete Fertigungsprozessfolgen identifizieren zu können. ***Bislang ist unzureichend erforscht, wie ein systematisches Vorgehen zur Bewertung der bedarfsorientierten Flexibilität von Fertigungsprozessfolgen unter Berücksichtigung unsicherheitsbehafteter Bauteilvarianten zu gestalten ist, um dies in die Planung und Auswahl von Fertigungsprozessfolgen zu integrieren.***

Forschungsdefizit 3: Um den langfristigen wirtschaftlichen Erfolg der Fertigung sicherzustellen müssen Anwendende in der Fertigungsplanung bei der Auswahl einer bedarfsorientiert flexiblen Fertigungsprozessfolge unter Berücksichtigung der Wirtschaftlichkeit unterstützt werden. Nach dem aktuellen Stand der Forschung existieren verschiedene Ansätze zur Wirtschaftlichkeitsbewertung von Fertigungsprozessfolgen in der Fertigungsplanung. Diese betrachten jedoch nur ein eindeutig definiertes Bauteil. Es ist unbekannt, wie potenzielle Bauteilvarianten unter Berücksichtigung vorliegender Unsicherheiten bspw. bzgl. der Eintrittswahrscheinlichkeit, des Eintrittszeitpunkts oder der Stückzahl systematisch in die Planung von Fertigungsprozessfolgen zu integrieren sind. Durch die Betrachtung potenzieller Bauteilvarianten und der damit verbundenen Unsicherheiten ergeben sich neue Anforderungen an die Wirtschaftlichkeitsbewertung. Nach aktuellem Stand ist unbekannt, wie die Herausforderungen und Komplexität im Vergleich zu bestehenden Ansätzen zur Wirtschaftlichkeitsbewertung von Fertigungsprozessfolgen, welche daraus resultieren, dass es sich nicht um eine deterministisch, sondern aufgrund alternativer und unsicherheitsbehafteter Bauteilvarianten um eine nicht-deterministische Bewertung (Bewertung unter Berücksichtigung von Unsicherheiten) verschiedener Szenarien handelt, zu lösen sind. **Bislang ist unzureichend erforscht, wie ein Modell zu gestalten ist, welches die Bewertung der Wirtschaftlichkeit von Fertigungsprozessfolgen unter Berücksichtigung potenzieller, unsicherheitsbehafteter Bauteilvarianten ermöglicht und wie ein Vorgehen umzusetzen ist, um eine effiziente Prognose der Wirtschaftlichkeit unter Berücksichtigung der Komplexität zu ermöglichen, welche aus der Vielzahl an Einflussfaktoren und den vorliegenden Unsicherheiten resultiert.**

5 Zielsetzung und Konzeption der Methodik

Objective and Conception of the Methodology

Im Weiteren werden basierend auf der hergeleiteten wissenschaftlichen Problemstellung die Zielsetzung der Arbeit und die Konzeption der Methodik dargelegt. Hierzu werden in Abschnitt 5.1 die Zielsetzung, die Forschungshypothese sowie die entsprechenden Forschungsfragen ausgeführt. In Abschnitt 5.2 werden die an die Methodik gestellten formalen und inhaltlichen Anforderungen beschrieben. Ergänzend erfolgt in Abschnitt 5.3 die Vorstellung der getroffenen Annahmen und Eingrenzungen bzgl. der Methodik. Im Anschluss (Abschnitt 5.4) wird das Grobkonzept der Methodik beschrieben. Zum Abschluss des Kapitels wird in Abschnitt 5.5 der übergeordnete und der Methodik zugrundeliegende Ansatz zur Modellierung von Unsicherheiten vorgestellt.

5.1 Zielsetzung der Arbeit

Objective of the Thesis

Das Ziel der Arbeit ist die Entwicklung einer Methodik, die Anwendende bei der Planung von Fertigungsprozessfolgen unter Berücksichtigung der bedarfsorientierten Flexibilität und Wirtschaftlichkeit unterstützt. Es wird erstmalig untersucht, wie Technologieplanende befähigt werden können, potenzielle, unsicherheitsbehaftete Bauteilvarianten in die Planung von Fertigungsprozessfolgen systematisch zu integrieren und somit bedarfsorientiert flexible und gleichzeitig wirtschaftliche Fertigungsprozessfolgen zu gestalten. Den Ausgangspunkt der Methodik stellen potenzielle Fertigungsprozessfolgen dar, aus denen die bestmögliche für die vorliegenden Anforderungen auszuwählen ist. Zur Erreichung dieses Ziels ist es erforderlich, dass die Methodik Anwendende dazu befähigt, basierend auf zukünftigen Kundenanforderungen und somit Bauteilanforderungen potenzielle Bauteilvarianten unter Berücksichtigung bestehender Unsicherheiten anforderungsgerecht zu modellieren, um die Anforderungen an die Fertigung abzubilden und somit die Bauteilvarianten in die Fertigungsplanung zu integrieren. Des Weiteren wird es Anwendenden durch die Methodik ermöglicht, die Flexibilität von Fertigungsprozessfolgen unter Betrachtung der potenziellen Bauteilvarianten und den mit diesen verbundenen Unsicherheiten zu bewerten. Um neben der Flexibilität auch die Wirtschaftlichkeit der Fertigung zu berücksichtigen, beinhaltet die Methodik eine Prognose der Wirtschaftlichkeit von Fertigungsprozessfolgen unter Berücksichtigung potenzieller, unsicherheitsbehafteter Bauteilvarianten. Aus der Zielsetzung wurde die folgende der Arbeit zugrundeliegende Forschungshypothese abgeleitet:

*Die Integration **unsicherheitsbehafteter Bauteilvarianten** in die **Planung** von Fertigungsprozessfolgen und* die daraus resultierenden zukünftigen Anforderungen an die **Flexibilität** der Fertigung *ermöglichen es, **bedarfsorientiert flexible Fertigungsprozessfolgen** abzuleiten sowie ihre **Wirtschaftlichkeit** zu **prognostizieren**.*

Die folgenden Forschungsfragen sind im Rahmen der Methodikentwicklung zu beantworten, um die Forschungshypothese zu stützen und die nicht Falsifikation der Forschungshypothese zu überprüfen.

Forschungsfrage 1: Wie sind potenzielle Bauteilvarianten unter Berücksichtigung von Unsicherheiten systematisch zu modellieren, um die Ableitung und Bewertung von bedarfsorientiert flexiblen und wirtschaftlichen Fertigungsprozessfolgen zu ermöglichen?

Forschungsfrage 2: Wie ist eine Teilmethodik zu gestalten, um die bedarfsorientierte Flexibilität von Fertigungsprozessfolgen unter Berücksichtigung unsicherheitsbehafteter Bauteilvarianten in die Auswahl von Fertigungsprozessfolgen zu integrieren?

Forschungsfrage 3: Wie ist eine Teilmethodik zu gestalten, um die Wirtschaftlichkeit alternativer Fertigungsprozessfolgen unter Berücksichtigung unsicherheitsbehafteter Bauteilvarianten zu prognostizieren und somit bewerten zu können?

5.2 Anforderungen an die Methodik

Requirements for the Methodology

An die in dieser Arbeit entwickelte Methodik werden verschiedene Anforderungen gestellt, welche bei der Entwicklung zu berücksichtigen sind. Im Folgenden werden in Abschnitt 5.2.1 die formalen Anforderungen an die Methodik ausgeführt. Im Anschluss werden basierend auf der Zielsetzung und entsprechend dem definierten Untersuchungsbereich in Abschnitt 5.2.2 die inhaltlichen Anforderungen erläutert.

5.2.1 Formale Anforderungen

Formal Requirements

Das Verhältnis von Nutzen und Aufwand, welches mit der Anwendung einer Methodik und der sie konstituierenden Methoden und Modelle verbunden ist, beeinflusst maßgeblich den effizienten und zielorientierten Einsatz einer Methodik. Zur Beschreibung des Trade-Offs zwischen Nutzen und Aufwand im Hinblick auf die Entwicklung und Anwendung von Modellen definierte PATZAK fünf Charakteristika für gute Modelle [PATZ82, S. 309 f.]. Diese von PATZAK definierten Charakteristika bilden die formalen Anforderungen für die in dieser Arbeit entwickelten Modelle, Methoden und Methodiken.

Modelle bilden lediglich einen Ausschnitt der Realität ab, wobei das Modellverhalten möglichst gut mit den realen Phänomenen und Beobachtungen übereinstimmen soll. Dies wird als ***empirische Richtigkeit*** beschrieben. Im Gegensatz dazu wird die Widerspruchsfreiheit eines Modells als ***formale Richtigkeit*** bezeichnet und bezieht sich darauf, dass das Modell reproduzierbare Aussagen ermöglicht. Des Weiteren soll ein Modell eine konkrete Fragestellung adressieren und auf diese inhaltlich und formal hilfreiche Antworten bereitstellen und somit ***zweckbezogen*** gestaltet sein. Diese drei genannten Charakteristika verfolgen vor allem einen hohen Nutzen der Modellierung und Modellanwendung sowie eine bestmögliche Realitätsnähe. Gleichzeitig sollen

Modelle auch ***nutzungsfreundlich*** sein, sodass die Modelle leicht anwendbar sind und eine einfache Interpretation der Ergebnisse ermöglichen. Ebenso sollten, um ein gutes Nutzen-Aufwand-Verhältnis zu garantieren, die Modellerstellung und -anwendung möglichst mit einem ***geringen Aufwand*** umsetzbar sein. [PATZ82, S. 309 f.] Diese fünf Charakteristika stellen die formalen Anforderungen an die in dieser Arbeit entwickelte Modelle sowie ebenso die Methoden und gesamte Methodik dar. Es ist zu beachten, dass die Charakteristika teilweise in einem Zielkonflikt zueinander stehen. Exemplarisch sind hier der geringe Aufwand und die empirische Richtigkeit zu nennen. Jedes Modell bzw. jede Methodik stellen demnach einen Kompromiss zwischen Realitätsnähe und Qualität bzw. Genauigkeit der Ergebnisse dar. Es ist jedoch möglich, diesem Konflikt durch Vereinfachungen zu begegnen [PATZ82, S. 315 f.]. Um eine effiziente Anwendung der Methodik sicherzustellen, sind diese Zielkonflikte und eventuelle Vereinfachungen innerhalb der Methodikentwicklung zu berücksichtigen. Hierzu sind die einzelnen formalen Anforderungen gegeneinander ins Verhältnis zu setzen bzw. gegeneinander abzuwägen, um ein optimiertes Anforderungsverhältnis zu erreichen. Dieser aus dem Zielkonflikt der Anforderungen abgeleitete Sachverhalt wird als Trade-Off bezeichnet (vgl. Abbildung 5-1).

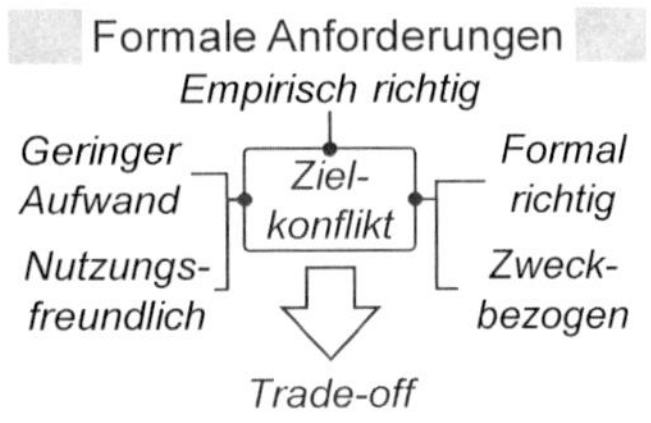

Abbildung 5-1: Anforderungen

Requirements

5.2.2 Inhaltliche Anforderungen

Content Specific Requirements

Zusätzlich zu den formalen Anforderungen werden auch inhaltliche Anforderungen an die zu entwickelnde Methodik gestellt. Hierzu wurden die inhaltlichen Anforderungen sowohl aus den wissenschaftlichen Defiziten (Abschnitt 4.4) als auch aus der dieser Arbeit zugrundeliegenden Zielsetzung (Abschnitt 5.1) abgeleitet. Die inhaltlichen Anforderungen der Methodik sind zusammenfassend in Abbildung 5-2 dargestellt und werden nachfolgend erläutert.

Da in dieser Arbeit zukünftige Bauteilvarianten betrachtet werden und keine genaue Kenntnis über diese sowie die die Wirtschaftlichkeit beeinflussenden Faktoren bestehen, ist für die Methodik ein übergeordneter Ansatz zur Integration vorliegender Unsicherheiten in die Methodik erforderlich (Anforderung 1). Um eine ganzheitliche Betrachtung von Bauteilen bzw. Bauteilvarianten zu ermöglichen, ist eine Modellierung von Bauteilen/-varianten anhand von technologischen sowie wirtschaftlichen Faktoren sicherzustellen (Anforderung 2). Damit die zukünftigen Kundenanforderungen bzw. Bauteilanforderungen und die daraus resultierenden Anforderungen an die Fertigung in die Fertigungsplanung integriert werden können, ist ein Vorgehen zur systematischen Ableitung potenzieller Bauteilvarianten aus vorliegenden Bauteilanforderungen erforderlich (Anforderung 3). Um die technische Umsetzbarkeit von Bauteilvarianten und darauf aufbauend die bedarfsorientierte Flexibilität von Fertigungsprozessfolgen zu bewerten, bedarf es eines Ansatzes zur systematischen Bestimmung und Modellierung der technologischen Fähigkeiten von Fertigungsprozessfolgen (Anforderung 4). Zusätzlich wird die Anforderung an die Methodik gestellt, dass eine Bewertung der bedarfsorientierten Flexibilität von Fertigungsprozessfolgen unter Berücksichtigung unsicherheitsbehafteter Bauteilvarianten umgesetzt wird (Anforderung 5). Außerdem ist eine Unterstützung der Anwendenden bei der systematischen Reduktion potenzieller Fertigungsprozessfolgen unter Einbezug der bedarfsorientierten Flexibilität zu garantieren, um eine effiziente und nutzenorientierte Anwendbarkeit zu ermöglichen (Anforderung 6). Zur Sicherstellung der Wirtschaftlichkeit der Fertigung ist es erforderlich, dass Anwendende durch die Methodik dazu befähigt werden, die Wirtschaftlichkeit von Fertigungsprozessfolgen unter Berücksichtigung potenzieller Bauteilvarianten zu modellieren und zu bewerten (Anforderung 7). Um eine ganzheitliche Bewertung der Wirtschaftlichkeit und effiziente Anwendbarkeit unter Einbezug vorliegender Unsicherheiten sicherzustellen, ist die Wirtschaftlichkeitsbewertung mit einem Ansatz zur Prognose der Wirtschaftlichkeit zu verknüpfen (Anforderung 8).

Inhaltliche Anforderungen an die Methodik

Bestimmung unsicherheitsbehafteter Bauteilvarianten

1. *Integration und Quantifizierung vorliegender Unsicherheiten*
2. *Modellierung von Bauteilvarianten (technologisch und wirtschaftlich)*
3. *Systematische Ableitung potenzieller Bauteilvarianten aus (Bauteil-)Anforderungen*

Ableitung bedarfsorientiert flexibler Fertigungsprozessfolgen

4. *Modellierung der technologischen Fähigkeiten von Fertigungsprozessfolgen*
5. *Bewertung der bedarfsorientierten Flexibilität von Fertigungsprozessfolgen*
6. *Systematischen Reduktion potenzieller Fertigungsprozessfolgen*

Prognose der Wirtschaftlichkeit von Fertigungsprozessfolgen

7. *Wirtschaftlichkeit von Prozessfolgen unter Einbezug potenzieller Bauteilvarianten*
8. *Verknüpfung der Wirtschaftlichkeitsbewertung mit Prognose unter Unsicherheit*

Abbildung 5-2: Inhaltliche Anforderungen an die zu entwickelnde Methodik

Content specific requirements for the methodology

5.3 Annahmen und Eingrenzungen

Assumptions and Constraints

Entsprechend den Ausführungen in Abschnitt 2.2 unterliegen Forschungshypothesen meist Annahmen und Eingrenzungen. Die Annahmen und Eingrenzungen der vorliegenden Arbeit, die bei der Entwicklung der Methodik berücksichtigt wurden und bei der Anwendung zu berücksichtigen sind, lauten:

- Die Methodik ist für die Anwendung in der Serienfertigung gestaltet, sodass hohe Stückzahlen für zu fertigende Bauteile vorliegen.
- Die fertigungstechnologischen Anforderungen an das (initial) zu fertigende Bauteil bzw. die geforderten Bauteileigenschaften sind bekannt.

- Die (kundenseiteigen) Anforderungen an potenzielle Bauteilanforderungen und die damit verbundenen Unsicherheitskenngrößen stellen einen Input dar. Die Informationsbeschaffung ist nicht Bestandteil der Methodik. Der Eintritt der einzelnen Anforderungen ist statistisch unabhängig voneinander und es handelt sich um zufällig verteilte Größen, die einen festgelegten bzw. bekannten Bereich annehmen können.
- Die konkrete Überführung von Anforderungen in Bauteilmerkmale ist Teil der Konstruktion und wird in der vorliegenden Arbeit vorausgesetzt und als externe Aktivität in die Methodik eingebunden. Somit ist der Konstruktionsprozess nicht Fokus der Methodik.
- Entsprechend des in Abschnitt 3.4 definierten Untersuchungsbereiches stellt das Gestaltungsobjekt der vorliegenden Arbeit Fertigungsprozessfolgen dar, sodass alle nicht direkt-wertschöpfenden Schritte in der Produktion (z. B. Transport oder Lagerung) nicht berücksichtigt werden. Die entwickelte Methodik wird in der Technologieplanung zur Auswahl einer geeigneten Fertigungsprozessfolge angewandt.
- Die potenziellen Fertigungsprozessfolgen (inkl. der Bearbeitungsreihenfolge) sind bekannt. Die Methodik ist so gestaltet, dass sie einen Greenfield-Ansatz verfolgt. Sie ist aber durch entsprechende Berücksichtigung bereits vorhandener Ressourcen bei den potenziellen Fertigungsprozessfolgen auch auf einen Brownfield-Ansatz übertragbar.
- Die Methodik ermöglicht die Identifikation der nach aktuellem Informationsstand vielversprechendsten bzw. optimalen Fertigungsprozessfolge. Die anschließende operative Umsetzung (z. B. Zuordnung von Kapazitäten oder ggf. im Zeitverlauf erforderliche (kleinere) Anpassungen der Fertigungsprozessfolge) sowie die Auslegung der Fertigungsprozesse (z. B. Festlegung der Prozessparameter) sind nicht Bestandteile der Arbeit.

5.4 Ableitung des Grobkonzepts

Derivation of the Conceptual Design

Im Folgenden wird aufbauend auf der Zielsetzung der Arbeit und den daraus abgeleiteten Forschungsfragen (vgl. Abschnitt 5.1) sowie den formalen und inhaltlichen Anforderungen (vgl. Abschnitt 5.2) sowie unter Berücksichtigung der formulierten Annahmen und Eingrenzungen (vgl. Abschnitt 5.3) das Grobkonzept der Methodik erläutert. Das Grobkonzept der Methodik zur Planung flexibler und wirtschaftlicher Fertigungsprozessfolgen für die variantenreiche Serienfertigung besteht aus drei Modulen, welche zur Anwendung in der entsprechenden Reihenfolge zu durchlaufen sind. Die einzelnen Module setzen sich jeweils aus verschiedenen Modellen und Methoden zusammen. Das Grobkonzept der Methodik sowie die Zuordnung zur inhaltlichen Detaillierung im nachfolgenden Kapitel 6 ist in Abbildung 5-3 dargestellt.

Das erste Modul umfasst die ***Modellierung unsicherheitsbehafteter Bauteilvarianten*** für die nachfolgende Bewertung der Fertigungsprozessfolgen. Input dieses Moduls stellen Informationen über das initiale Bauteil, das den Auslöser für die Fertigungsplanung darstellt, sowie zukünftige, unsicherheitsbehaftete Bauteilanforderungen dar. In einem ersten Schritt der Methodikentwicklung ist ein Modell zu entwickeln, das die eindeutige Beschreibung von Bauteilen ermöglicht. Außerdem ist ein Vorgehen zu erarbeiten, welches Anwendende dazu befähigt, ausgehend von den vorliegenden zukünftigen Bauteilanforderungen, systematisch potenzielle Bauteilvarianten zu bestimmen und zu modellieren, um diese anschließend in die Bewertung der Fertigungsprozessfolgen zu integrieren.

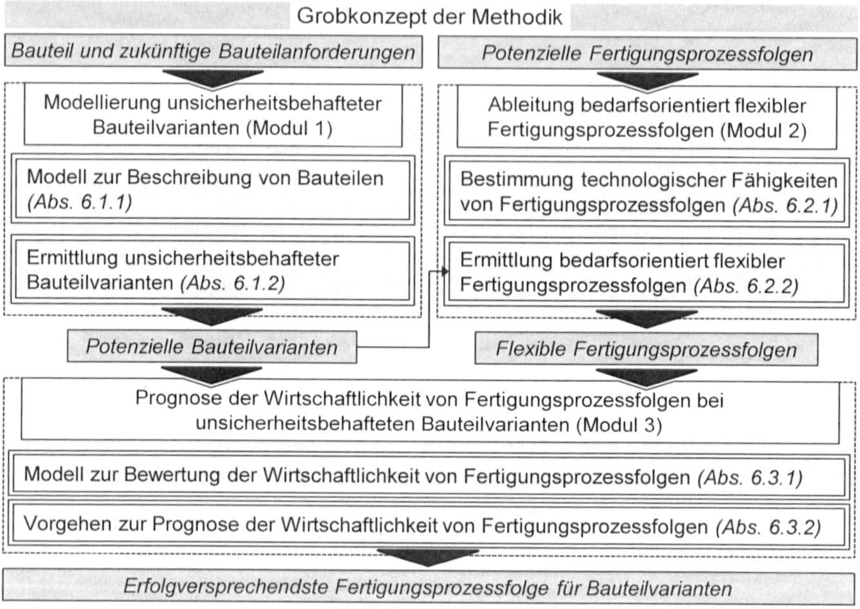

Abbildung 5-3: Grobkonzept der Methodik

Concept of the methodology

Das Modul 2 beinhaltet die ***Modellierung bedarfsorientiert flexibler Fertigungsprozessfolgen***. Den externen Input dieses Moduls stellen in der Methodikanwendung potenzielle Fertigungsprozessfolgen dar, die das initiale Bauteil fertigen können. Dies wird dadurch begründet, dass bereits geeignete Ansätze zur Generierung von Fertigungsprozessfolgen existieren (vgl. Abschnitt 4.4), weshalb dies nicht Bestandteil der Methodik dieser Arbeit ist. Es ist ein Vorgehen zu entwickeln, das die Bestimmung der technologischen Fähigkeiten von Fertigungsprozessfolgen ermöglicht, da dies essenzielle Voraussetzung zur Bewertung der technologischen Umsetzbarkeit der potenziellen Bauteilvarianten ist. Darüber hinaus ist ein Ansatz zu erarbeiten, mithilfe dessen Anwendende in die Lage versetzt werden, die bedarfsorientierte Flexibilität von

Fertigungsprozessfolgen, welche durch die potenziellen Bauteilvarianten definiert wird, zu bewerten. Außerdem umfasst das Modul ein Vorgehen, welches es Anwendenden ermöglicht, eine anwendungsfallspezifische Auswahl der geeignetsten bzw. bedarfsorientiert flexibelsten Fertigungsprozessfolgen aus der Menge der potenziellen Fertigungsprozessfolgen zu treffen. Durch diese Reduktion der in den weiteren Schritten der Methodik zu betrachteten Fertigungsprozessfolgen wird eine effiziente Anwendung sichergestellt. Innerhalb des dritten Moduls werden Modelle und Methoden zur ***Prognose der Wirtschaftlichkeit von Fertigungsprozessfolgen*** (Output Modul 2) ***bei unsicherheitsbehafteten Bauteilvarianten*** (Output Modul 1) erarbeitet. Es ist einerseits ein neuartiges Bewertungsmodell zu entwickeln, wodurch Anwendende dazu befähigt werden, die Wirtschaftlichkeit von Fertigungsprozessfolgen unter Berücksichtigung potenzieller, unsicherheitsbehafteter Bauteilvarianten zu bestimmen. Andererseits ist ein Vorgehen zur effizienten und systematischen Prognose der Wirtschaftlichkeit von Fertigungsprozessfolgen unter Nutzung des zuvor entwickelten Bewertungsmodells zu gestalten. Den Output der Anwendung von Modul 3 und der gesamten Methodik stellt die nach aktuellem Informationsstand erfolgversprechendste Fertigungsprozessfolge unter Berücksichtigung der potenziellen Bauteilvarianten dar. Nachfolgend wird jeweils von einem initialen Bauteil bzw. einer initialen Bauteilvariante ausgegangen. Die Methodik ist aber so gestaltet, dass sie auch auf die Betrachtung mehrerer initialer Bauteile übertragbar ist.

5.5 Ansatz zur Modellierung von Unsicherheiten

Approach for Modeling Uncertainties

Entsprechend der Zielsetzung der Arbeit und dem erarbeiteten Grobkonzept adressiert die vorliegende Arbeit den Umgang mit potenziellen, zukünftigen Bauteilvarianten. Aufgrund dessen, dass somit auch Aspekte, die in der Zukunft liegen, zu berücksichtigen sind, liegen verschiedene Faktoren unter Unsicherheit vor (z. B. Eintrittszeitpunkte von Varianten oder zukünftig zu produzierende Stückzahlen). Zum Zeitpunkt der Anwendung der Methodik bestehen Unsicherheiten über die Zukunft, da zu dem Zeitpunkt keine eindeutige und sichere Aussage darüber getroffen werden kann, wie die Zukunft aussehen wird.

Daher spielen Unsicherheiten eine zentrale und übergreifende Rolle in dieser Arbeit und diese vorliegenden Unsicherheiten sind in die Methodik zu integrieren. Es bedarf eines Ansatzes zur Modellierung von Unsicherheiten innerhalb der Methodik. Da die Unsicherheitsmodellierung in den verschiedenen Schritten der Methodik von Relevanz ist, handelt es dabei um einen vorgelagerten Schritt, welcher Bestandteil der Konzeption der Methodik ist. Im Folgenden wird der dieser Arbeit zugrundeliegende Ansatz zur Modellierung von Unsicherheiten vorgestellt, der in den einzelnen Methodikschritten aufgegriffen wird.

Nach KLIR repräsentiert Unsicherheit ein Informationsdefizit in Bezug auf die Zukunft bzw. den Eintritt von Ereignissen [KLIR06, S. xiii]. Im Allgemeinen lassen sich bei

Unsicherheiten epistemische (wissensbezogene) und aleatorische (zufallsbezogene) Unsicherheiten unterscheiden [SULL15, S. 3]. *Epistemische Unsicherheiten* entstehen durch mangelndes Wissen oder Informationen z. B. in Bezug auf das Verhalten eines Systems [ENGE10, S. 215]. Hierbei sind mögliche eintretende Szenarien selbst unbekannt oder nicht vollständig definiert. Dies ist der Fall, wenn bspw. unzureichende Informationen oder Verständnislücken vorliegen. Diese Art der Unsicherheit kann potenziell durch zusätzliche Informationen reduziert werden. [OBER10, S. 53 ff.] Epistemische Unsicherheiten sind eng mit dem Konzept der Ungewissheit verbunden, da sie Situationen beschreiben, in denen Wahrscheinlichkeiten nicht vollständig bekannt oder bestimmbar sind. Die *aleatorischen Unsicherheiten* resultieren aus der allgemeinen inhärenten Zufälligkeit oder Variabilität eines Systems oder Phänomens [FLAG13, S. 121]. Dabei sind die möglichen eintretenden Szenarien oder Zustände bekannt, aber die konkrete Ausprägung und das Eintreten bestimmter Ergebnisse sind ungewiss bzw. zufällig (z. B. Würfel- oder Münzwurf). Daher werden aleatorische Unsicherheiten auch als stochastische Unsicherheiten bezeichnet [LÜDT16, S. 30]. Diese Art der Unsicherheit ist verknüpft mit dem Begriff Risiko, da Wahrscheinlichkeiten bekannt und quantifizierbar sind. Es handelt sich somit um Unsicherheiten, die auch bei vollständiger Information weiterhin bestehen bleiben, da sie auf bspw. zufälligen Ereignissen beruhen und im Gegensatz zu epistemischen Unsicherheiten sich nicht durch zusätzliche Informationen reduzieren lassen. [MIGN18, S. 586] Aleatorische Unsicherheiten lassen sich bei hinreichenden Informationen durch Wahrscheinlichkeitsverteilungen beschreiben [SCHW15, S. 3].

Entsprechend den zugrundeliegenden Annahmen dieser Arbeit (vgl. Abschnitt 5.3. Informationsbeschaffung ist nicht Bestandteil der Methodik) liegen grundsätzlich vollständige (soweit verfügbare) Informationen über die Zukunft bzw. zukünftige Ereignisse vor (z. B. Eintritt einer Bauteilanforderung bzw. Bauteilvariante), es bestehen jedoch Unklarheiten bzw. Unsicherheiten darüber, welcher Ausgang bzw. welches Szenario eintreten wird. Diese bleiben auch bei vollständiger Information bestehen, weil die Zukunft bzw. zukünftige Ereignisse auch bei vollständiger Information nicht eindeutig vorhergesagt werden können und somit ist eine Reduktion der Unsicherheiten durch weitere Informationen nicht möglich. Entsprechend der zuvor ausgeführten und erläuterten Definitionen liegen somit in der Arbeit Unsicherheiten im Sinne von aleatorischen Unsicherheiten bzw. Risiko vor, weshalb sich im Folgenden auf die Betrachtung dieser Unsicherheiten beschränkt wird. Da bei aleatorischen Unsicherheiten die potenziellen Zustände bekannt sind, diese jedoch einem Zufall unterliegen, werden diese insbesondere über Wahrscheinlichkeiten bzw. Wahrscheinlichkeitsverteilungen modelliert [OBER04, S. 14]). Daher wird auch dieser Ansatz der Wahrscheinlichkeitsverteilungen zur Modellierung von Unsicherheiten in der vorliegenden Arbeit gewählt. Alternative Ansätze zur Modellierung von Unsicherheiten, welche bereits auch in der Technologieplanung Anwendung gefunden haben, wie die Evidenztheorie nach DEMPSTER-SHAFER (vgl. REY [REY20] oder APELT [APEL25]) oder die Fuzzy-Logik (vgl.

z. B.Trommer [TROM01] oder Grünebaum [GRÜN22]) sind für den vorliegenden Anwendungsfall weniger geeignet.

Die Evidenztheorie nach DEMPSTER-SHAFER, wie sie REY oder APELT in ihren Arbeiten zur Modellierung von Unsicherheiten genutzt haben, ermöglicht die Kombination von Informationen aus verschiedenen Quellen und eine Unterscheidung zwischen epistemischen Unsicherheiten und aleatorischen Unsicherheiten [KUKU19, S. 85]. Da in dieser Arbeit aber wie bereits ausgeführt, überwiegend aleatorische Unsicherheiten vorliegen, ist diese Unterscheidung nicht erforderlich. Daher ist die Evidenztheorie für den vorliegenden Anwendungsfall auch unter Berücksichtigung der formalen Anforderungen (die Evidenztheorie ist i. d. R. mit hohem Aufwand verbunden) weniger geeignet als die Modellierung mittels Wahrscheinlichkeitsverteilungen. Die Fuzzy-Logik, wie sie bspw. von GRÜNEBAUM ([GRÜN22]) oder TROMMER ([TROM01]) verwendet wurde, befasst sich mit Unschärfe und Mehrdeutigkeit. Sie ermöglicht die Modellierung von Unsicherheiten, welche aus vagen, mehrdeutigen oder ungenauen Informationen resultieren. Sie wird insbesondere genutzt, um menschliches Denken und Wahrnehmungen zu modellieren, welche nicht direkt quantifizierbar ist. [DUBO99, S. 335 ff.] Die vorliegenden Unsicherheiten in dieser Arbeit sind annahmegemäß quantifizierbar. Des Weiteren ist die Fuzzy-Logik ähnlich wie die Evidenztheorie komplexer in der Anwendung als die Modellierung mit Hilfe von Wahrscheinlichkeitsverteilungen. Jedoch liefert diese gesteigerte Komplexität keinen direkten Mehrwert, weshalb, auch unter Berücksichtigung der formalen Anforderung, für die Modellierung von Unsicherheiten in dieser Arbeit der Ansatz mittels Wahrscheinlichkeitsverteilungen gewählt wurde. Grundsätzlich ist es jedoch auch möglich einen anderen Ansatz zur Unsicherheitsmodellierung zu nutzen und diesen auf die Methodik zu übertragen. Daher wird der Ansatz zur Unsicherheitsmodellierung auch als vorgelagerter Schritt der Methodik vorgestellt.

Im Folgenden wird nun der dieser Arbeit zugrundeliegende Ansatz zur Modellierung von Unsicherheiten mit Hilfe von Wahrscheinlichkeitsverteilungen erläutert. Werden Unsicherheiten mit Wahrscheinlichkeitsverteilungen modelliert, werden unsichere Parameter nicht als feste Größe, sondern als Zufallsvariablen aufgefasst. Das zufällige Verhalten der Parameter wird durch Wahrscheinlichkeitsverteilungen abgebildet. [REID15] Abhängig von der Art der zugrundeliegenden Unsicherheiten können verschiedene Arten der Wahrscheinlichkeitsverteilungen zur Quantifizierung von Unsicherheiten gewählt werden. Geeignete Verteilungen für Ingenieurberechnungen sind i. A. a. KNETSCH bspw. Normalverteilungen, Gleichverteilungen und Dreiecksverteilungen aber auch logarithmische Normalverteilungen, Weibull-Verteilungen, Beta-Verteilungen und Exponentialverteilungen [KNET04, S. 22 ff.]. Im Folgenden wird exemplarisch auf die wesentlichen und die in der vorliegenden Arbeit betrachten Verteilungen eingegangen und deren Charakteristika erläutert (vgl. Abbildung 5-4). Jedoch ist die Methodik im Allgemeinen modular aufgebaut, sodass bei Bedarf auch weitere Verteilungen betrachtet werden können. Für die Erläuterung weiterer Verteilungen wird an dieser Stelle auf entsprechende Fachliteratur verwiesen (z. B. [WALC07]). Die *stetige Gleichverteilung* beschreibt die Verteilung einer Zufallsvariablen, bei der alle Werte innerhalb eines Intervalls [*a*; *b*] mit gleicher Wahrscheinlichkeit auftreten. Die Dichtefunktion *f*(*x*) einer stetigen Gleichverteilung sowie der Erwartungswert μ und die Standardabweichung σ sind exemplarisch in der Abbildung 5-4 dargestellt. [KOSF19, S. 141 ff.] Die *Normalverteilung*, häufig auch Gauß-Verteilung genannt, ist eine der häufigsten Verteilungen in der Wahrscheinlichkeitsrechnung. Die Normalverteilung wird durch die zwei Parameter Erwartungswert μ und Standardabweichung σ charakterisiert und beschrieben. Die Kurve der Normalverteilung ist symmetrisch um ihren Erwartungswert μ und hat die Form einer Glocke. Das bedeutet, dass Datenpunkte um den Erwartungswert herum am häufigsten vorkommen und mit zunehmender Entfernung vom Erwartungswert seltener werden. Der Erwartungswert μ gibt den zentralen Wert der Verteilung an, um den herum die Datenpunkte am häufigsten sind bzw. am dichtesten liegen. Die Standardabweichung σ misst die Streuung der Daten um den Erwartungswert. Ein kleiner Wert für σ bedeutet, dass die Daten eng um den Erwartungswert konzentriert bzw. verteilt sind, während ein großer Wert für σ auf eine breitere Streuung hinweist. [MUN06, S. 359 ff.] Bei der *Dreiecksverteilung* handelt es sich um eine Wahrscheinlichkeitsverteilung, welche durch drei Punkte charakterisiert wird: Minimum *a*, Maximum *b* und der Modus *c*, der den Gipfelpunkt der Verteilung repräsentiert. Der Wertebereich der Verteilung ist auf Minimum *a* und Maximum *b* begrenzt. Die Verteilung kann in Abhängigkeit von der Lage der Parameter symmetrisch oder asymmetrisch sein. Dieser Verteilung liegt die Annahme zugrunde, dass die Verteilung gleichmäßig zwischen den Punkten *a*, *b* und *c* verteilt ist. Die Dreiecksverteilung ist eine praktische Möglichkeit, Unsicherheiten zu modellieren, wenn nur begrenzte Daten verfügbar sind, aber dennoch eine vernünftige Schätzung der Verteilung der Werte benötigt wird. [RINN08, S. 246 ff.]

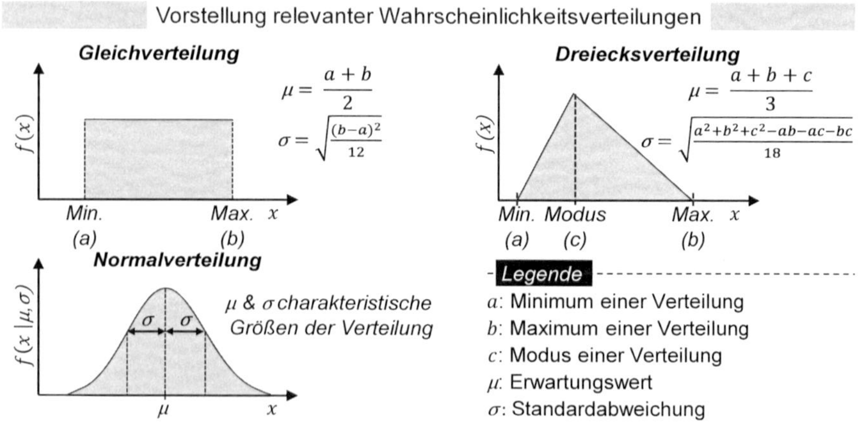

Abbildung 5-4: Relevante Wahrscheinlichkeitsverteilungen zur Unsicherheitsmodellierung

Relevant probability distributions for uncertainty modeling

Die ausgeführten Verteilungen stellen die Verteilungen für die Modellierung von Unsicherheiten innerhalb der vorliegenden Arbeit dar, weshalb sich im weiteren Verlauf auf diese Verteilungen fokussiert wird. Grundsätzlich ist es jedoch möglich die Betrachtung, um weitere Verteilungen zu erweitern und die Methodik entsprechend anzupassen. Die unsicheren Parameter werden durch Angabe der zugrundeliegenden Verteilung und die die Verteilung konstituierenden Parameter beschrieben, welche einen Input der Methodik darstellen.

6 Detaillierung der Methodik

Detailing of the Methodology

In dem folgenden Kapitel wird das vorgestellte Konzept der Methodik detailliert und somit die Entwicklung der Methodik beschrieben. Die Gliederung orientiert sich dabei an den Forschungsfragen (siehe Abschnitt 5.1) und dem Grobkonzept der Methodik (siehe Abschnitt 5.4). Im Abschnitt 6.1 werden die Entwicklung und Anwendung der Modelle und Methoden des Moduls 1 zur Ableitung unsicherheitsbehafteter Bauteilvarianten beschrieben. Anschließend erfolgen in Abschnitt 6.2 die Ausführungen zum zweiten Modul, welches die Ableitung bedarfsorientiert flexibler Fertigungsprozessfolgen adressiert. Zum Abschluss werden die Modelle und Methoden des Moduls 3 zur Prognose der Wirtschaftlichkeit von Fertigungsprozessfolgen bei unsicherheitsbehafteten Bauteilvarianten in Abschnitt 6.3 erläutert.

6.1 Modellierung unsicherheitsbehafteter Bauteilvarianten

Derivation of Uncertain Component Variants

Zur Sicherstellung einer langfristigen wirtschaftlichen Fertigung ist die Gestaltung von Fertigungsprozessfolgen unter Berücksichtigung der bedarfsorientierten Flexibilität erforderlich. Dabei wird die bedarfsorientierte Flexibilität durch die aktuellen und v. a. zukünftigen Fertigungsaufgaben und somit die potenziell zu fertigenden Bauteilvarianten definiert. Des Weiteren sind die potenziellen Bauteilvarianten in die Wirtschaftlichkeitsbewertung zu integrieren, um eine ganzheitliche Bewertung sicherzustellen. Um dies zu ermöglichen, ist eine anforderungsgerechte Modellierung von Bauteilvarianten unter Berücksichtigung vorliegender Unsicherheiten erforderlich. Daher adressiert der Abschnitt 6.1[a] die Beantwortung der ersten Forschungsfrage, die sich mit der Ableitung und Modellierung unsicherheitsbehafteter Bauteilvarianten befasst:

Wie sind potenzielle Bauteilvarianten unter Berücksichtigung von Unsicherheiten systematisch zu modellieren, um die Ableitung und Bewertung von bedarfsorientiert flexiblen und wirtschaftlichen Fertigungsprozessfolgen zu ermöglichen?

Durch Beantwortung dieser Forschungsfrage wird es Anwendenden ermöglicht, potenzielle Bauteilvarianten unter Berücksichtigung von Unsicherheiten anforderungsgerecht abzuleiten und zu modellieren, um diese in der anschließenden Planung von Fertigungsprozessfolgen berücksichtigen zu können. Hierzu wird in Abschnitt 6.1.1 ein Modell zur Beschreibung von Bauteilen erarbeitet. Ziel ist es, eine generische Modellierung von Bauteilen sowohl unter Berücksichtigung technologischer als auch wirtschaftlicher Charakteristika zu ermöglichen, um die Anforderungen zu modellieren, die an die zu planende Fertigungsprozessfolge gestellt werden. Dabei ist das Modell so zu gestalten, dass es sowohl für die Modellierung des initialen Bauteils als auch für die potenziellen Bauteilvarianten genutzt werden kann. Des Weiteren ist zur Beantwortung

[a] Einzelne Lösungsansätze aus Abschnitt 6.1 wurden im CIRP JOURNAL OF MANUFACTURING SCIENCE AND TECHNOLOGY [STAU25a] veröffentlicht.

der ersten Forschungsfrage eine Methode erforderlich, welche die Ermittlung unsicherheitsbehafteter Bauteilvarianten ermöglicht. Hierfür ist in Abschnitt 6.1.2 ein Ansatz zur Modellierung der exogen gegebenen zukünftigen Bauteilanforderungen unter Integration vorliegender Unsicherheiten erforderlich. Des Weiteren ist ein Vorgehen zur Kombination vorliegender Bauteilanforderungen zu erarbeiten, um eine effiziente Anwendung der Methodik sicherzustellen. Zum Abschluss von Abschnitt 6.1.2 ist eine Methode zur technischen Realisierbarkeit von Bauteilvarianten zu entwickeln. Ziel ist es, basierend auf den vorliegenden Anforderungen an zukünftige Bauteile die entsprechenden Bauteilvarianten zur Realisierung der Anforderungen abzuleiten, um basierend darauf eine anforderungsgerechte Fertigungsplanung zu ermöglichen. Danach erfolgen in Abschnitt 6.1.3 zur abschließenden Beantwortung der Forschungsfrage die Anwendung und Validierung der entwickelten Methoden und Modelle anhand eines Fallbeispiels sowie ein Zwischenfazit.

6.1.1 Modell zur Beschreibung von Bauteilen

Model for Describing Components

Für die Umsetzung der Fertigungsplanung und Ableitung potenzieller Bauteilvarianten ist in einem ersten Schritt ein Modell zur technologischen Beschreibung von Bauteilen zu entwickeln. Mithilfe dieses Modells wird es Anwendenden ermöglicht, das initiale Bauteil sowie die potenziellen Bauteilvarianten technologisch zu beschreiben. Dies ist erforderlich, um die Anforderungen, welche an die Fertigungsprozessfolgen gestellt werden, abbilden zu können. Um eine breite Anwendbarkeit des Modells und der gesamten Methodik sicherzustellen, ist eine generische Gestaltung des Beschreibungsmodells erforderlich. Wie bereits in Abschnitt 3.1.1 ausgeführt, existieren Ansätze zur generischen Beschreibung von Bauteilen. Insbesondere der featurebasierte Ansatz von KLOCKE et al. zur Beschreibung von Bauteilen findet in der Technologieplanung Anwendung [KLOC17]. Daher wird im Folgenden dieser genutzt und entsprechend der vorliegenden Zielstellung adaptiert.

Das basierend darauf entwickelte Beschreibungsmodell umfasst zwei Teile mit insgesamt vier Elementen und ist in Abbildung 6-1 dargestellt. Der erste Teil des Beschreibungsmodells umfasst funktions- und somit featureübergreifende Informationen des Bauteils. Hierzu zählen technologische Informationen, wie bspw. die Gesamtlänge des Bauteils, der Werkstoff oder auch wirtschaftliche Informationen, wie bspw. die Stückzahl oder der Herstellzeitraum (Element 1 und 2 in Abbildung 6-1). Der zweite Teil des Modells beinhaltet die featurebezogenen Informationen. Ein *Feature* beschreibt Flächen- oder Volumenelemente eines Bauteils, welchem eine oder mehrere spezifische Funktionen direkt zugeordnet sind (z. B. ein Gewinde (Feature) zur Befestigung einer Schraube (Funktion)) [KLOC17, S. 576]. Somit ist zur Ableitung der Features zunächst die Funktionsstruktur des Bauteils zu bestimmen (Element 3 in Abbildung 6-1)). Hierzu wird die Hauptfunktion des Bauteils in Teilfunktionen untergliedert. Anschließend können basierend darauf die einzelnen Features bestimmt werden. Diese Features werden anhand verschiedener Bauteilmerkmale bzw. -eigenschaften beschrieben. Hierzu werden die von KLOCKE, BRINKSMEIER und WEINERT definierten vier Merkmalstypen Makrogeometrie (z. B. Länge, Form- und Lagetoleranzen), Mesoeigenschaften (z. B. Eigenspannungen und Härte), Mikrogeometrie (z. B. Oberflächenrauheit) und Nanoeigenschaften (z. B. tribochemische Reaktionsschichten) genutzt [KLOC05, S. 23]. Jedes der basierend auf der Funktionsstruktur des Bauteils abgeleiteten Features wird anhand der vier Merkmalstypen zur Dokumentation der technologischen Anforderungen des Bauteils beschrieben (Element 4 in Abbildung 6-1). Durch das Modell wird eine eindeutige und allgemeingültige Beschreibung von Bauteilen ermöglicht.

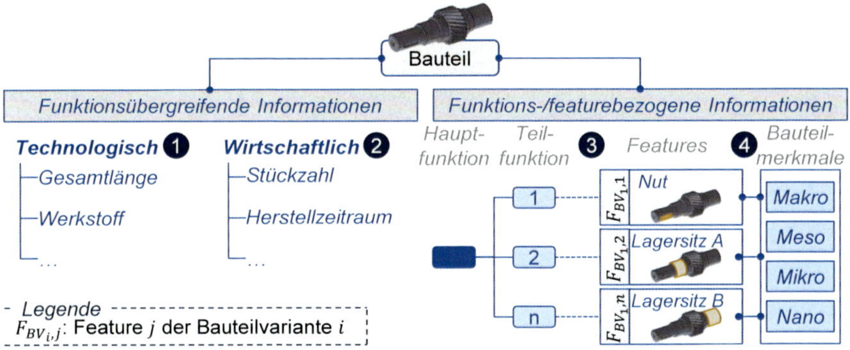

Abbildung 6-1: Bauteilbeschreibungsmodell

Component description model

Neben der direkten Beschreibung des Bauteils erfolgt auch eine Klassifizierung der Features. Durch diese Klassifizierung wird ein besseres Bauteilverständnis erreicht, welches Anwendende bei der Ableitung von potenziellen Bauteilvarianten unterstützt. Durch die Klassifizierung lassen sich diejenigen Features identifizieren, die bei einer Änderung der Anforderungen angepasst werden müssen bzw. können, um eine geforderte Funktion zu realisieren. Bei der Klassifizierung von Features wird zwischen funktionstragenden, fertigungsbedingten und montagebedingten Features unterschieden. *Funktionstragende Features* sind solche, die direkt der Erfüllung einer Funktion dienen und somit direkt einer Teilfunktion zugeordnet werden können. Bei *fertigungsbedingten Features* handelt es sich um Features, welche erforderlich sind, um eine anforderungsgerechte Fertigung sicherzustellen, die aber nicht einer Funktionserfüllung im Einsatz des Bauteils dienen (z. B. Zentrierbohrung). *Montagebedingte Features* erfüllen auch nicht direkt eine Bauteilfunktion, sie sind jedoch erforderlich, um den Einbau des Bauteils zu ermöglichen. Es ist zu beachten, dass der Übergang zwischen den Featureklassen nicht immer trennscharf ist. Um die verschiedenen Featureklassen berücksichtigen zu können, sind bei der Erstellung der Funktionsstruktur nicht nur die einzelnen direkten Bauteilfunktionen im Einsatz des Bauteils zu beschreiben, sondern auch fertigungs- und montagebedingte Funktionen zu berücksichtigen. Basierend darauf ist dann mithilfe der Funktionsstruktur eine Klassifikation der Features möglich.

Des Weiteren sind zur Beschreibung eines Bauteils vorliegende interne sowie externe Abhängigkeiten in Bezug auf das Bauteil zu beschreiben. Dies unterstützt Anwendende, bei der Ableitung potenzieller Bauteilvarianten bewerten zu können, ob die Anpassung eines Merkmals ggf. Auswirkungen auf weitere Merkmale hat und somit weitere Anpassungen zur Realisierung einer Bauteilvariante erforderlich werden oder ob ggf. Restriktionen hinsichtlich der Anpassbarkeit eines Bauteils vorliegen. *Interne Abhängigkeiten* beziehen sich darauf, ob sich die Merkmale der Features eines Bauteils gegenseitig beeinflussen und somit die Veränderung eines Merkmals einen Einfluss auf ein anderes Merkmal des gleichen oder eines anderen Features des Bauteils hat. Zur Abbildung der internen Abhängigkeiten wird ein Matrixmodell basierend auf dem Ansatz zur Modellierung von Abhängigkeiten in Fertigungsprozessfolgen von HERMANN entwickelt, vgl. Abbildung 6-2 [HERM22, S. 61]. Innerhalb des Modells gibt eine „1“ an, dass das Merkmal in der Zeile einen Einfluss auf das Merkmal der Spalte hat (vgl. Abbildung 6-2 a). Eine „0“ hingegen zeigt an, dass das Merkmal, welches in der Zeile aufgeführt ist, keinen Einfluss auf das jeweilige Merkmal der Spalte hat (vgl. Abbildung 6-2 b). Dabei ist zu beachten, dass die Matrix nicht symmetrisch ist, da die Abhängigkeiten nicht zwingend reziprok sein müssen. Als optionaler Teil ist es zusätzlich möglich, bei einer eindeutigen Kenntnis hinsichtlich der Art des vorliegenden Einflusses (gleichläufig oder gegenläufig), dies durch einen Exponenten anzugeben („+“ = gleichläufiger Einfluss, „-“ = gegenläufiger Einfluss). Gleichläufig bzw. gegenläufig bedeutet in diesem Zusammenhang, dass die Verbesserung eines Merkmals zu einer Verbesserung bzw. Verschlechterung des anderen Merkmals führt. Da es jedoch bei vielen Merkmalen nicht eindeutig zu benennen ist, welche Veränderung eine Verbesserung bzw. Verschlechterung darstellt und dies auch von der Art der Veränderung abhängig sein kann, wird die Kennzeichnung als optionales Element aufgeführt.

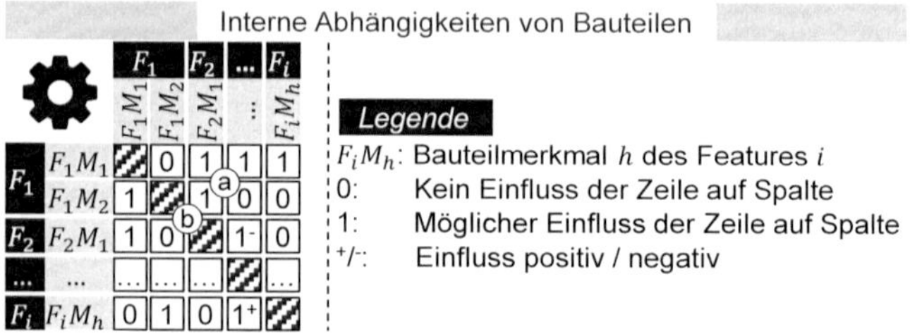

Abbildung 6-2: Abbildung interner Abhängigkeiten von Bauteilen

Illustration of internal dependencies of components

Externe Abhängigkeiten umfassen Schnittstellen zu anderen Bauteilen und Komponenten und beziehen sich auf die Berücksichtigung der vorgesehenen Einbausituation eines Bauteils. Durch die Berücksichtigung externer Schnittstellen wird sichergestellt, dass das betrachtete Bauteil bei einer Veränderung seiner Features mit den umgebenden Bauteilen kompatibel bleibt, bzw., dass ersichtlich wird, in welcher Form umgebende Bauteile angepasst werden müssen. Externe Schnittstellen stellen funktionstragende oder montagebedingte Features dar. Zur Identifikation relevanter Schnittstellen wird die Funktionsstruktur und Klassifikation der Features genutzt.

Funktionstragende Features dienen i. d. R. der Übertragung von Energie, Materie oder Informationen. Durch die Funktionsstruktur kann identifiziert werden, welche Features einen Übertrag an externe Schnittstellen darstellen (z. B. Drehmomentübertragung als Funktion eines Zahnrads). Des Weiteren stellen montagebedingte Features externe Schnittstellen dar, da diese für die Montage vorgesehen sind und eine Veränderung dieser Features direkten Einfluss auf die Einbaumöglichkeiten hat. Innerhalb der vorliegenden Arbeit werden einzelne Bauteile bzw. Bauteilvarianten betrachtet und keine Baugruppen, weshalb den externen Schnittstellen eine geringere Bedeutung zukommt und diese nicht der Fokus der Arbeit sind. Dennoch wurden diese der Vollständigkeit halber in diesem Zusammenhang erwähnt und sollten bei der Betrachtung von Baugruppen berücksichtigt werden.

Somit wurde ein Modell zur Beschreibung von Bauteilen erarbeitet, das es Anwendende der Methodik ermöglicht, Bauteile anforderungsgerecht zu beschreiben. Des Weiteren unterstützt es Anwendende bei der Ermittlung von unsicherheitsbehafteten Bauteilvarianten, was Bestandteil des nachfolgenden Abschnitts ist.

6.1.2 Ermittlung unsicherheitsbehafteter Bauteilvarianten

Determination of Uncertain Component Variants

Nachdem im ersten Teil des Moduls ein Modell zur Beschreibung von Bauteilen entwickelt wurde, ist es im Folgenden das Ziel, eine Teilmethodik zur Ermittlung unsicherheitsbehafteter Bauteilvarianten zu erarbeiten. Den exogenen Input der Methodik stellen potenzielle, zukünftige Bauteilanforderungen dar. Daher ist in einem ersten Schritt ein Modell zur Beschreibung von Bauteilanforderungen zu entwickeln, um darauf aufbauend systematisch Anforderungsprofile der potenziellen Bauteilvarianten zu ermitteln und schlussendlich die Bauteilvarianten basierend auf den Anforderungsprofilen ableiten zu können.

Beschreibung von Bauteilanforderungen

Für die Entwicklung des Beschreibungsmodells von exogen gegeben Bauteilanforderungen sind in einem ersten Schritt die relevanten Charakteristika zur Beschreibung einer Bauteilanforderung zu definieren und im Anschluss daran, eine Möglichkeit zur Beschreibung dieser Charakteristika zu erarbeiten. Im Folgenden werden die innerhalb der Arbeit als relevant identifizierten Charakteristika, welche das Beschreibungsmodell bilden, vorgestellt. Es ist zu berücksichtigen, dass das Beschreibungsmodell modular aufgebaut ist und somit die Möglichkeit besteht, weitere anwendungsfallspezifische Charakteristika zu ergänzen. Das entwickelte Beschreibungsmodell ist in Abbildung 6-3 dargestellt.

Das erste Charakteristikum zur Beschreibung einer Bauteilanforderung sind die *formulierten* (technologischen) *Anforderungen*. Dabei ist eine Anforderung (soweit möglich) in einem quantifizierbaren Bedarf zu formulieren, sodass dies als Input und Bewertungsgröße bei der Ableitung entsprechender Bauteilvarianten genutzt werden kann. Wird bspw. von einem Kunden der Wunsch geäußert, dass die Geräuschemissionen im Betrieb des Bauteils reduziert werden sollen, ist die Reduktion der Emissionen zu quantifizieren (z. B. Reduktion der Geräuschemissionen um 5 dB). So wird sichergestellt, dass ein entsprechendes Lösungskonzept zur Erfüllung der Anforderung abgeleitet und dies hinsichtlich der Erfüllung der Anforderung bewertet werden kann. Des Weiteren ist zu berücksichtigen, dass die formulierte Anforderung mehrere einzelne Anforderungen umfassen kann. Formuliert bspw. ein Kunde für die Zukunft, die Anforderungen, dass die Geräuschemissionen im Betrieb des Bauteils reduziert und gleichzeitig das Gewicht des Bauteils reduziert werden sollen, so ist dies in eine gemeinsame formulierte Anforderung einem sogenannten *Anforderungspaket* zusammenzufassen. Dies ist in der Abbildung z. B. bei Anforderungspaket 1 (AP_1) dargestellt. Dieses besteht aus den beiden geäußerten Anforderungen Reduktion der Geräuschemissionen ($AF_{1.1}$) und Reduktion des Gewichts ($AF_{1.2}$). Da diese vom Kunden zwingend zusammen gewünscht werden, werden diese als ein gemeinsam formuliertes Anforderungspaket AP_1 geführt. Ein Anforderungspaket kann somit mehrere Anforderungen oder aber auch nur eine einzelne Anforderung umfassen. Als nächstes Charakteristikum ist die *Quelle* der Anforderung zu nennen. Dies können z. B. verschiedene Kunden sein, aber auch die Forschungs- und Entwicklungsabteilung des Unternehmens, Studien, Gesetze, Markttrends oder -recherchen. Diese Information ist für die nachfolgende Kombination von Anforderung und Ableitung von Bauteilvarianten von Relevanz.

Neben diesen eindeutig beschreibbaren Charakteristika gibt es noch verschiedene Charakteristika, welche unsicherheitsbehaftet und innerhalb des Beschreibungsmodells von Bauteilanforderungen zu berücksichtigen sind. Dies sind die Eintrittswahrscheinlichkeit, Stückzahl sowie der Anfangs- und der Endzeitpunkt einer Bauteilanforderung. Um die vorliegenden Unsicherheiten zu berücksichtigen, wird der dieser Arbeit zugrundeliegende Ansatz zur Modellierung von Unsicherheiten genutzt (vgl. Abschnitt 5.5). Damit lassen sich die unsicherheitsbehafteten Faktoren unter Angabe der Art der Verteilung sowie der jeweils charakteristischen Faktoren der Verteilung (z. B. für die Normalverteilung durch Angabe des jeweiligen Erwartungswerts und der Standardabweichung) modellieren. Diese Informationen stellen einen Input der Methodik dar. Innerhalb des Beschreibungsmodells wird jedem der ermittelten Einflussfaktoren jeweils die vorliegende Wahrscheinlichkeitsverteilung zugeordnet. Außerdem enthält das Modell die Beschreibungsparameter zur Unsicherheitsmodellierung (z. B. für die Normalverteilung durch Erwartungswerts μ und Standardabweichung σ). Im Folgenden werden die unsicherheitsbehafteten Charakteristika des Beschreibungsmodells kurz vorgestellt und auf deren Modellierung eingegangen sowie eine Empfehlung der zu verwendenden Verteilungen gegeben, wobei die jeweilige Verteilung anwendungsfallspezifisch festzulegen ist.

Die Eintrittswahrscheinlichkeit ist ein zentrales Charakteristikum zur Beschreibung der Bauteilanforderungen. Die *Eintrittswahrscheinlichkeit* beschreibt die Wahrscheinlichkeit, mit der ein bestimmtes Ergebnis (in diesem Falle eine Bauteilanforderung bzw. ein Anforderungspaket) in der Zukunft eintritt. Je höher diese ist, desto wahrscheinlicher ist es, dass die Bauteilanforderung auch tatsächlich in der Zukunft eintritt. Da zum

Zeitpunkt der Anwendung der Methodik keine Sicherheit über das zukünftige Eintreten von Bauteilanforderungen vorliegt, ist die Eintrittswahrscheinlichkeit unter Unsicherheit zu modellieren. Für die Modellierung der Eintrittswahrscheinlichkeit eignet sich insbesondere die Gleichverteilung oder die Normalverteilung, weshalb sich im Folgenden auf diese beiden Verteilungen zur Modellierung der Eintrittswahrscheinlichkeit fokussiert wird. Eine Modellierung mit einer anderen Verteilung ist jedoch anwendungsfallspezifisch analog möglich. Zur Modellierung mittels des Modells sind jeweils die Art der Verteilung (Normalverteilung oder Gleichverteilung) sowie die charakteristischen Parameter anzugeben. Für die Normalverteilung sind dies der Erwartungswert μ und die Standardabweichung σ und für die Gleichverteilung das Minimum und Maximum.

Beschreibungsmodell für Bauteilanforderungen

		Anforderung AP_1	Anforderung AP_2	...	Anforderung AP_n
Beschreibung Anforderung		$AF_{1.1}$ | $AF_{1.2}$	$AF_{2.1}$ | $AF_{2.2}$	...	$AF_{n.1}$
Quelle		Kunde 1	Kunde 2	...	Studie
E-WK	*Art Verteilung*	Normalverteilung	Gleichverteilung	...	Normalverteilung
	Parameter	$[\mu_{EW,1}; \sigma_{EW,1}]$	$[Min_{EW,2}; Max_{EW,2}]$	...	$[\mu_{EW,n}; \sigma_{EW,n}]$
SZ	*Art Verteilung*	Gleichverteilung	Normalverteilung	...	Normalverteilung
	Parameter	$[Min_{SZ,1}; Max_{SZ,1}]$	$[\mu_{SZ,2}; \sigma_{SZ,2}]$	...	$[\mu_{SZ,n}; \sigma_{SZ,n}]$
A-ZP	*Art Verteilung*	Normalverteilung	Dreiecksverteilung	...	Dreiecksverteilung
	Parameter	$[\mu_{AZ,1}; \sigma_{AZ,1}]$	$[a_{AZ,2}; b_{AZ,2}; c_{AZ,2}]$	...	$[a_{AZ,n}; b_{AZ,n}; c_{AZ,n}]$
E-ZP	*Art Verteilung*	Normalverteilung	Dreiecksverteilung	...	Normalverteilung
	Parameter	$[\mu_{EZ,1}; \sigma_{EZ,1}]$	$[a_{EZ,2}; b_{EZ,2}; c_{EZ,2}]$	...	$[\mu_{EZ,n}; \sigma_{EZ,n}]$

Legende

$AF_{n.m}$: Anforderung m von AP_n *A-ZP*: Anfangszeitpunkt *E-ZP*: Endzeitpunkt

AP_n: Anforderungspaket n *E-WK*: Eintrittswahrscheinlichkeit *SZ*: Stückzahl

$a_{AZ|EZ,i}$: Minimum Anfangszeitpunkt | Endzeitpunkt von Anforderungspaket i (Dreiecksverteilung)

$b_{AZ|EZ,i}$: Maximum Anfangszeitpunkt | Endzeitpunkt von Anforderungspaket i (Dreiecksverteilung)

$c_{AZ|EZ,i}$: Modus Anfangszeitpunkt | Endzeitpunkt von Anforderungspaket i (Dreiecksverteilung)

$Max_{AZ|EZ,i}$: Maximum Eintrittswahrscheinlichkeit | Stückzahl von Anforderungspaket i (Gleichverteilung)

$Min_{AZ|EZ,i}$: Minimum Eintrittswahrscheinlichkeit | Stückzahl von Anforderungspaket i (Gleichverteilung)

$\mu_{AZ|EW|EZ|SZ,i}$: Erwartungswert Anfangszeitpunkt | Eintrittswahrscheinlichkeit | Endzeitpunkt | Stückzahl von Anforderungspaket i (Normalverteilung)

$\sigma_{AZ|EW|EZ|SZ,i}$: Standardabweichung Anfangszeitpunkt | Eintrittswahrscheinlichkeit | Endzeitpunkt | Stückzahl von Anforderungspaket i (Normalverteilung)

Abbildung 6-3: Beschreibungsmodell für Bauteilanforderungen

Description model for component requirements

Die *Stückzahl* gibt an, in welcher Quantität eine Bauteilvariante, welche das entsprechende Anforderungspaket erfüllt, nachgefragt wird und somit zu produzieren ist. Auch bzgl. der zukünftig zu produzierenden Stückzahl liegen Unsicherheiten vor, weshalb sie entsprechend zu modellieren ist. Darüber hinaus ist zu berücksichtigen, dass sich die Stückzahl eines Anforderungspakets bzw. einer Bauteilvariante über den Zeitverlauf verändern kann. Um dies in das Beschreibungsmodell zu integrieren, wird die Stückzahl je Periode t modelliert. Somit ist es möglich, verschiedene Verteilungen für die Stückzahlen je Periode und somit variierende Stückzahlen über den Betrachtungszeitraum zu betrachten. Eine Periode kann in diesem Zusammenhang bspw. ein Jahr, ein Quartal oder ein Monat sein. Dies ist jeweils durch den Anwendenden der Methodik anwendungsfallspezifisch unter Berücksichtigung des gesamten Betrachtungszeitraum zu definieren. Aus Darstellungsgründen wird in der Abbildung 6-3 keine Unterscheidung der Stückzahl je Periode vorgenommen. Um dies innerhalb des Beschreibungsmodells zu berücksichtigen, sind für die einzelnen zu betrachtenden Perioden weitere Zeilen einzufügen. So wie bei der Eintrittswahrscheinlichkeit sind für die Modellierung der Stückzahl die Normalverteilung und Gleichverteilung besonders geeignet, weshalb diese im Weiteren betrachtet werden. Die Modellierung erfolgt analog zur Modellierung der Eintrittswahrscheinlichkeit mittels Erwartungswert μ und Standardabweichung σ (Normalverteilung) oder Minimum und Maximum (Gleichverteilung).

Des Weiteren sind auch der Anfangs- und Endzeitpunkt eines Anforderungspakets Teil des entwickelten Beschreibungsmodells. Der *Anfangszeitpunkt* eines Anforderungspakets gibt an, ab wann die jeweiligen Bauteilanforderungen bzw. die entsprechende Bauteilvariante nachgefragt werden und zu produzieren ist. Zusätzlich repräsentiert der *Endzeitpunkt* den Zeitpunkt, an dem eine Bauteilanforderung bzw. die entsprechende Bauteilvariante nicht mehr nachgefragt wird und somit nicht mehr zu produzieren ist. Hierdurch wird berücksichtigt, dass Anforderungen nicht zwangsläufig ab ihrem Eintritt bis zum Ende des Betrachtungszeitraums nachgefragt werden. Dabei wird der Endzeitpunkt als erste Periode bezeichnet, ab der eine Bauteilvariante nicht mehr nachgefragt und somit nicht mehr hergestellt wird. Da es sich auch bei den Anfangs- und Endzeitpunkten um Faktoren handelt, welche in der Zukunft liegen, sind diese unsicherheitsbehaftet und unter Unsicherheit zu modellieren. Die Zeitspanne vom Beginn des Betrachtungszeitraums bis zur Nachfrage eines Anforderungspakets bzw. die Zeitspanne vom Beginn der Nachfrage bis zum Ende der Nachfrage nach einer Bauteilanforderung kann als Wartezeit bis zum Eintreten des jeweiligen Ereignisses aufgefasst werden. Für die Modellierung dieser Größen werden im Folgenden die Normalverteilung und Dreiecksverteilung betrachtet. Für die Normalverteilung sind die charakteristischen Parameter der Erwartungswert μ und die Standardabweichung σ, bei der Dreiecksverteilung handelt es sich um Minimum a, Maximum b und Modus c.

Mittels des entwickelten Modells wird eine systematische Beschreibung von Anforderungspaketen an Bauteilvarianten ermöglicht. Die verschiedenen Anforderungen sind jeweils anhand des Modells zu beschreiben, um eine einheitliche Ausgangs- und Informationsbasis für die weitere Methodikanwendung sicherzustellen. Des Weiteren ist zu berücksichtigen, dass die formulierten Anforderungspakete mehrere einzelne Anforderungen umfassen können (vgl. z. B. AP_1 in Abbildung 6-3). Da diese einzelnen

Anforderungen zwingend zusammen gewünscht bzw. erwartet werden, sind diese als ein formuliertes Anforderungspaket aufgeführt mit gemeinsamer unsicherheitsbehafteter Eintrittswahrscheinlichkeit, Stückzahlen, Anfangs- und Endzeitpunkt.

Kombination von Bauteilanforderungspaketen

Grundsätzlich ist es möglich, jedes Anforderungspaket in eine einzelne Bauteilvariante zu überführen. Dies ist jedoch mit einem großen Aufwand verbunden und kann darüber hinaus zu Redundanzen führen, da bspw. verschiedene Kunden gleiche bzw. ähnliche Anforderungen haben können und somit dann zwei vergleichbare Bauteilvarianten vorliegen. Des Weiteren versuchen Unternehmen i. d. R. die Variantenanzahl und somit die Komplexität der Fertigung zu begrenzen. Außerdem führt dies zu einer erhöhten Standardisierung und zu Skalierungseffekten. Aus den genannten Gründen ist es nicht sinnvoll, jede Anforderung bzw. jedes Anforderungspaket in eine einzelne Bauteilvariante zu überführen. Um dies innerhalb der Methodik zu berücksichtigen, erfolgt im nächsten Schritt die Entwicklung eines Vorgehens zur Kombination und Reduktion der zukünftigen Bauteilanforderungen zu Anforderungsprofilen potenzieller Bauteilvarianten. In diesem Zusammenhang stellt ein Anforderungsprofil die Gesamtheit der Anforderungen an eine potenzielle Bauteilvariante dar. Ziel dieses Schrittes ist es, zu überprüfen, welche Anforderungspakete sinnvoll in eine gemeinsame Bauteilvariante überführt werden können. Dabei ist zu beachten, dass die Annahme getroffen wird, dass jede Anforderung jeweils nur durch eine Bauteilvariante realisiert wird, um eine eindeutige Grundlage für die nachfolgende Fertigungsplanung sicherzustellen.

Des Weiteren ist zu erwähnen, dass falls ein Anforderungspaket bspw. eines Kunden mehrere einzelne Anforderungen (vgl. AP_1 in Abbildung 6-3 mit $AF_{1.1}$ und $AF_{1.2}$) umfasst, innerhalb des entwickelten Vorgehens zur Kombination immer das gesamte Anforderungspaket zu betrachten ist. Eine Aufteilung der Anforderung ist nicht möglich, da die einzelnen Anforderungen explizit vom Kunden gemeinsam gewünscht werden. Daher erfolgt die Betrachtung innerhalb der weiteren Ausführung des entwickelten Vorgehens zur Kombination jeweils auf der übergeordneten Ebene der Anforderungspakete. Für eine einfachere Lesbarkeit werden in den weiteren Erläuterungen zur Kombination von Bauteilanforderungspaketen die Begriffe (Bauteil-)Anforderung und (Bauteil-)Anforderungspaket synonym genutzt.

Vorabprüfung von Bauteilanforderungspaketen

In einem ersten Schritt erfolgt eine Vorabprüfung der Bauteilanforderungspakete. Hierzu sind die vorliegenden Bauteilanforderungspakete hinsichtlich ihrer erwarteten Stückzahl und Eintrittswahrscheinlichkeit zu untersuchen. Ziel dieses Schrittes ist es, Anforderungspakete zu identifizieren, welche eine geringe Eintrittswahrscheinlichkeit und Stückzahl aufweisen. Anwendenden wird hierdurch die Möglichkeit gegeben, eine erste Reduktion der Bauteilanforderungspakete durchzuführen, um den Aufwand nachfolgender Methodikschritte zu reduzieren. Hierbei ist jedoch jeweils anwendungsfallspezifisch zu entscheiden, ob eine Reduktion sinnvoll ist und gegenüber potenziellen Risiken der Reduktion abzuwägen.

Zur Unterstützung von Anwendenden und zur Identifikation von Bauteilanforderungen mit einer geringeren Bedeutung wurde das Modell in Abbildung 6-4 erarbeitet. Innerhalb des Modells sind die verschiedenen Anforderungspakete *i* entsprechend ihrer Eintrittswahrscheinlichkeit ($\mu_{EW,i}$) und der erwarteten Gesamtstückzahl einzuordnen. Hierzu sind die erwarteten Stückzahlen der einzelnen Perioden *t* ($\mu_{SZ,i,t}$) zu addieren. Falls die Erwartungswerte der Eintrittswahrscheinlichkeiten ($\mu_{EW,i}$) und Stückzahlen ($\mu_{SZ,i,t}$) durch die zugrundeliegende Verteilung nicht direkt gegeben sind (z. B. bei Annahme einer Gleichverteilung), sind diese zunächst zu bestimmen (vgl. Abschnitt 5.5). Um zu berücksichtigen, dass die Stückzahlen je nach Anwendungsfall und betrachtetem Bauteil stark variieren können, werden diese ins Verhältnis zur Gesamtstückzahl der initialen Bauteilvariante gesetzt. Hierzu ist das Verhältnis der Stückzahl des Anforderungspakets *i* zur Stückzahl des initialen Bauteils zu bilden ($V_{SZ,i}$). Basierend auf der Lage der Anforderungspakete ist eine Entscheidung bzgl. der Vernachlässigung von Anforderungspaketen und somit eine Reduktion des Anwendungsaufwands möglich.

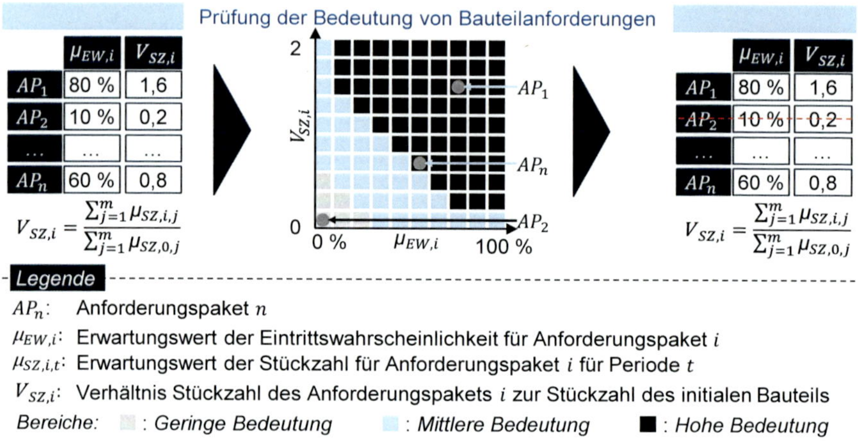

Abbildung 6-4: Modell zur Vorabprüfung der Bedeutung von Bauteilanforderungen

Model for checking the significance of the component requirements in advance

Zur Unterstützung von Anwendenden bei der Reduktion wurden innerhalb des Modells drei Bereiche definiert (geringe, mittlere und hohe Bedeutung). Bei Anforderungspaketen, welche im Bereich geringer Bedeutung liegen, empfiehlt es sich, diese aus der weiteren Betrachtung auszuschließen, wohingegen Anforderungen des Bereichs hoher Bedeutung weiter zu betrachten sind. Bei Anforderungspaketen mittlerer Bedeutung ist individuell, bspw. unter Berücksichtigung von Anforderungspaketen mit hoher bzw. geringer Bedeutung zu entscheiden. Die exemplarische Einteilung und Skalierung der Achsen in Abbildung 6-4 ist hierbei als Orientierung zu verstehen und jeweils unter Berücksichtigung aller Anforderungen ggf. unter Abwägung der empirischen Richtigkeit und einem geringen Aufwand der Methodikanwendung individuell anzupassen. So ist bspw. bei generell geringen Werten für die Eintrittswahrscheinlichkeiten der

Bauteilanforderungen die Grenze für den Ausschluss von Anforderungen geringer zu wählen, da ansonsten zahlreiche Anforderungen frühzeitig ausgeschlossen werden.

In einem zweiten Schritt zur Vorbereitung der Ableitung von Anforderungsprofilen von Bauteilvarianten ist eine Plausibilitätsprüfung durchzuführen. Ziel der Plausibilitätsprüfung ist es, die Kombinierbarkeit von verschiedenen Anforderungspaketen zu prüfen. Nur wenn unterschiedliche Anforderungen kombinierbar sind, können diese in eine gemeinsame Bauteilvariante überführt werden. Des Weiteren ermöglicht die Plausibilitätsprüfung eine Reduktion des anschließenden Konstruktionsaufwandes, da hierdurch Anforderungspakete identifiziert werden, welche technologisch kombinierbar sind und in einem gemeinsamen Lösungskonzept realisiert werden können. Ansonsten ist für beide Anforderungspakete separat eine Lösung zu entwickeln und zu konstruieren. Zur Durchführung der Plausibilitätsprüfung wurde das in Abbildung 6-5 dargestellte Matrixmodell entwickelt. Innerhalb des Modells sind die einzelnen Anforderungspakete jeweils zeilen- und spaltenweise aufgetragen. In den Zellen wird durch Eintragung von „+“, „-“ oder „*0*“ die vorliegende Kombinierbarkeit der Anforderungspakete angegeben. Dabei steht „+“ für eine technologische Kombinierbarkeit der Anforderungen (vgl. AP_1 und AP_2 in Abbildung 6-5). Dies ist bspw. der Fall, wenn von zwei Kunden eine gleiche Anforderung geäußert wird. Hingegen ein „-“ gibt an, dass die Anforderungen in einem Widerspruch zueinander stehen und technologisch nicht sinnvoll miteinander kombinierbar sind (vgl. AP_2 und AP_3 in Abbildung 6-5). Dies kann z. B. eintreten, wenn Kunden stark voneinander abweichende Anforderungen an die Höhe eines zu übertragenden Drehmoments eines Zahnrads haben. Eine „*0*“ wird eingetragen, wenn keine direkte Beziehung zwischen den Anforderungen besteht. D. h. eine Kombinierbarkeit der Anforderungen ist nicht ausgeschlossen, aber aufgrund einer vergleichsweise hohen Unterschiedlichkeit der Anforderungen sind keine direkten Skaleneffekte oder Vorteile aus der Kombination der Anforderungen zu erwarten (vgl. Anforderung AP_1 und AP_n in Abbildung 6-5). Es ist zu erkennen, dass die Matrix zur Plausibilitätsprüfung symmetrisch ist, da die Kombinierbarkeit von Anforderungspaketen unabhängig von der Richtung der Betrachtung ist.

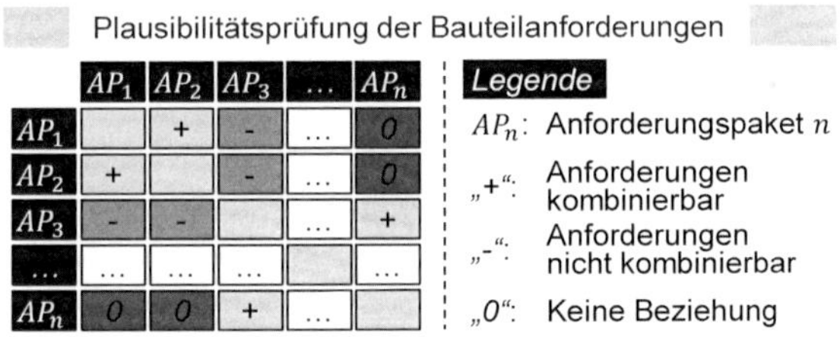

Abbildung 6-5: Plausibilitätsprüfung Bauteilanforderungen

Plausibility check of component requirements

Die Einschätzungen zur Kombinierbarkeit der Anforderungen sind in Zusammenarbeit mit bspw. der Konstruktions- oder Forschungs- und Entwicklungsabteilung zu treffen. Es ist zu beachten, dass es sich hierbei um eine Vorabeinschätzung der Kombinierbarkeit von Anforderungen handelt. Das Ergebnis dieses Schritts stellt die Kenntnis über aus technologischer Sicht sinnvoll kombinierbarer Anforderungspakete dar. Ob Anforderungen tatsächlich in einer gemeinsamen Variante realisiert werden, wird zu einem späteren Zeitpunkt der Methodik entschieden, da hierzu weitere Faktoren, wie z. B. die Stückzahl, Eintrittswahrscheinlichkeit oder Eintrittszeitpunkt, zu berücksichtigen sind. Dies erfolgt im nächsten Teilschritt der Methodik. Die Plausibilitätsprüfung zur Einschätzung der Kombinierbarkeit von Bauteilanforderungen ermöglicht es, neben der Prüfung der Kombinierbarkeit der neuen Anforderungen auch zu prüfen, ob die neuen Anforderungen mit den bestehenden Anforderungen der initialen Variante kombinierbar sind. Dies ist erforderlich, da diese i. d. R. weiterhin durch die neuen Varianten zu erfüllen sind, wenn sie nicht durch eine neue Anforderung ersetzt werden. Daher ist nach der Ableitung zu kombinierender neuer Bauteilanforderungen deren Kombinierbarkeit mit den bestehenden Bauteilanforderungen der initialen Bauteilvariante zu prüfen (siehe S. 80 f.). Daraus kann dann abgeleitet werden, welche Anforderungen im Konflikt zu bestehenden Anforderungen des initialen Bauteils stehen und somit weitere Anpassungen des Bauteils erforderlich sind. Dies stellt einen Input für den anschließenden Konstruktionsprozess dar.

Nachdem die Bauteilanforderungspakete auf ihre grundsätzlich technologische Kombinierbarkeit geprüft wurden, sind noch weitere Randbedingungen zu prüfen, welche einen Einfluss auf die Kombination von Anforderungspaketen zu Anforderungsprofilen haben. So ist eine Kombination von Anforderungspaketen i. d. R. dann sinnvoll, wenn diese auch bspw. eine zeitliche Ähnlichkeit aufweisen, d. h., dass sie ähnliche Anfangs- und Endzeitpunkte haben. Um die Kombination von Anforderungspaketen zu systematisieren, wurde ein Vorgehen zur Kombination von Anforderungen mit technologischer Ähnlichkeit entwickelt. Hierbei handelt es sich bspw. um Anforderungen, welche von verschiedenen Kunden geäußert wurden. Dabei müssen die Anforderungen nicht deckungsgleich sein, sollten aber vergleichsweise ähnlich sein (z. B. Anforderung der Reduktion der Geräuschemissionen um 5 dB und Anforderung zur Reduktion um 6 dB können zusammengeführt werden, um eine Variantenreduktion zu erreichen). Ab welcher Grenze Anforderungen noch als gleich verstanden werden, ist durch die Anwendenden individuell festzulegen. Im Folgenden wird auf das Vorgehen zur Kombination von Anforderungspaketen mit technologischer Ähnlichkeit eingegangen. Hierzu sind zunächst die Anforderungspakete zu identifizieren, welche eine ausreichende technologische Ähnlichkeit aufweisen, sodass es grundsätzlich sinnvoll ist, diese miteinander zu kombinieren. Dies erfolgt durch eine Analyse der technologischen Beschreibung der Anforderungspakete. Da es sich hierbei um einen sehr individuellen Schritt handelt, wird hierauf im Folgenden nicht näher eingegangen. Zur Unterstützung dieses Schrittes können Anwendende Methoden der Clusterung oder Klassifikation nutzen. Im Anschluss daran sind die einzelnen Gruppen an Anforderungspaketen, welche eine technologische Ähnlichkeit aufweisen, hinsichtlich ihrer Anfangs- und Endzeitpunkte zu analysieren, da nur wenn diese Anforderungspakete zu vergleichbaren Zeiten nachgefragt werden, eine Kombination dieser zu einer Bauteilvariante sinnvoll ist. Sind diese nicht vergleichbar, so wird empfohlen diese Anforderungspakete weiterhin separat zu betrachten und als einzelne Bauteilvarianten in der Methodik zu berücksichtigen, weil dies im weiteren Verlauf zu verfälschten Ergebnissen führen kann.

Dies liegt darin begründet, dass wenn die Zeitpunkte, welche nicht gleich sind, zu einem Zwischenwert verrechnet werden, die daraus resultierenden Varianten entweder zu früh oder zu spät in die Betrachtung aufgenommen werden. Trotzdem ist auch eine Anwendung der weiteren Methodik bei Kombination von Anforderungspakten ohne zeitliche Ähnlichkeit möglich.

Kombination von Anforderungspaketen mit zeitlicher und technologischer Ähnlichkeit

Zur Unterstützung von Anwendenden bei der Identifikation von Anforderungspaketen mit gleichen Anfangs- und Endzeitpunkten, wurde ein Modell zur Clusterung der Zeitpunkte entwickelt (vgl. Abbildung 6-6). Innerhalb dieses Modells werden die Anforderungen entsprechend ihren Erwartungswerten und Standardabweichung für Anfangs- und Endzeitpunkt eingetragen. Liegen diese Werte nicht direkt vor, z. B. im Falle der Modellierung der Zeitpunkte mittels Dreiecksverteilung, so sind diese Werte zunächst mathematisch zu bestimmen (exemplarische Formeln siehe Abschnitt 5.5). Die Clusterung der Zeitpunkte ist für jede Gruppe von Anforderungspaketen mit technologischer Ähnlichkeit separat durchzuführen. Innerhalb des Modells werden verschiedene Cluster gebildet. Die Einteilung bzw. Wertebereiche der Cluster ist dabei unter Berücksichtigung der generellen Zahlenwerte und Variabilität der Zeitpunkte zu treffen. Innerhalb der Arbeit wird die Einteilung entsprechend der betrachteten Periodendauer (z. B. Monat, Quartal, Jahr) vorgenommen. Hierfür ist eine Gesamtbetrachtungsdauer der Methodik zu definieren und in verschiedene Periodendauern zu unterteilen. Liegen die Anfangs- und Endzeitpunkte zweier oder mehrerer Anforderungspakete in einem Cluster, so sind diese zu einem gemeinsamen Anforderungsprofil und somit zu einer Bauteilvariante zu kombinieren (vgl. z. B. Anforderung 1 und 2 in Abbildung 6-6 mit gemeinsamem Anfangszeitpunkt Periode 1 und Endzeitpunkt 7) und ihr Anfangs- und Endzeitpunkt können auf die jeweilige Periode (Periode 1 bzw. Periode 7) gelegt werden, in der sie liegen. Nachdem die nun aufgrund ihrer Gleichheit der Zeitpunkte als zu kombinierende Anforderungen identifiziert wurden, ist ein Ansatz erforderlich, welcher die Kombination und Verrechnung der Charakteristika der Anforderungen (Eintrittswahrscheinlichkeit, Stückzahl, Anfangs- und Endzeitpunkt) ermöglicht.

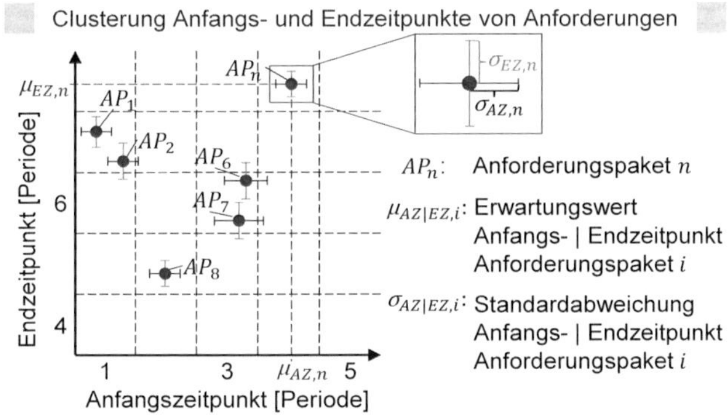

Abbildung 6-6: Clusterung von Anforderung anhand Anfangs- und Endzeitpunkt

Clustering of requirements based on start and end time

Für die *Anfangs- und Endzeitpunkte* der zu kombinierenden Anforderungen wird der Erwartungswert auf die jeweilige Periode gelegt, in der sie liegen. Dies ist dadurch begründet, dass es für das weitere Vorgehen und die Bewertung unerheblich ist, zu welchem Zeitpunkt innerhalb der Periode die Anforderung ihren Anfangs- bzw. Endzeitpunkt hat, da innerhalb der Periode nicht weiter zeitlich differenziert wird. Beträgt die zu Beginn definierte Periodendauer bspw. ein Quartal und es wird davon ausgegangen, dass eine Anforderung im zweiten Quartal eines Jahres eintritt, ist für die weitere Betrachtung nicht von Bedeutung, wann genau innerhalb dieses Quartals diese Anforderung auftritt, da die Auflösung für die zeitliche Betrachtung ein Quartal beträgt. Dennoch ist auch die Unsicherheit bzgl. der Zeitpunkte weiterhin zu betrachten, weshalb die Anfangs- und Endzeitpunkte für die kombinierten Anforderungen im Weiteren als Normalverteilung modelliert werden. Hierfür sind neben dem Erwartungswert auch die Standardabweichung der kombinierten Normalverteilung, basierend auf den Verteilungen der kombinierten Anforderungspakete, zu bestimmen. Da für die Anfangs- und Endzeitpunkte jedes Anforderungspakets eine entsprechende Standardabweichung vorliegt, kann die kombinierte Standardabweichung zur Kombination der Anforderungspakete ermittelt werden. Unter Annahme der Unabhängigkeit der Verteilungen wird die kombinierte Standardabweichung durch die Quadratwurzel der addierten Varianzen der einzelnen Verteilungen bestimmt ($\sigma_{Gesamt} = \sqrt{\sigma_1^2 + \sigma_2^2 + \cdots + \sigma_n^2}$) [CASE02].

Somit wird eine Modellierung der Anfangs- und Endzeitpunkte der kombinierten Anforderungspakete anhand einer Normalverteilung ermöglicht. Alternativ ist es auch möglich andere Verteilungen zu nutzen. Aufgrund der zugrundeliegenden statistischen Unabhängigkeit (vgl. Abschnitt 5.3) und der Erläuterungen zur Modellierung des Anfangs- und Endzeitpunkts (vgl. Beschreibungsmodell für Bauteilanforderungen) wird in dieser Arbeit eine Modellierung anhand der Normalverteilung für die Kombination von Anfangs- und Endzeitpunkt mehrerer Anforderungspakete gewählt. Die charakteristischen Parameter der Normalverteilung werden durch den Erwartungswert μ und die Standardabweichung σ beschrieben. Hierbei sind die jeweils kombinierten Anforderungspakete in die Bezeichnung aufzunehmen, um eine eindeutige Zuordnung zu ermöglichen. Bspw. würde der Erwartungswert und die Standardabweichung für den Anfangszeitpunkt (AZ) für die Kombination der Anforderungspakete 1 und 2 durch den Erwartungswert $\mu_{AZ,1|2}$ und die Standardabweichung $\sigma_{AZ,1|2}$ beschrieben.

Auch für die *Verrechnung der Stückzahlen* bedarf es eines Ansatzes bei der Kombination von Anforderungspaketen zu einem gemeinsamen Anforderungsprofil einer Bauteilvariante. Grundsätzlich sind hierzu die Stückzahlen der einzelnen Anforderungspakete zur Stückzahl der kombinierten Anforderungspakete zu addieren, da die Gesamtnachfrage nach der Bauteilvariante, welche die kombinierten Anforderungspakete enthält, aus der Nachfrage nach den einzelnen Anforderungspaketen resultiert. Da die Stückzahlen jedoch aufgrund vorliegender Unsicherheiten nicht als fixe Werte, sondern als Verteilungen (Normal- oder Gleichverteilung) gegeben sind, ist eine direkte Addition nicht möglich.

Zur Kombination der Verteilungen wird in dieser Arbeit der Ansatz der Verrechnung bzw. Addition der Erwartungswerte und Standardabweichungen der jeweiligen Verteilungen genutzt. Die Erwartungswerte μ und Standardabweichung σ stellen in dieser Arbeit die charakteristischen Größen zum Umgang mit den vorliegenden Unsicherheiten dar. Zur Verrechnung der Verteilungen sind diese für die Stückzahlen zu addieren. Aufgrund der statistischen Unabhängigkeit der Verteilungen (vgl. Abschnitt 5.3) gilt, dass die Summe der einzelnen Erwartungswerte der zu kombinierenden Verteilungen den Erwartungswert der kombinierten Verteilung ergibt [FAHR16, S. 230]. Zur Ermittlung der kombinierten Standardabweichung ist eine Addition der Varianzen erforderlich [FAHR16, S. 230 ff.]. Für weitere Informationen zur Verrechnung von Verteilungen sei an dieser Stelle auf entsprechende Fachliteratur verwiesen (z. B. [FAHR16]). Die Formeln sind der Abbildung 6-7 zu entnehmen. Hierbei bezeichnen $\mu_{SZ,m|\ldots|n}$ bzw. $\sigma_{SZ,m|\ldots|n}$ den Erwartungswert bzw. die Standardabweichung der Stückzahlen der zu kombinierenden Anforderungspakete (mit *m*/*n*=Laufvariable des ersten/letzten zu kombinierenden Anforderungspakets). Für die Berechnung ist zu berücksichtigen, dass der Erwartungswert und die Standardabweichung bzw. Varianz einer Normalverteilung direkt als charakteristische Größe gegeben sind. Für die Gleichverteilung sind diese Größen mithilfe der angegebenen Formeln zunächst zu bestimmen.

Es ist zu beachten, dass je nach Art der zu kombinierenden Verteilungen (Kombination von Normalverteilungen, Gleichverteilungen oder Normal- und Gleichverteilungen) sich unterschiedliche Arten der resultierenden Verteilung durch die Addition ergeben. Eine Besonderheit bei der Addition von Normalverteilungen ist, dass die resultierende Verteilung ebenfalls eine Normalverteilung darstellt, wobei die Parameter der resultierenden Verteilung durch die Summe der ursprünglichen Verteilungen bestimmt werden kann [FAHR16, S. 277]. Bei der Addition von zwei oder mehreren unabhängigen, kontinuierlich gleichverteilten Zufallsvariablen nähert sich die resultierende Verteilung mit zunehmender Anzahl von Variablen aufgrund des zentralen Grenzwertsatzes einer Normalverteilung an. Zur exakten Bestimmung der Verteilung können die Faltungsmethode [STEL16, S. 111 ff.] oder numerische Simulationen genutzt werden (z. B. Monte-Carlo-Simulation), bei der die Verteilung durch die Kombination mehrerer Zufallsvariablen bestimmt bzw. approximiert werden kann [FAHR16, S. 298]. Ebenso kann die Verteilung der Kombination von Normal- und Gleichverteilung nicht ohne weiteres als eine bekannte Verteilungsform ausgedrückt werden, da die Summe einer normalverteilten und einer gleichverteilten Variable nicht einer bekannten Verteilung folgt. Jedoch kann mit Hilfe von Simulationstechniken (z. B. Monte-Carlo-Simulation) die kombinierte Verteilung näherungsweise ermittelt werden. Dabei wird eine große Anzahl an Werten für die einzelnen Verteilungen generiert und durch Addition der Werte jeder Simulation die Werte der kombinierten Verteilung bestimmt. [FAHR16, S. 298] Jedoch sind im weiteren Verlauf der Arbeit die Erwartungswerte und Standardabweichungen als charakteristische Parameter von Relevanz. Der genaue Verlauf der Verteilungen ist nicht erforderlich, weshalb die Bestimmung der Erwartungswerte und Standardabweichungen im Rahmen dieser Arbeit ausreichend ist. Zur exakten Bestimmung der

Verteilung bei der Kombination von mehreren Gleichverteilungen oder der Kombination von Normal- und Gleichverteilungen sei an dieser Stelle auf entsprechende Fachliteratur verwiesen (z. B. [FAHR16]). Der vorgestellte Ansatz ermöglicht eine anforderungsgerechte Verrechnung der Stückzahlen von zu kombinierenden Anforderungspaketen durch die Addition der jeweils zugrundeliegenden Verteilungen. Dabei wurde bei der Entwicklung des Ansatzes insbesondere die Nutzerfreundlichkeit und effiziente Anwendbarkeit bei gleichzeitig möglichst hoher empirischer Richtigkeit berücksichtigt. Des Weiteren ist an dieser Stelle zu ergänzen, dass aus Darstellungsgründen auf eine Unterscheidung variierender Stückzahlen zwischen den Perioden verzichtet wurde. Liegen unterschiedliche (erwartete) Stückzahlen zwischen den Perioden vor, ist die Berechnung für die einzelnen Perioden separat durchzuführen.

Verrechnung Stückzahlen zu kombinierender Anforderungen

$$\mu_{SZ,m|\dots|n} = \sum_{i=m}^{n} \mu_{SZ,i} \quad \text{mit: } \mu_{SZ,i} = \frac{a_{SZ,i}+b_{SZ,i}}{2} \quad \text{(bei Vorliegen einer Gleichverteilung)}$$

$$\sigma_{SZ,m|\dots|n} = \sqrt{\sum_{i=m}^{n} \sigma_{SZ,i}^2} \quad \text{mit: } \sigma_{SZ,i}^2 = \frac{(b_{SZ,i}-a_{SZ,i})^2}{12} \quad \text{(bei Vorliegen einer Gleichverteilung)}$$

Legende

$a_{SZ,i}$:	Untere Grenze Stückzahl Anforderungspaket i (Gleichverteilung)	$\mu_{SZ,i}$:	Erwartungswert Stückzahl des Anforderungspakets i
$b_{SZ,i}$:	Obere Grenze Stückzahl Anforderungspaket i (Gleichverteilung)	$\mu_{SZ,m\|\dots\|n}$:	Kombinierter Erwartungswert der Stückzahl $(m\|\dots\|n)$
m:	Laufvariable erstes zu kombinierendes Anforderungspaket	$\sigma_{SZ,i}$:	Standardabweichung der Stückzahl Anforderungspaket i
n:	Laufvariable letztes zu kombinierendes Anforderungspaket	$\sigma_{SZ,m\|\dots\|n}$:	Kombinierte Standardabweichung der Stückzahl $(m\|\dots\|n)$

Abbildung 6-7: Ansatz zur Verrechnung der Stückzahlen zu kombinierender Anforderungen

Approach for calculating the quantities of requirements to be combined

Zum Abschluss der Kombination von Anforderungen mit technologischer und zeitlicher Ähnlichkeit ist ein Ansatz zur *Bestimmung der kombinierten Eintrittswahrscheinlichkeit* zu entwickeln. Jedes der zu kombinierenden Anforderungspakete hat eine individuelle Eintrittswahrscheinlichkeit (annahmegemäß normal- oder gleichverteilt). Eine Addition der Verteilungen der Eintrittswahrscheinlichkeiten wie bspw. bei der Kombination der Stückzahlen ist allerdings nicht möglich. Dies liegt darin begründet, dass bei einer Addition die Eintrittswahrscheinlichkeit der kombinierten Anforderungspakete, über denen der einzelnen Anforderungspakete liegt, was jedoch nicht korrekt ist. Darüber hinaus kann bei diesem Vorgehen die Eintrittswahrscheinlichkeit der kombinierten Anforderungspakete über 100 % liegen, was in der Realität nicht abbildbar ist. Vielmehr soll die kombinierte Eintrittswahrscheinlichkeit die Wahrscheinlichkeit angeben, dass die jeweils zu kombinierenden Anforderungspakete auftreten, wobei aufgrund der technologischen Ähnlichkeit der hier betrachteten Anforderungspakete davon ausgegangen wird, dass die kombinierten Anforderungspakete entweder eintreten oder nicht eintreten. Das Eintreten nur einzelner der zu kombinierenden Anforderungspakete ist nicht möglich. Wird dies für wahrscheinlich gehalten, ist von einer Kombination der Anforderungspakete abzusehen. Eine Kombination ist somit bspw. bei Anforderungen, welche auf zukünftigen gesetzlichen Vorgaben basieren, denkbar, da diese dann i. d. R. alle Kunden gleichermaßen betreffen. Diese Randbedingung der Kombinierbarkeit ist vor der Kombination zu prüfen.

Es ist ein Ansatz zur Kombination der Eintrittswahrscheinlichkeiten zu entwickeln, welcher die genannten Herausforderungen berücksichtigt. Der in dieser Arbeit erarbeitete Ansatz basiert auf der Bildung der gewichteten Durchschnitte. Es wird der gewichtete Erwartungswert und die gewichtete Standardabweichung basierend auf den Eintrittswahrscheinlichkeiten der zu kombinierenden Anforderungspaketen bestimmt. Die Gewichtung erfolgt hierbei anhand der Erwartungswerte der Gesamtstückzahlen (Summe über alle Perioden) der jeweiligen Anforderungspakete. Dadurch wird die Eintrittswahrscheinlichkeit der zuvor kombinierten Stückzahlen ermittelt. Hierzu sind, falls eine oder mehrere der zu kombinierenden Eintrittswahrscheinlichkeiten durch eine Gleichverteilung modelliert sind, zunächst der jeweilige Erwartungswert und die Standardabweichung zu bestimmen. Im Falle des Vorliegens von Normalverteilungen sind die Erwartungswerte und Standardabweichungen als charakteristische Größen direkt gegeben. Das erarbeitete Vorgehen zur Bestimmung der gewichteten Eintrittswahrscheinlichkeiten ist in Abbildung 6-8 dargestellt.

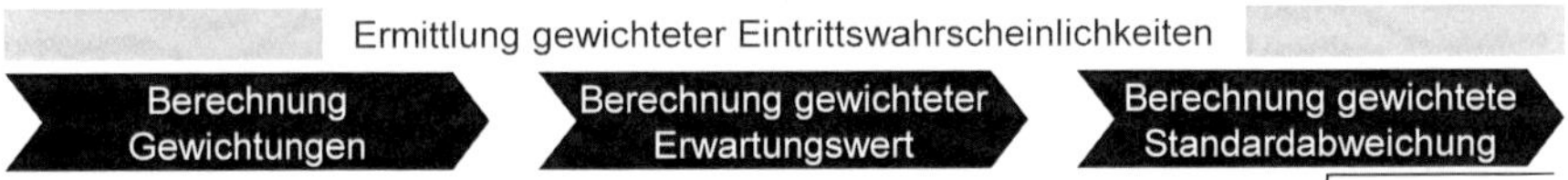

$$w_i = \frac{\mu_{SZ,i}}{\sum_{j=m}^{n} \mu_{SZ,j}} \qquad \mu_{EW,m|\dots|n} = \sum_{i=m}^{n} w_i \cdot \mu_{EW,i} \qquad \sigma_{EW,m|\dots|n} = \sqrt{\sum_{i=m}^{n} w_i^2 \cdot \sigma_{EW,i}^2}$$

Legende

m:	Laufvariable erstes zu kombinierendes Anforderungspaket	$\mu_{EW,m\|\dots\|n}$:	Kombinierter Erwartungswert der Eintrittswahrscheinlichkeit $(m\|\dots\|n)$
n:	Laufvariable letztes zu kombinierendes Anforderungspaket	$\mu_{SZ,i}$:	Erwartungswert Gesamtstückzahl des Anforderungspakets i
w_i:	Gewichtung Anforderungspaket i	$\sigma_{EW,i}$:	Standardabweichung Eintrittswahrscheinlichkeit Anforderungspaket i
$\mu_{EW,i}$:	Erwartungswert Eintrittswahrscheinlichkeit Anforderungspaket i	$\sigma_{EW,m\|\dots\|n}$:	Kombinierte Standardabweichung Eintrittswahrscheinlichkeit $(m\|\dots\|n)$

Abbildung 6-8: Vorgehen zur Ermittlung gewichteter Erwartungswert und Standardabweichung

Procedure for determining the weighted expected value and standard deviation

In einem ersten Schritt sind zunächst die Gewichtungen der einzelnen Eintrittswahrscheinlichkeiten (w_i) zu ermitteln. Dies erfolgt durch Division des Erwartungswertes der Gesamtstückzahl des jeweiligen Anforderungspakets durch die Summe der Erwartungswerte der Gesamtstückzahlen der zu kombinierenden Anforderungspakete. Im zweiten Schritt wird der gewichtete Erwartungswert der Eintrittswahrscheinlichkeit durch die Summe der Produkte aus Gewichtung w_i und Erwartungswert der Eintrittswahrscheinlichkeit $\mu_{EW,i}$ der zu kombinierenden Anforderungspakete bestimmt. Dabei bezeichnet $\mu_{EW,m|...|n}$ den resultierenden Erwartungswert der Eintrittswahrscheinlichkeit der zu kombinierenden Anforderungspakete (mit m/n=Laufvariable des ersten/letzten zu kombinierenden Anforderungspakets). Im dritten Schritt wird die gewichtete Standardabweichung der Eintrittswahrscheinlichkeit ($\sigma_{EW,m|...|n}$) ermittelt. Wie bereits erläutert, ist die Standardabweichung die Quadratwurzel der Varianz. Die gewichtete Varianz ergibt sich aus der Summe der Produkte des Quadrats der Gewichtung (w_i^2) mit der jeweiligen Varianz $\sigma_{EW,i}^2$. Dabei sind zur Einhaltung der mathematischen Konsistenz und aufgrund der Varianzdefinition die Gewichtungen zu quadrieren. Mithilfe des Vorgehens können der gewichtete Erwartungswert und die gewichtete Standardabweichung bestimmt werden und somit wird Anwendenden eine Verrechnung der Eintrittswahrscheinlichkeiten der zu kombinierenden Anforderungspakete ermöglicht.

Zusammenfassend bleibt festzuhalten, dass für jeden der unsicherheitsbehafteten Charakteristika der Anforderungspakete (Anfangs-, Endzeitpunkt, Stückzahl und Eintrittswahrscheinlichkeit) ein Ansatz zur Verrechnung dieser für die Kombination von Anforderungspaketen mit technologischer und zeitlicher Ähnlichkeit erarbeitet wurde. Es sei darauf hingewiesen, dass das Ziel der Kombination der Anforderungspakete ist, die Anwendbarkeit der Methodik in weiteren Schritten zu vereinfachen, indem Anforderungspakete, welche eine zeitliche und technologische Ähnlichkeit aufweisen, zusammengefasst werden und somit die Gesamtanzahl zu betrachtender Bauteilvarianten reduziert wird. Bei diesem Schritt ist jeweils anwendungsfallspezifisch zwischen empirischer Richtigkeit und Aufwand der Anwendung abzuwägen.

Kombination von Anforderungspaketen ohne technologische Ähnlichkeit

Zum Abschluss der Überprüfung der Kombinierbarkeit von Anforderungspaketen ist noch zu prüfen, ob Anforderungen existieren, die zwar keine technische Ähnlichkeit jedoch eine zeitliche Ähnlichkeit aufweisen. Zur Identifikation von Anforderungspaketen mit einer zeitlichen Ähnlichkeit (gleiche Anfangs- und Endzeitpunkte) kann das in Abbildung 6-6 dargestellt Modell genutzt werden. Die Kenntnis darüber, welche weiteren Anforderungspakete auch ohne eine technische Ähnlichkeit eine zeitliche Ähnlichkeit aufweisen, stellt eine hilfreiche Information für die anschließende Ableitung der technischen Umsetzbarkeit von Bauteilvarianten dar. Dies liegt darin begründet, dass es für Anforderungspakete, welche zeitgleich auftreten (gleiche Anfangs- und Endzeitpunkte), sinnvoll ist, gleiche Lösungsansätze bzw. Wirkprinzipien zur technologischen Umsetzung der Anforderungspakete zu nutzen (sofern dies technologisch sinnvoll realisierbar ist). In diesem Zusammenhang bezeichnet ein Lösungsansatz bzw. Wirkprinzip den grundlegenden Mechanismus, durch den eine an ein Bauteil gestellte Aufgabe oder Funktion (Anforderung) effektiv realisiert wird. Im Allgemeinen existieren unterschiedliche Lösungsansätze bzw. Wirkprinzipien, um eine Funktion zu realisieren. Durch die Nutzung gleicher Lösungsansätze bzw. Wirkprinzipien ergeben sich Skalierungseffekte, indem diese zur Umsetzung mehrerer Anforderungen genutzt werden.

Eine Kombination dieser Anforderungspakete mit zeitlicher, aber nicht technologischer Ähnlichkeit zu einem gemeinsamen Anforderungsprofil, wie im vorherigen Schritt, wird nicht empfohlen. Hierbei sei auch auf die der Methodik zugrundeliegende Annahme verwiesen, dass jede Anforderung nur in einer Bauteilvariante realisiert wird, weil ansonsten im weiteren Verlauf der Fertigungsplanung keine eindeutige Aussage darüber getroffen werden kann, wann welche Bauteilvariante bei Nachfrage einer Anforderung betrachtet wird. Werden nun mehrere Anforderungspakete, deren Eintritt unabhängig voneinander ist, kombiniert und in eine gemeinsame Bauteilvariante überführt, besteht das Risiko, dass zu komplexe Varianten konstruiert werden, die zu fertigen sind, da ggf. eine oder mehrere Anforderungen aufgrund vorliegender Unsicherheiten gar nicht auftreten. Diese Problematik wird an einem Beispiel näher erläutert. Hierzu werden die Anforderung 1 und Anforderung 2, welche technologisch große Unterschiede aufweisen, aber zu gleichen Zeitpunkten nachgefragt werden, betrachtet. Diese Anforderungen werden nun kombiniert und somit im weiteren Verlauf der Fertigungsplanung in einer gemeinsamen Bauteilvariante realisiert. Aufgrund vorliegender Unsicherheiten kann zukünftig jedoch der Fall vorliegen, dass die Anforderung 2 nicht auftritt. Zur Realisierung der Anforderung 1 liegt jetzt nur die Bauteilvariante aus der Kombination der Anforderungen 1 und Anforderung 2 vor (aufgrund der Annahme, dass jede Anforderung durch eine Bauteilvariante realisiert wird), was zu Mehrkosten führt, da die Variante, welche auch Anforderung 2 erfüllt, gefertigt werden muss. Die Kenntnis darüber, welche Anforderung zukünftig tatsächlich auftritt, ist zum Zeitpunkt der Methodikanwendung in der Fertigungsplanung nicht vorhanden.

Grundsätzlich wäre es, bezogen auf das aufgeführte vereinfachte Beispiel denkbar, diese Annahme aufzuheben und eine Bauteilvariante für Anforderung 1, Anforderung 2 und deren Kombination zu betrachten. Dies würde jedoch im Widerspruch zur Unabhängigkeit der Anforderungen stehen. Um dies mit zu berücksichtigen, wäre eine Erweiterung der Methodik um die Betrachtung bedingter Wahrscheinlichkeiten erforderlich, was grundsätzlich möglich ist, jedoch nicht Bestandteil der vorliegenden Arbeit ist und somit im Weiteren nicht betrachtet wird. Zusammenfassend bleibt festzuhalten, dass die Kenntnis darüber, welche Anforderung zukünftig tatsächlich auftritt, zum Zeitpunkt der Anwendung der Methodik in der Fertigungsplanung nicht bekannt ist. Daher sind Anforderungspakete, welche eine zeitliche, aber nicht technologischer Ähnlichkeit aufweisen, unabhängig zu betrachten, sodass deren technologische Umsetzbarkeit in jeweils separaten Bauteilvarianten erfolgt.

Zwischenfazit

Das Ergebnis des Teilschritts der Kombination von Anforderungspaketen stellt eine Übersicht darüber dar, welche Anforderungspakete in welche Bauteilvarianten überführt werden. Die Ergebnisse der Kombination von Anforderungspaketen sind für die weiteren Teile der Methodik entsprechend des Beschreibungsmodell aus Abbildung 6-3 zusammenzufassen. Eine exemplarische Übersicht der Ergebnisse des Teilschritts ist in Abbildung 6-9 dargestellt. Jede Anforderung bzw. jedes Anforderungspaket wird in eine Bauteilvariante überführt, durch welche diese realisiert wird. Aufgrund der

Kombination von Anforderungspaketen ist es dabei möglich, dass mehrere Anforderungspakete in die gleiche Bauteilvariante überführt werden (vgl. Abbildung 6-9 Bauteilvariante 1). Anforderungspakete mit einer zeitlichen Ähnlichkeit aber ohne technologische Ähnlichkeit werden separat aufgeführt und die Zeitpunkte farblich gekennzeichnet (siehe AP_3 bzw. BV_2 und AP_n bzw. BV_n in Abbildung 6-9).

		Bauteilvariante BV_1	Bauteilvariante BV_2	...	Bauteilvariante BV_n
Beinhaltete Anforderungen		AP_1 $(AF_{1.1} \mid AF_{1.2})$ AP_2 $(AF_{2.1} \mid AF_{2.2})$	AP_3 $(AF_{3.1})$	...	AP_n $(AF_{n.1} \mid AF_{n.2})$
E-WK	Art Verteilung	N.- & G.-Verteilung	Gleichverteilung	...	Normalverteilung
	Parameter	$[\mu_{EW,1}; \sigma_{EW,1}]$	$[Min_{EW,2}; Max_{EW,2}]$	...	$[\mu_{EW,n}; \sigma_{EW,n}]$
SZ	Art Verteilung	Normalverteilung	Normalverteilung	...	Normalverteilung
	Parameter	$[\mu_{SZ,1}; \sigma_{SZ,1}]$	$[\mu_{SZ,2}; \sigma_{SZ,2}]$	...	$[\mu_{SZ,n}; \sigma_{SZ,n}]$
A-ZP	Art Verteilung	Normalverteilung	Normalverteilung	...	Normalverteilung
	Parameter	$[\mu_{AZ,1}; \sigma_{AZ,1}]$	$[\mu_{AZ,2}; \sigma_{AZ,2}]$	...	$[\mu_{SZ,n}; \sigma_{SZ,n}]$
E-ZP	Art Verteilung	Normalverteilung	Normalverteilung	...	Normalverteilung
	Parameter	$[\mu_{EZ,1}; \sigma_{EZ,1}]$	$[\mu_{EZ,2}; \sigma_{EZ,2}]$	...	$[\mu_{EZ,n}; \sigma_{EZ,n}]$

Legende

$AF_{n.m}$: Anforderung m von AP_n AP_n: Anforderungspaket n *A-ZP*: Anfangszeitpunkt

BV_i: Bauteilvariante i *E-WK*: Eintrittswahrscheinlichkeit *E-ZP*: Endzeitpunkt *SZ*: Stückzahl

$Max_{EW|SZ,i}$: Maximum Eintrittswahrscheinlichkeit | Stückzahl der Bauteilvariante i (Gleichverteilung)

$Min_{EW|SZ,i}$: Minimum Eintrittswahrscheinlichkeit | Stückzahl der Bauteilvariante i (Gleichverteilung)

$\mu_{AZ|EW|EZ|SZ,i}$: Erwartungswert Anfangszeitpunkt | Eintrittswahrscheinlichkeit | Endzeitpunkt | Stückzahl der Bauteilvariante i

$\sigma_{AZ|EW|EZ|SZ,i}$: Standardabweichung Anfangszeitpunkt | Eintrittswahrscheinlichkeit | Endzeitpunkt | Stückzahl der Bauteilvariante i

Abbildung 6-9: Übersicht zu kombinierender Bauteilanforderungen und resultierende Bauteilvarianten

Overview of component requirements to be combined and resulting component variants

Aufgrund der Kombination von Anforderungspaketen ist für eine eindeutige Zuordnung der charakteristischen Parameter (z. B. Eintrittswahrscheinlichkeit, Stückzahl, Anfangs- und Endzeitpunkt) eine Anpassung der Indizierung erforderlich, sodass die Parameter der Anforderungspakete eindeutig den Bauteilvarianten zugeordnet werden. Da bspw. die Anforderungspakete AP_1 und AP_2 die Bauteilvariante BV_1 bilden, wird durch Anpassung des Indexes aus dem Wert $\mu_{EW,1|2}$, der den Erwartungswert der Eintrittswahrscheinlichkeit der kombinierten Anforderungspakte bildet, $\mu_{EW,1}$, der somit den Erwartungswert der Eintrittswahrscheinlichkeit der Bauteilvariante BV_1 darstellt. Die Bauteilvariante übernimmt somit die Werte der Parameter der sie konstituierenden Anforderungspakete und der Index wird entsprechend auf den Wert der Bauteilvariante gesetzt. Hierdurch wird sichergestellt, dass im weiteren Verlauf der Methodik die jeweiligen Parameter eindeutig den Bauteilvarianten zugeordnet werden können. Anforderungspakete und somit die daraus resultierenden Bauteilvarianten, die eine zeitliche aber keine technologische Ähnlichkeit aufweisen, werden durch paarweise farbliche Hervorhebung der Anfangs- und Endzeitpunkte gekennzeichnet (vgl. BV_2 & BV_n).

Zum Abschluss dieses Teilschritts ist noch zu erwähnen, dass die Bauteilvarianten neben den neuen Anforderungen auch die Anforderungen bzw. Funktionen der initialen Bauteilvariante erfüllen, sofern diese nicht durch eine neue Anforderung ersetzt werden. Sie sind somit auch Teil des Anforderungsprofils einer Bauteilvariante. Ebenfalls ist die Funktionsstruktur der einzelnen Bauteilvarianten unter Berücksichtigung der neuen Anforderungen zu erstellen, indem die Funktionsstruktur des initialen Bauteils angepasst oder erweitert wird. Die Funktionsstruktur stellt einen zentralen Input für die anschließende Ableitung der technischen Umsetzbarkeit der Bauteilvarianten dar. Die Funktionsstruktur und deren Ableitung wurde bereits in Abschnitt 6.1.1 erläutert, weshalb an dieser Stelle drauf verwiesen wird. Stehen neue Anforderungen im Konflikt zu bestehenden Anforderungen (vgl. Abbildung 6-5), so ist bei der Ableitung der technologischen Realisierbarkeit der entsprechenden Bauteilvariante zu prüfen, ob weitere Anpassungen des initialen Bauteils möglich und erforderlich sind, um diese Bauteilvariante zu realisieren. Hierauf wird im Rahmen der Ableitung der technologischen Realiserbarkeit näher eingegangen.

Ableitung technischer Realisierbarkeit von Bauteilvarianten

Durch das vorangegangene erläuterte Vorgehen werden Anwendende der Methodik dazu befähigt, diejenigen potenziellen Bauteilvarianten zu ermitteln, welche im weiteren Verlauf der Methodik zu betrachten sind. Jedoch ist deren technische Realisierbarkeit noch nicht definiert. Es ist ein Ansatz erforderlich, der es ermöglicht, ausgehend von den Anforderungen bzw. der Funktionsstruktur, die technische Realisierbarkeit der Bauteilvarianten abzuleiten. Allgemein werden in der Konstruktion drei Arten unterschieden, die Neu-, Anpassungs- und Variantenkonstruktion [NAEF20, S. 9 f.]. Bei der *Neukonstruktion* ist ein neues Produkt oder Bauteil mit prinzipiell neuen Lösungen zu erstellen. Bei der *Anpassungskonstruktion* werden bspw. die Gestalt, der Werkstoff oder die Abmessungen von bekannten Lösungsprinzipien an neue oder erweiterte Anforderungen angepasst. Bleiben die Lösungsprinzipien zur Umsetzung der Funktion erhalten und es werden im wesentlichen nur Abmessungen oder Leistungswerte einzelner Anforderungen angepasst, spricht man von einer *Variantenkonstruktion*. Dabei ist der Übergang zwischen den drei Konstruktionsarten nicht trennscharf. [NAEF22, S. 172] Im Rahmen der vorliegenden Arbeit werden die Varianten- und Anpassungskonstruktion betrachtet, da es einerseits Varianten geben kann, bei denen zur Umsetzung einer Anforderung nur einzelne Abmessungen anzupassen sind, aber auch andererseits Varianten vorliegen können, bei denen neue Anforderungen umzusetzen sind. Es ist im Folgenden eine Methode zu entwickeln, mithilfe derer Anwendende bei der Ableitung der technischen Realisierbarkeit, basierend auf den beiden Konstruktionsarten, unterstützt werden. Wie in Abschnitt 5.3 erläutert, stellt die Konstruktion und detaillierte Ausgestaltung der Bauteilvarianten keinen Bestandteil der Arbeit dar. Für die Ableitung der technologischen Realisierbarkeit bzw. der Konstruktion von Bauteilvarianten existieren bereits etablierte Ansätze und Normungen, weshalb dies nicht der Fokus der vorliegenden Arbeit ist ([VDI19] oder [NAEF20]). Diese Ansätze werden entsprechend der vorliegenden Zielstellung adaptiert und die wesentlichen Schritte für die Methodik in dieser Arbeit detailliert vorgestellt. Für eine ausführliche Erläuterung zur Konstruktion von Bauteilvarianten wird auf die genannten Ansätze verwiesen. Das entwickelte Vorgehen zur Ableitung der technologischen Realisierbarkeit, welches in der Anwendung für jede potenzielle Bauteilvariante separat durchzuführen ist, ist in Abbildung 6-10 dargestellt.

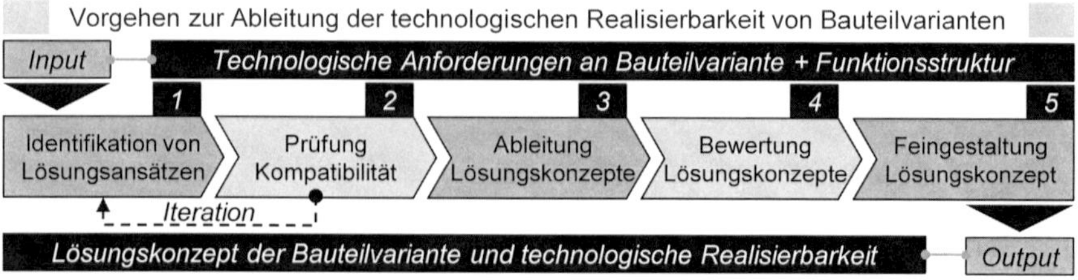

Abbildung 6-10: Vorgehen zur Ableitung technologischer Realisierbarkeit von Bauteilvarianten

Procedure for deriving the technological feasibility of component variants

Den Input des Vorgehens stellen die technologischen Anforderungen sowie die entsprechende Funktionsstruktur der jeweils betrachteten Bauteilvariante dar. Im ersten Schritt sind geeignete Lösungsansätze zur Umsetzung der neuen bzw. angepassten Anforderungen zu identifizieren. Die Lösungsansätze zur Umsetzung der Anforderungen der initialen Bauteilvariante bleiben unverändert. Handelt es sich v. a. um eine Anpassung von Abmessungen oder von Leistungswerten einzelner Anforderungen, ist der bestehende Lösungsansatz der initialen Bauteilvariante zu nutzen und im weiteren Verlauf entsprechend anzupassen. Ziel dieses Vorgehens ist es, eine möglichst hohe Ähnlichkeit zur initialen Bauteilvariante sicherzustellen, da dies die Fertigbarkeit garantiert und Skaleneffekte genutzt werden können. Des Weiteren sei zu erwähnen, dass aufgrund der Art der betrachteten Konstruktionsarten, die grundsätzlich infrage kommenden Lösungsansätze bekannt bzw. mit vergleichbar geringem Aufwand zu identifizieren sind. Zusätzlich ist zu beachten, falls ein Anforderungspaket mehrere einzelne Anforderungen (vgl. AF_1 in Abbildung 6-9 mit $AF_{1.1}$ und $AF_{1.2}$) umfasst, welche vom Kunden gemeinsam gefordert werden, für jede einzelne Anforderung Lösungsansätze zu identifizieren sind. Bei der Identifikation von Lösungsansätzen handelt es sich um einen sehr individuellen Schritt, der auch die Kernexpertise produzierender

Unternehmen darstellt, weshalb dieser nicht allgemeingültig beschrieben werden kann. Im Folgenden wird deshalb auf grundsätzliche Ansätze und Unterstützungsinstrumente eingegangen wird. Eine Grundlage zur Suche nach geeigneten Lösungsansätzen sind Informationen über den Stand der Technik. Informationen hierüber können beispielsweise anhand von Wettbewerbsprodukten, Patentrecherchen oder Auswertung von Fachmessen und Ausstellungen erlangt werden. Zusätzlich können auch Kreativmethoden genutzt werden. [BEND21, S. 259 ff.] Ein weiteres zentrales Element bei der Suche nach Lösungsansätzen, wenn neue Funktionen zu realisieren sind, welche nicht durch eine einfache Anpassung des bestehenden Bauteils realisiert werden können, besteht in der Verwendung von Konstruktionskatalogen. Konstruktionskataloge sind systematische Sammlungen von Konstruktionslösungen bzw. Wirkprinzipien, die in der Produktentwicklung verwendet werden. Diese Kataloge bieten eine strukturierte Übersicht über Konstruktionsprinzipien, Bauteile, Materialien, Verfahren und Standards, die in der Entwicklung neuer Produkte oder Bauteile angewendet werden können. Die Verwendung von Konstruktionskatalogen erlaubt es Anwendenden, insbesondere für die neuen Funktionen schnell anforderungsgerechte Wirkprinzipien und somit Lösungsansätze zu identifizieren. [BEND21, S. 285 ff.] Ergebnis dieses Schritts stellen für jede neue Anforderung geeignete und alternative Wirkprinzipien bzw. Lösungsansätze dar. Des Weiteren sind bei der Ermittlung von Lösungsansätzen auch die internen Abhängigkeiten zwischen den Features eines Bauteils zu berücksichtigen. Aufgrund dieser Abhängigkeiten kann es dazu kommen, dass zur Realisation des Lösungsansatzes weitere (ungewollte) Anpassungen des Bauteils erforderlich sind. Diese sind dann entsprechend in den Lösungsansatz zu integrieren. Die internen Abhängigkeiten sind aus der Modellierung des Bauteils bekannt. Zur Analyse von Abhängigkeiten innerhalb eines Bauteils und daraus resultierenden Folgeanpassungen hat HERMANN ein detailliertes Vorgehen entwickelt, weshalb an dieser Stelle darauf verwiesen wird [HERM22, S. 92 ff.].

Da es möglich ist, dass gewisse Lösungsansätze im Konflikt zu Lösungsansätzen anderer Anforderungen bzw. Funktionen einer Bauteilvariante stehen, ist im zweiten Schritt eine Prüfung der Kompatibilität der Lösungsansätze untereinander je potenzieller Bauteilvariante erforderlich. Hierbei kann ein Konflikt einerseits zwischen neuen Lösungsansätzen und den bestehenden Lösungsansätzen des initialen Bauteils bestehen oder andererseits, falls mehrere neue Anforderungen in einer Variante zu realisieren sind, zwischen den Lösungsansätzen der neuen Anforderungen vorliegen. Somit sind auch die Anforderungen und entsprechende Lösungsansätze des initialen Bauteils mitzuberücksichtigen, sofern diese nicht durch eine neue Anforderung innerhalb der Bauteilvariante substituiert werden. Zur Überprüfung der Kompatibilität der Lösungsansätze wird das Modell zur Plausibilitätsprüfung genutzt, welches bereits entwickelt wurde (vgl. Abbildung 6-5) und entsprechend auf den Anwendungsfall adaptiert wird. Das Modell ist exemplarisch in Abbildung 6-11 dargestellt. Die Lösungsansätze werden zeilen- und spaltenweise eingetragen. Innerhalb des Modells kann dann durch Angabe von „+“ (kompatibel) und „-“ (nicht kompatibel) die Kompatibilität der

Lösungsansätze eingetragen werden. Sind Lösungsansätze nicht kompatibel, ist dies im nachfolgenden Schritt bei der Ableitung von Lösungskonzepten zu berücksichtigen. Steht ein Lösungsansatz im Konflikt zu einem Lösungsansatz des bestehenden Bauteils, so ist dieser Lösungsansatz auszuschließen, sofern ein alternativer Lösungsansatz für die neue Anforderung besteht. Hierdurch wird sichergestellt, dass die Bauteilvarianten eine möglichst hohe Ähnlichkeit zum initialen Bauteil aufweisen und somit die Fertigbarkeit bestmöglich sicherstellt und Skaleneffekte maximiert werden können. Falls kein alternativer Lösungsansatz für die neue Anforderung vorliegt, ist eine erneute Identifikation geeigneter Lösungsansätze erforderlich (siehe Iteration Abbildung 6-10). Sofern weiterhin keine Lösungsansätze vorliegen, welche nicht im Konflikt mit einem Lösungsansatz des initialen Bauteils stehen, sind für den bestehenden Lösungsansatz der initialen Bauteilvariante Alternativen zu suchen, um eine Realisierung der Bauteilvariante zu ermöglichen. Das Ergebnis dieses Schrittes bildet die Kenntnis über die Kombinierbarkeit der alternativen Lösungsansätze der verschiedenen Anforderungen einer Bauteilvariante.

Kompatibilitätsprüfung der Lösungsansätze

BV_1	$LA^1_{1.1}$	$LA^2_{1.1}$	...	$LA^j_{n.m}$
$LA^1_{1.1}$		+	...	+
$LA^2_{1.1}$	+		...	-
...	...	...		...
$LA^j_{n.m}$	+	+	...	

Legende

$LA^j_{n.m}$: Lösungsansatz j der Anforderung m des Anforderungspakets n

BV_i: Bauteilvariante i

„+/-“: Lösungsansätze kombinierbar / n. kombinierbar

Abbildung 6-11: Kompatibilitätsprüfung der Lösungsansätze

Compatibility check of the solution approaches

Der nächste Schritt des Vorgehens umfasst die Kombination dieser alternativen Lösungsansätze zu potenziellen Lösungskonzepten der Bauteilvarianten. Hierzu wird der Ansatz des morphologischen Kastens in die entwickelte Methode zur Ableitung der technischen Realisierbarkeit von Bauteilvarianten integriert. Der morphologische Kasten ist eine Methode zur systematischen Strukturierung und Generierung von Lösungskonzepten in der Produktentwicklung [SCHA12]. Innerhalb des morphologischen Kastens sind in der ersten Spalte die verschiedenen Anforderungen einer Bauteilvariante aufgeführt, in den weiteren Spalten sind dann die alternativen Lösungsansätze gelistet (vgl. Abbildung 6-12). Durch eine systematische Kombination der einzelnen Lösungsansätze für die verschiedenen Anforderungen sind die unterschiedlichen Lösungskonzepte abzuleiten, wobei je Anforderung ($AF_{n.m}$) jeweils ein Lösungsansatz zu wählen ist. Bei der Kombination sind die zuvor identifizierten potenziell vorliegenden Inkompatibilitäten zwischen den Lösungsansätzen unterschiedlicher Anforderungen zu berücksichtigen (vgl. rote Linie Abbildung 6-12), sodass nur Lösungskonzepte generiert werden, welche auch tatsächlich realisiert werden können. Bei dem in Abbildung 6-12 dargestellten Beispiel liegt eine Inkompatibilität zwischen dem Lösungsansatz 1 der Anforderung 2 des Anforderungspakets 1 ($LA_1(AF_{1.2})$) und dem Lösungsansatz 2 der Anforderung 1 des Anforderungspakets 2 ($LA_2(AF_{2.1})$) vor, was innerhalb des Modells durch eine rote Linie gekennzeichnet wird. Die Anforderungen der initialen Bauteilvariante sind nur dann in den morphologischen Kasten zu integrieren, falls aufgrund einer vorliegenden Inkompatibilität mit Lösungsansätzen einer neuen Anforderung ein neuer Lösungsansatz für bestehende Anforderungen der initialen Bauteilvariante erforderlich ist. Ansonsten sind die Lösungsansätze für die Anforderungen des initialen Bauteils bereits definiert. Die resultierenden Lösungskonzepte sind entsprechend jeweils immer um diese zu erweitern. Somit entstehen für jede Variante verschiedene und alternative Lösungskonzepte. Sind bspw. wie in Abbildung 6-12 aufgeführt in einer Bauteilvariante insgesamt vier neue Anforderungen zu realisieren, für die je zwei alternative Lösungsansätze vorliegen, ergeben sich unter Berücksichtigung der in dem Beispiel vorliegenden Inkompatibilitäten zwölf potenzielle Lösungskonzepte. Um im weiteren Verlauf eine anforderungsgerechte Fertigungsplanung zu ermöglichen, ist für jede Bauteilvariante ein Lösungskonzept auszuwählen, welches im Anschluss zu detaillieren ist und die Grundlage für die weitere Fertigungsplanung bildet.

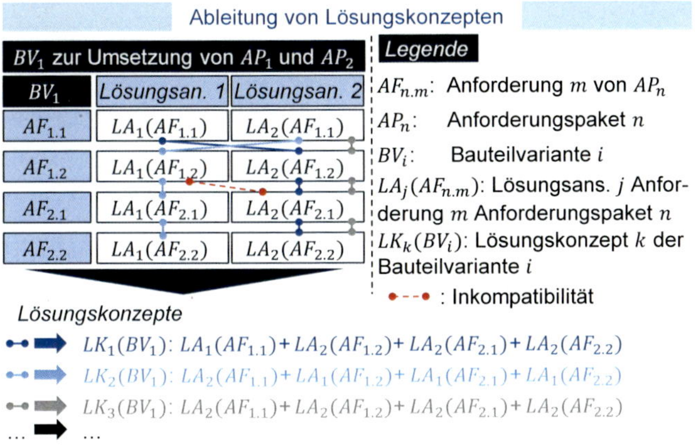

Abbildung 6-12: Ansatz zur Ableitung von Lösungskonzepten

Approach for deriving solution concepts

Um eine Auswahl eines Lösungskonzeptes für jede Bauteilvariante zu ermöglichen, ist eine Bewertung der Lösungskonzepte erforderlich. Da zu diesem Zeitpunkt noch keine quantifizierbaren Größen (z. B. für die Kosten zur Umsetzung eines Lösungskonzepts bzw. einer Variante) vorliegen, ist eine Bewertung anhand von qualitativen Größen anzustreben. Dies ist effizient durch die Nutzwertanalyse umsetzbar. Daher wurde in dieser Arbeit ein Ansatz zur Bewertung alternativer Lösungskonzepte auf Grundlage der Nutzwertanalyse entwickelt. Die Nutzwertanalyse ist eine Methode, mit der verschiedene Handlungsalternativen unter Berücksichtigung mehrerer, individuell festlegbarer Bewertungskriterien systematisch und nachvollziehbar bewertet und verglichen werden können. [ZANG14] Für die Durchführung einer Nutzwertanalyse sind zunächst die Bewertungskriterien (BK_i) festzulegen. Dabei sind diese je nach Anwendungsfall individuell zu definieren. Exemplarische Kriterien zur Bewertung alternativer Lösungskonzepte einer Bauteilvariante sind bspw. die erwarteten Herstellkosten (qualitativ), die technologische Reife/Machbarkeit, Umweltauswirkungen oder Häufigkeit. Unter Häufigkeit ist zu verstehen, ob das Lösungskonzept bzw. vielmehr die das Lösungskonzept konstituierenden Lösungsansätze in mehreren Bauteilvarianten potenziell zum Einsatz kommen. Wird bei mehreren Bauteilvarianten der gleiche Lösungsansatz gewählt, ergeben sich vergleichbare Anforderungen an die Fertigung, was zu Skalierungseffekten führt. Hierdurch wird innerhalb der Bewertung auch sichergestellt, dass Bauteilvarianten, welche Anforderungen bedienen, die eine zeitliche aber keine technologische Ähnlichkeit aufweisen, bestmöglich mit gleichen Lösungsansätzen realisiert werden, um Skaleneffekte zu nutzen (vgl. S. 75). Ist dies der Fall, wird das durch eine jeweils höhere Bewertung der Häufigkeit berücksichtigt. Somit zeigt sich einerseits, dass zur Bewertung der Lösungskonzepte die einzelnen Lösungsansätze eines Lösungskonzeptes zu berücksichtigen sind, und andererseits, dass, obwohl die Bewertung jeweils für eine Bauteilvariante separat durchzuführen ist, auch teilweise die Lösungskonzepte anderer Bauteilvarianten die Bewertung beeinflussen können. Die hier exemplarisch genannten Bewertungskriterien stellen lediglich einen Vorschlag dar und sind je nach Anwendungsfall individuell anzupassen oder zu erweitern. Das weitere basierend auf der Nutzwertanalyse erarbeitete Vorgehen ist exemplarisch in Abbildung 6-13 dargestellt.

Nach der Definition der Bewertungskriterien erfolgt deren Gewichtung, welche entweder durch eine direkte Zuweisung von Gewichtungen oder durch Bewertungsmethoden (z. B. AHP oder paarweiser Vergleich) erfolgen kann [ZARD14, S. 25 ff.]. Eine hierfür etablierte Methode, welche im Weiteren betrachtet wird, ist der paarweise Vergleich. Dieser ermöglicht die Bewertung und Priorisierung von Kriterien durch direkten Vergleich zwischen jeweils zwei Kriterien und basierend darauf die Gewichtung der Kriterien (vgl. Abbildung 6-13 (links)). Innerhalb des entwickelten Vorgehens wird zur Bestimmung der Gewichtung der Ansatz genutzt, welcher die Gewichtungen auf einem Intervall von 1 bis X (im Beispiel X = 5) normalisiert, um basierend darauf, den absoluten Nutzenwert zu bestimmen. Dabei gibt X den maximalen Wert der Skala an, auf die die Gewichtungen der Kriterien nach Durchführung eines paarweisen Vergleichs normiert werden. Der Wert für X kann individuell festgelegt werden. Alternativ kann auch eine Ermittlung relativer Gewichtungen erfolgen oder alternative Gewichtungsmethoden genutzt werden [ZARD14, S. 28 ff.].

Im Anschluss sind die verschiedenen Lösungskonzepte in Bezug auf die definierten Kriterien anhand des Erfüllungsgrads ($EG_{j,i}$) zu bewerten. Dies erfolgt wie zuvor erläutert auf Basis von qualitativen Größen. Dies kann auf einer beliebig gewählten Skala durchgeführt werden. Im Rahmen dieser Arbeit wurde für den Erfüllungsgrad eine Skala von 1 (schlecht) bis 9 (gut) gewählt, wobei bei jedem Kriterium die Richtung einer guten Ausprägung zu definieren ist. So sind bspw. geringere Kosten und eine höhere Häufigkeit als besser zu bewerten. Als Erweiterung der Nutzwertanalyse werden innerhalb des Vorgehens auch ggf. vorliegende Unsicherheiten in Bezug auf die Ausprägung eines Kriteriums berücksichtigt. Die Unsicherheiten resultieren daraus, dass die Bewertung sich auf eine nicht eindeutig bekannte Zukunft bezieht. Bspw. ist nicht bekannt, wie hoch die Fertigungskosten zukünftig sein werden, da zukünftige Kostenentwicklungen aber auch die gewählte Fertigungsprozessfolge nicht bekannt bzw. noch nicht definiert sind. Um dies bei der Bewertung der Kriterien abbilden zu können, wird bei der Bewertung der Erfüllungsgrade die Angabe von Spannweiten bzw. Wertebereichen zur Bewertung von Kriterien innerhalb des Vorgehens berücksichtigt (vgl. z. B. Erfüllungsgrad $EG_{1,2}$ in Abbildung 6-13). Die Modellierung von Unsicherheiten durch Verteilungen (z. B. Normalverteilungen) wird an dieser Stelle aufgrund der Schätzung der Bewertungskriterien als nicht sinnvoll angesehen. Im abschließenden Schritt sind die Nutzwerte (NW_j) jedes Lösungskonzepts j durch Multiplikation der Bewertung eines Kriteriums ($EG_{j,i}$) mit der entsprechenden Gewichtung (G_i) und anschließender Summierung über alle Kriterien zu bestimmen. Darüber hinaus können zur besseren Interpretation der Ergebnisse noch die relativen Nutzwerte (RNW_j) bestimmt werden. In dem (vereinfachten) Beispiel in Abbildung 6-13 wird aufgrund des höheren Nutzwerts das Lösungskonzept 2 gewählt. Sollten sich aufgrund vorliegender Unsicherheiten die Wertebereiche der Nutzwerte alternativer Lösungskonzepte überschneiden, ist das Konzept mit dem höheren Mittelwert zu wählen.

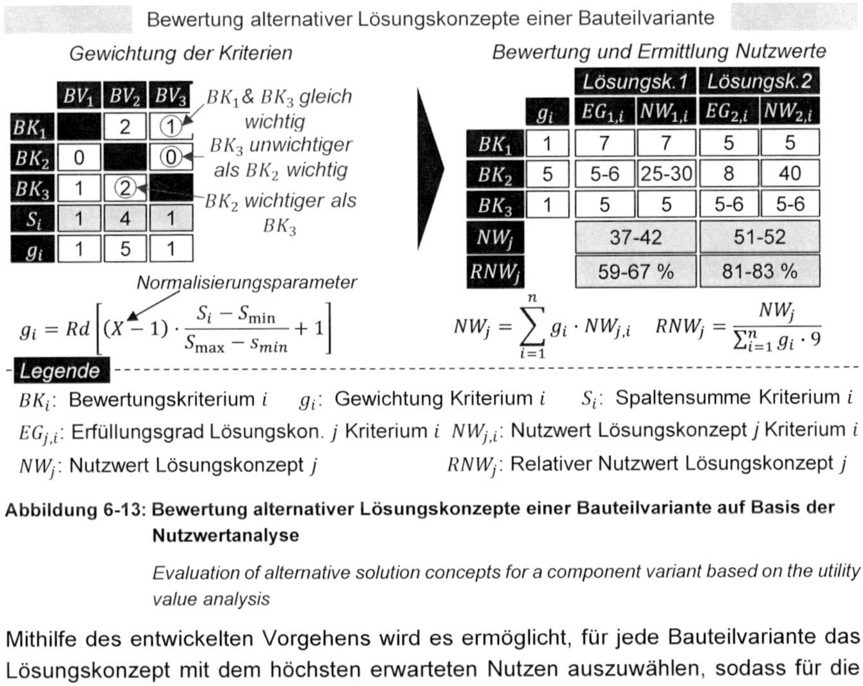

Abbildung 6-13: Bewertung alternativer Lösungskonzepte einer Bauteilvariante auf Basis der Nutzwertanalyse

Evaluation of alternative solution concepts for a component variant based on the utility value analysis

Mithilfe des entwickelten Vorgehens wird es ermöglicht, für jede Bauteilvariante das Lösungskonzept mit dem höchsten erwarteten Nutzen auszuwählen, sodass für die weitere Fertigungsplanung für jede Bauteilvariante das vielversprechendste Lösungskonzept betrachtet wird. Zum Abschluss der Ableitung der technischen Realisierbarkeit der Bauteilvarianten wird im letzten Schritt für die ausgewählten Lösungskonzepte die Feingestaltung vorgenommen, dessen Ergebnis der Gesamtentwurf der jeweiligen Bauteilvariante ist. Wenn die Lösungsansätze der Lösungskonzepte von denen der initialen Bauteilvariante abweichen, werden sie in diesem Schritt ausgestaltet, sodass sie in einem Detaillierungsgrad vorliegen, der zur Fertigung bzw. Fertigungsplanung der Bauteilvarianten erforderlich ist. Dazu werden z. B. endgültige Maße und

Toleranzen festgelegt und Fertigungsunterlagen erstellt. Das Ergebnis dieses Schritts ist ein Gesamtentwurf jeder Bauteilvariante, welcher bspw. ausgearbeitete CAD-Modelle und maßstäbliche Zeichnungen umfasst. [VDI19] Die detaillierte Konstruktion der Lösungskonzepte bzw. Bauteilvarianten ist aufgrund des Fokus der Arbeit auf die Fertigungsplanung, und da hierzu schon etablierte Ansätze existieren ([VDI19], [NAEF20] oder [BEND21]), nicht Bestandteil der Arbeit. Im Anschluss an die Feingestaltung der Bauteilvariante ist eine Bauteildokumentation zu erstellen. Hierzu wird das in Abschnitt 6.1.1 entwickelte Bauteilbeschreibungsmodell (vgl. Abbildung 6-1) genutzt. Innerhalb dessen sind unter den wirtschaftlichen Kenngrößen auch die unsicherheitsbehafteten Kenngrößen (Eintrittswahrscheinlichkeit, Stückzahl, Anfangs- und Endzeitpunkte) in Form der Beschreibung aus Abbildung 6-9 aufzuführen. Das Ergebnis des Schrittes bildet somit eine strukturierte Dokumentation der relevanten Informationen für die weitere Fertigungsplanung für alle zu betrachtenden potenziellen Bauteilvarianten, welche den zentralen Input für die weiteren Methodikschritte darstellen.

6.1.3 Validierung und Zwischenfazit

Validation and Interim Conclusion

Wie in Abschnitt 2.2 erläutert, folgt der Forschungsprozess der vorliegenden Arbeit dem Ansatz des Kritischen Rationalismus. Dementsprechend sind die durch einen Forschungsprozess gewonnenen Erkenntnisse und somit die entwickelten Modelle und Methoden zu überprüfen [POPP45] und [ALBE00]. Hierdurch soll die Anwendbarkeit der entwickelten Modelle und Methoden sichergestellt werden sowie diese in Bezug auf die formalen und inhaltlichen Anforderungen bewertet und basierend darauf ggf. erforderlicher Anpassungsbedarf identifiziert werden. Dabei adressiert die Überprüfung der Widerspruchslosigkeit (logische Wahrheit [NEEM81]) die Sicherstellung der Anwendbarkeit. Durch die Bewertung der Erfüllung der an die entwickelten Modelle und Methoden gestellten Anforderungen wird eine empirische Überprüfung (faktische Wahrheit [NEEM81]) garantiert. [ULRI76, S. 345 f.] Um sicherzustellen, dass die entwickelten Modelle und Methoden widerspruchsfrei sind und als vorläufig richtig bzw. wahr angenommen werden können (nicht falsifiziert, vgl. Abschnitt 2.2), erfolgt in Abschnitt 6.1.3 die Validierung und Ableitung ggf. erforderliche Anpassungs- und Erweiterungsbedarfe der erarbeiteten Lösungen der Abschnitte 6.1.1 und 6.1.2.

Als Fallbeispiel der Validierung wird die Fertigung einer Ritzelwelle (vgl. Abbildung 6-14 (Bauteilbeschreibungsmodell)) betrachtet. Diese Ritzelwelle kommt in Elektrofahrzeugen zur Übertragung der Antriebskraft des Elektromotors auf die Antriebswelle zum Einsatz. Für diese Ritzelwelle ist eine geeignete Fertigungsprozessfolge unter Berücksichtigung potenzieller Varianten der Ritzelwelle auszuwählen. Dieses Fallbeispiel dient zur Validierung der Inhalte der Abschnitte 6.1, 6.2 und 6.3. Hierbei ist zu beachten, dass, um eine eigenständige sowie unabhängige Validierung der einzelnen Inhalte der verschiedenen Abschnitte sicherzustellen, jeweils ein individueller Input für die Abschnitte vorliegt. Auf den entsprechenden Input wird an den jeweiligen Stellen nochmals eingegangen. Durch Validierung der Einzelelemente wird eine anforderungsgerechte Validierung der Gesamtmethodik sichergestellt. Alle relevanten Informationen, welche einen Input der Methodik darstellen, basieren auf Ergebnissen verschiedener Projekte am MANUFACTURING TECHNOLOGY INSTITUTE - MTI DER RWTH AACHEN und wurden in Zusammenarbeit mit Technologieexperten*innen des MANUFACTURING TECHNOLOGY INSTITUTE - MTI DER RWTH AACHEN erarbeitet[1]. Hierbei ist zu betonen, dass das Ziel dieses Abschnitts die Überprüfung der erfolgreichen und anforderungsgerechten Anwendbarkeit der entwickelten Modelle und Methoden ist.

Beschreibung der Ritzelwelle (initiales Bauteil)

In einem ersten Schritt wurde die Ritzelwelle, welche das initiale Bauteil und den Auslöser für die Fertigungsplanung darstellt, entsprechend dem Bauteilbeschreibungsmodell beschrieben. Das Ergebnis ist in Abbildung 6-14 dargestellt.

Vorstellung und Beschreibung des Bauteils der Validierung

Ritzelwelle

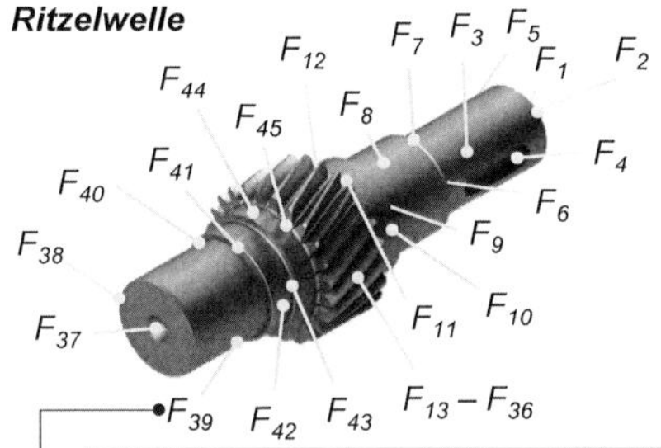

F_1	Zentrierbohrung A	F_{12}	Radius 1
F_2	Fase 1	$F_{13\text{-}36}$	Zahn 1-24
F_3	Wellenabsatz 1	F_{37}	Zentrierbohrung B
F_4	Passfedernut 1	F_{38}	Fase 3
F_5	Passfedernut 2	F_{39}	Lagersitz B
F_6	Freistich 1	F_{40}	Freistich 3
F_7	Fase 2	F_{41}	Fase 4
F_8	Lagersitz A	F_{42}	Wellenabsatz 3
F_9	Freistich 2	F_{43}	Radius 2
F_{10}	Wellenabsatz 2	F_{44}	Wellenabsatz 4
F_{11}	Pilotbohrung	F_{45}	Radius 3

- Makro: d = 30m6, l = 22,5 mm | ↗ | 0,012 | A-B |
- Meso: Randhärte = 720±40 HV1
- Mikro: Rz = 4 µm
- Nano: Korrosionsbeständig

Funktionsübergreifende Informationen

- *Werkstoff: 20MnCr5*
- *Gesamtlänge: 140,7 mm*
- *Stückzahl 10.000 p. a.*
- *Produktionszeitraum: 10 Jahre*

Abbildung 6-14: Vorstellung und Beschreibung der Ritzelwelle

Introduction and description of the pinion shaft

Es umfasst die relevanten funktions- sowie die featureübergreifenden Informationen, hierzu zählen der Werkstoff und die Gesamtlänge der Ritzelwelle sowie die geplante Stückzahl pro Jahr und der Produktionszeitraum (Betrachtungszeitraum). Dieser beträgt zehn Jahre. Dies ist auch die Gesamtbetrachtungsdauer des Fallbeispiels, wobei eine Periode einem Jahr entspricht. D. h., dass von der initialen Ritzelwelle jährlich 10.000 Stück pro Jahr von der ersten bis zur letzten Betrachtungsperiode (10 Jahre) gefertigt werden sollen. Entsprechend der Feauturestruktur der Ritzelwelle wurden die einzelnen Features (F_i) abgeleitet. Für Feature F_{39} ist exemplarisch die Beschreibung abgebildet. Die Beschreibung der weiteren Features ist aus Darstellungsgründen der Abbildung 10-2 im Anhang zu entnehmen. Innerhalb dieser ist auch die Klassifizierung

[1] Die Ergebnisse wurden u. a. im Rahmen des Inkubators Technologiekette des MANUFACTURING TECHNOLOGY INSTITUTE - MTI DER RWTH AACHEN UNIVERSITY und WERKZEUGMASCHINENLABOR WZL DER RWTH AACHEN UNIVERSITY erhoben und veröffentlicht [BECK22].

der Features nach funktionstragenden, fertigungsbedingten und montagebedingten Features enthalten.

Ermittlung unsicherheitsbehafteter Bauteilvarianten

In der Arbeit wurde ein Vorgehen zur Ermittlung unsicherheitsbehafteter Bauteilvarianten erarbeitet. Die einzelnen Schritte werden zum Zweck der Validierung jeweils exemplarisch für eine Bauteilvariante durchlaufen. Hierbei wird sich auf die wesentlichen Inhalte der Validierung zum Nachweis der Anwendbarkeit der Methodik fokussiert. Zunächst wurden die Informationen der Bauteilanforderungen der potenziellen Bauteilvarianten entsprechend dem entwickelten Modell beschrieben. Ein Auszug dessen ist in Abbildung 6-15 dargestellt.

Beschreibung Bauteilanforderungen

		AP_1	AP_2	AP_3	...
Beschreibung Anforderung		*Reduktion Geräuschemissionen (2 dB)*	*Reduktion Geräuschemissionen (2 dB)*	*Erhöhung Drehmoment (5 %)*	...
Quelle		Kunde *1*	Kunde *2*	F & E-Abteilung	...
E-WK	*Verteilung*	Normalverteilung	Normalverteilung	Normalverteilung	...
	Parameter	$\mu_{EW,1} = 80\%$; $\sigma_{EW,1} = 5\%$	$\mu_{EW,2} = 70\%$; $\sigma_{EW,2} = 3\%$	$\mu_{EW,3} = 75\%$; $\sigma_{EW,3} = 5\%$	...
SZ	*Verteilung*	Normalverteilung	Normalverteilung	Normalverteilung	...
	Parameter	$\mu_{SZ,1} = 1.500$; $\sigma_{SZ,1} = 75$	$\mu_{SZ,2} = 2.500$; $\sigma_{SZ,2} = 65$	$\mu_{SZ,3} = 2.000$; $\sigma_{SZ,3} = 80$	...
A-ZP	*Verteilung*	Konstant	Konstant	Konstant	...
	Parameter	Periode 3	Periode 3	Periode 3	...
E-ZP	*Verteilung*	Konstant	Konstant	Konstant	...
	Parameter	Periode 10	Periode 10	Periode 8	...

Legende

AP_n: Anforderungspaket n *A-ZP*: Anfangszeitpunkt *E-ZP*: Endzeitpunkt

E-WK: Eintrittswahrscheinlichkeit *SZ*: Stückzahl

$\mu_{AZ/EW/EZ/SZ,i}$: Erwartungswert Anfangszeitpunkt / Eintrittswahrscheinlichkeit / Endzeitpunkt / Stückzahl von Anforderungspaket i (Normalverteilung)

$\sigma_{AZ/EW/EZ/SZ,i}$: Standardabweichung Anfangszeitpunkt / Eintrittswahrscheinlichkeit / Endzeitpunkt / Stückzahl von Anforderungspaket i (Normalverteilung)

Abbildung 6-15: Auszug Beschreibung Bauteilanforderungen potenzieller Bauteilvarianten

Excerpt description of component requirements of potential component variants

Innerhalb der Validierung enthält jedes Anforderungspaket (nur) eine Anforderung. Des Weiteren sind die erwarteten Stückzahlen jeweils als Stückzahl pro Jahr angegeben. Bei den ersten beiden Anforderungen (AP_1 und AP_2) handelt es sich um eine Gesetzesänderung zur Reduktion der Geräuschemissionen, welche potenziell im dritten Jahr eintritt. Der Eintritt dieser Gesetzesänderung wird von den beiden Kunden als unterschiedlich wahrscheinlich eingeschätzt.

In einem nächsten Schritt ist eine Vorabprüfung der Bauteilanforderungspakete erforderlich (vgl. Abbildung 6-16), um ggf. Anforderungen mit einer geringen Bedeutung (geringe Eintrittswahrscheinlichkeit und/ oder Stückzahl) aus der weiteren Betrachtung ausschließen zu können. Hierzu wurde für die einzelnen Anforderungspakete das Verhältnis der Gesamtstückzahl des Anforderungspakets zur Gesamtstückzahl des initialen Bauteils bestimmt. Mithilfe dieser Werte und der Erwartungswerte der Eintrittswahrscheinlichkeit der einzelnen Anforderungspakete wurden diese dann in das Modell eingeordnet und eine Reduktion der im Weiteren zu betrachtenden Bauteilanforderungspakete vorgenommen. In Abbildung 6-16 ist aus Darstellungsgründen ein Auszug der Ergebnisse dargestellt. In der Abbildung 10-3 im Anhang sind alle Ergebnisse aufgeführt. Basierend auf den erzielten Ergebnissen wurden die Anforderungspakete AP8 und AP9 aufgrund ihrer vergleichsweise geringen Bedeutung aus der weiteren Betrachtung ausgeschlossen.

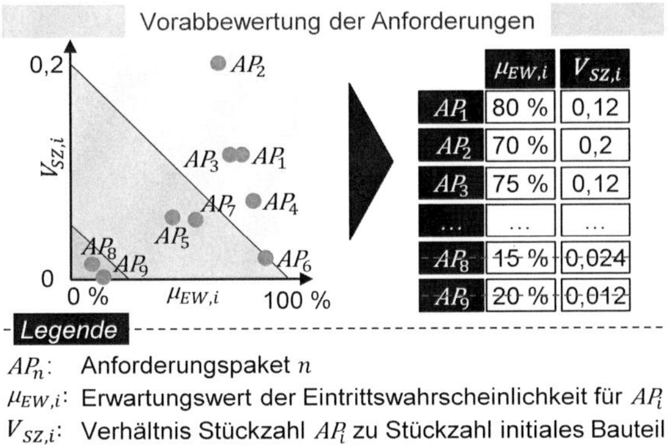

Abbildung 6-16: Vorabbewertung Bauteilanforderungen

Preliminary evaluation component requirements

Im Anschluss ist zu überprüfen, ob die verbliebenen Anforderungspakete zu gemeinsamen Anforderungsprofilen kombiniert werden können. Hierfür ist zunächst die Plausibilitätsprüfung durchzuführen, um die Kombinierbarkeit der verschiedenen Anforderungspakete zu prüfen. Die Plausibilitätsprüfung des Fallbeispiels hat ergeben, dass die einzelnen Anforderungspakete grundsätzlich technologisch kombinierbar sind. Um nun Anforderungspakete zu einem gemeinsamen Anforderungsprofil zu kombinieren, ist zu prüfen, ob zwischen den Anforderungspaketen eine zeitliche und technologische Ähnlichkeit vorliegt. Exemplarisch wird innerhalb des Fallbeispiels auf eine technologische Ähnlichkeit näher eingegangen. Zwischen den Anforderungspaketen AP_1, AP_2, AP_4 und AP_5 liegt eine technologische Ähnlichkeit vor, da alle die Reduktion der Geräuschemissionen um 2 dB adressieren. Nun sind die zeitlichen Ähnlichkeiten noch entsprechend dem entwickelten Vorgehen zu überprüfen. Hierfür wurden die

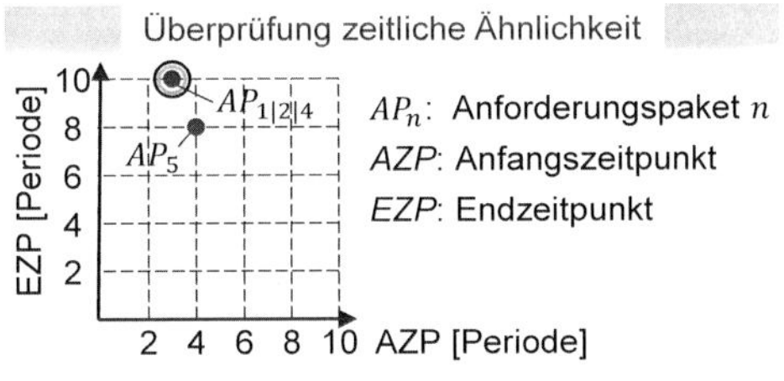

Abbildung 6-17: Darstellung Überprüfung zeitliche Ähnlichkeit Anforderungspakete

Visualisation checking temporal similarity requirement packages

(erwarteten) Anfangs- und Endzeitpunkte der Anforderungspakete in Abbildung 6-17 visualisiert. Es ist ersichtlich, dass die Anforderungspakete AP_1, AP_2 und AP_4 die gleichen Anfangs- sowie Endzeitpunkte aufweisen, weshalb diese zu einem gemeinsamen Anforderungsprofil kombiniert werden können.

Im Anschluss sind die Charakteristika dieser drei Anforderungspakete zu verrechnen, um die Charakteristika des kombinierten Anforderungsprofils zu erhalten. Da für die Anfangs- und Endzeitpunkte Gleichheit vorliegt, werden diese auf den jeweiligen Wert gesetzt (Anfangszeitpunkt = 3. Periode, Endzeitpunkt = 10. Periode). Die Standardabweichung bzgl. der Anfangs- und Endzeitpunkte dieser Anforderungspakete ist gleich null, weshalb keine Verrechnung erforderlich ist. Die Bestimmung der kombinierten Stückzahl und Eintrittswahrscheinlichkeit für $AP_{1|2|4}$ ist in Abbildung 6-18 dargestellt. Für die Ermittlung der kombinierten Stückzahl sind aufgrund des Vorliegens von Normalverteilungen die Erwartungswerte der einzelnen Anforderungspakte zu addieren. Die Standardabweichung ist durch Addition der einzelnen Standardabweichungen unter Berücksichtigung der Additionsregeln für Standardabweichungen zu bestimmen. Für das kombinierte Anforderungsprofil $AP_{1|2|4}$ ergibt sich somit für die Stückzahl ein Erwartungswert $\mu_{SZ,1|2|4}$ von 5.000 Stück pro Jahr und eine Standardabweichung $\sigma_{SZ,1|2|4}$ von 111 Stück pro Jahr (Rundung auf ganzzahlige Stücke). Um die kombinierte Eintrittswahrscheinlichkeit zu bestimmen, wurden zunächst die Gewichtungen der einzelnen Anforderungspakete auf Basis der Stückzahlen ermittelt. Basierend darauf ergaben sich dann der kombinierte Erwartungswert der Eintrittswahrscheinlichkeit $\mu_{EW,1|2|4}$ zu 76 % und die Standardabweichung $\sigma_{EW,1|2|4}$ von 2,35 %.

Bestimmung kombinierte Stückzahl und Eintrittswahrscheinlichkeit

Stückzahl

$$\mu_{SZ,1|2|4} = \mu_{SZ,1} + \mu_{SZ,2} + \mu_{SZ,4} = 1.500 + 2.500 + 1.000 = \mathbf{5.000}\ \mathit{Stück\ pro\ Jahr}$$

$$\sigma_{SZ,1|2|4} = \sqrt{\sigma_{SZ,1}^2 + \sigma_{SZ,2}^2 + \sigma_{SZ,4}^2} = \sqrt{75^2 + 65^2 + 50^2} = 111{,}13 \approx \mathbf{111}\ \mathit{Stück\ pro\ Jahr}$$

Eintrittswahrscheinlichkeit

Gewichtung w_i: $$w_1 = \frac{1.500}{1.500 + 2.500 + 1.000} = 0{,}3 \quad w_2 = \frac{2.500}{5.000} = 0{,}5 \quad w_4 = \frac{1.000}{5.000} = 0{,}2$$

$$\mu_{EW,1|2|4} = w_1 \cdot \mu_{EW,1} + w_2 \cdot \mu_{WE,2} + w_4 \cdot \mu_{EWZ,4} = 0{,}3 \cdot 0{,}8 + 0{,}5 \cdot 0{,}7 + 0{,}2 \cdot 0{,}85 = \mathbf{76}\ \%$$

$$\sigma_{EW,1|2|4} = \sqrt{w_1^2 \cdot \sigma_{EW,1}^2 + \dots + w_4^2 \cdot \sigma_{EW,4}^2} = \sqrt{0{,}3^2 \cdot 0{,}05^2 + 0{,}5^2 \cdot 0{,}03^2 + 0{,}2^2 \cdot 0{,}05^2} = \mathbf{2{,}35}\ \%$$

Legende

$\mu_{EW/SZ,m|...|n}$: Kombinierter Erwartungswert der Eintrittswahrscheinlichkeit/Stückzahl $(m|...|n)$

$\mu_{EW/SZ,i}$: Erwartungswert Eintrittswahrscheinlichkeit/Stückzahl des Anforderungspakets i

$\sigma_{EW/SZ,i}$: Standardabweichung Eintrittswahrscheinlichkeit/Stückzahl Anforderungspaket i

$\sigma_{EW/SZ,m|...|n}$: Kombi. Standardabweichung Eintrittswahrscheinlichkeit/Stückzahl $(m|...|n)$

Abbildung 6-18: Bestimmung kombinierte Stückzahl und Eintrittswahrscheinlichkeit für $AP_{1|2|4}$

Determination of combined number of units and probability of occurrence for $AP_{1|2|4}$

Somit wurden die kombinierten Charakteristika der Anforderungsprofile AP_1, AP_2 und AP_4 ermittelt. Diese führen zu einer gemeinsamen Bauteilvariante. Es wurde exemplarisch das Vorgehen zur Kombination von Anforderungspaketen ausgeführt. Die kombinierten Anforderungen und Informationen stellen die Grundlage für die Bauteilvariante BV_1 dar. Eine Übersicht der Bauteilvarianten, für welche nachfolgend die technische Realisierbarkeit abzuleiten ist, ist in der Abbildung 10-4 im Anhang dargestellt.

Zum Abschluss der Validierung des ersten Moduls der Methodik ist noch die technologische Realisierbarkeit der Bauteilvarianten zu betrachten. Exemplarisch wird hierzu die Bauteilvariante BV_4 betrachtet, welche die Anforderung einer erhöhten Lebensdauer der Zähne erfüllen muss. Als geeignete Lösungsansätze wurden hierzu folgende Alternativen identifiziert: Reduktion der Oberflächenrauheit der Zähne (LA_1), Erhöhung der Randzonenhärte der Zähne (LA_2), Aufbringung einer Beschichtung zum Verschleißschutz (LA_3) oder Verwendung eines anderen Werkstoffs mit höherer Härte und Zähigkeit (z. B. 18CrNiMo7-6) (LA_4). Da durch die Bauteilvariante nur eine geänderte Anforderung zu erfüllen ist, sind die Lösungsansätze nicht zu kombinieren, weshalb kein Konflikt bzgl. der Kombinierbarkeit besteht. Des Weiteren liegen auch keine Konflikte in Bezug auf die Kombinierbarkeit mit den Lösungsansätzen der initialen Variante vor. Zwar ist grundsätzlich auch die Kombination mehrerer Lösungsansätze zur Realisierung einer Anforderung möglich, innerhalb der Validierung wird aber davon ausgegangen, dass jeweils ein Lösungsansatz zur Realisierung der erhöhten Lebensdauer gewählt wird. Folglich ergeben sich durch die vier Lösungsansätze vier alternative Lösungskonzepte ($LK_1(BV_4)$ - $LK_4(BV_4)$) für die Bauteilvariante BV_4.

Diese alternativen Lösungskonzepte sind nun zu bewerten, um ein Lösungskonzept auszuwählen. Zur Bewertung werden die folgenden Bewertungskriterien betrachtet: Einfluss auf Herstellkosten, Aufwand der Implementierung, Häufigkeit und Umweltauswirkungen. Das Kriterium *Einfluss auf Herstellkosten* (BK_1) adressiert dabei, wie hoch die Veränderung der Herstellkosten (im Vergleich zu den anderen Lösungskonzepten) eingeschätzt wird. Ein geringer Einfluss auf die Herstellkosten oder eine Reduktion der Herstellkosten sind dabei als eine hohe Bewertung des Kriteriums zu verstehen. *Aufwand der Implementierung* (BK_2) bedeutet, welcher Aufwand der Umsetzung des Lösungskonzepts zugeordnet wird. Unter *Häufigkeit* (BK_3) ist zu verstehen, ob das Lösungskonzept in mehreren Bauteilvarianten potenziell zum Einsatz kommen kann. Mit dem Kriterium *Umweltauswirkungen* (BK_4) werden die mit dem Lösungskonzept verbundenen ökologischen Auswirkungen berücksichtigt. Die Bestimmung der Gewichtungen der Kriterien ist in Abbildung 10-5 im Anhang aufgeführt. Basierend auf den Gewichtungen wurde eine Bewertung der Lösungskonzepte mittels der Nutzwertanalyse durchgeführt (vgl. Abbildung 6-19). Der maximale Erfüllungsgrad eines Kriteriums beträgt hierbei neun. Im Beispiel weist das Lösungskonzept LK_1 den höchsten relativen Nutzwert auf. Dies liegt darin begründet, dass dieses mit einer einfachen Implementierung, vergleichsweise geringen Herstellkosten und Umweltwirkungen verbunden ist. Des Weiteren bietet die Reduktion der Oberflächenrauheit auch einen Lösungsansatz für weitere Bauteilvarianten (hohe Häufigkeit). Basierend auf den Ergebnissen der Nutzwertanalyse wird zur Realisierung der neuen Anforderungen der Bauteilvariante BV_4 das Lösungskonzept LK_1 gewählt.

Bewertung alternativer Lösungskonzepte der Bauteilvariante BV_4

		Lösungsk. 1		Lösungsk. 2		Lösungsk. 3		Lösungsk. 4	
	g_i	$EG_{1,i}$	$NW_{1,i}$	$EG_{2,i}$	$NW_{2,i}$	$EG_{3,i}$	$NW_{3,i}$	$EG_{4,i}$	$NW_{4,i}$
BK_1	5	9	45	5	25	3	15	1	5
BK_2	1	7	7	5	5	2	2	1	1
BK_3	3	6	18	6	18	4	12	4	12
BK_4	1	9	9	4	4	2	2	1	1
NW_j →		79		52		31		19	
RNW_j →		87,78 %		57,78 %		34,44 %		21,11 %	

Anzahl Kriterien

$$NW_j = \sum_{i=1}^{n} g_i \cdot NW_{j,i}$$

$$RNW_j = \frac{NW_j}{\sum_{i=1}^{n} g_i \cdot 9}$$

Legende

BK_i: Bewertungskriterium i g_i: Gewichtung BK_i $NW_{j,i}$: Nutzwert Lösungskonzept j Kriterium i

$EG_{j,i}$: Erfüllungsgrad Lösungskon. j Kriterium i RNW_j: Relativer Nutzwert Lösungskonzept j

Abbildung 6-19: Nutzwertanalyse alternativer Lösungskonzepte der Bauteilvariante BV_4

Benefit analysis of alternative solution concepts for component variant BV_4

Zum Abschluss der Ableitung der technischen Realisierbarkeit der Bauteilvarianten wird im letzten Schritt für die ausgewählten Lösungskonzepte die Feingestaltung vorgenommen (z. B. Festlegung des exakten Rauheitswerts der Bauteilvariante BV_4), dessen Ergebnis der Gesamtentwurf der jeweiligen Bauteilvariante ist. Wie zuvor erläutert stellt die detaillierte Konstruktion der Lösungskonzepte bzw. Bauteilvarianten aufgrund des Fokus der Arbeit auf die Fertigungsplanung, da hierzu schon etablierte Ansätze existieren, keinen Bestandteil der Arbeit dar.

Zwischenfazit

Die Forschungsfrage 1 adressiert die Modellierung potenzieller Bauteilvarianten unter Berücksichtigung vorliegender Unsicherheiten. Um diese zu beantworten, wurde ein Beschreibungsmodell für Bauteile bzw. Bauteilvarianten basierend auf bestehenden Beschreibungsmodellen weiterentwickelt (Abschnitt 6.1.1). Des Weiteren wurde ein Vorgehen zur Ableitung unsicherheitsbehafteter Bauteilvarianten entwickelt, das Anwendende bei der Generierung von potenziellen Bauteilvarianten auf Basis unsicherheitsbehafteter, zukünftiger Bauteilanforderungen unterstützt (Abschnitt 6.1.2). Die mittels dieses Vorgehens abgeleiteten Bauteilvarianten bilden die Basis für die folgenden Methodikschritte. Die Validierung zeigt, dass bei der Entwicklung die formalen Anforderungen sowie die inhaltlichen Anforderungen 1-3 berücksichtigt wurden. Hierzu wurde bei der Entwicklung ein Ansatz zur Integration und Quantifizierung vorliegender Unsicherheiten (Anforderung 1) in die technologische und wirtschaftliche Modellierung von Bauteilvarianten (Anforderung 2) in die Methodik integriert. Darüber hinaus wurde ein systematisches Vorgehen zur Ableitung unsicherheitsbehafteter Bauteilvarianten erarbeitet (Anforderung 3). Die Validierung zeigt die Anwendbarkeit der entwickelten Inhalte unter Beachtung der formalen Anforderungen, wie bspw. geringer Aufwand, empirische Richtigkeit und Zweckbezogenheit. Die Forschungsfrage 1 wurde somit durch die Ausführungen und Entwicklungen in Abschnitt 6.1 beantwortet.

6.2 Ableitung bedarfsorientiert flexibler Fertigungsprozessfolgen

Derivation of Demand-Oriented, Flexible Manufacturing Process Sequences

Im Anschluss an die Ableitung und Modellierung von Bauteilvarianten sind nun die Fertigungsprozessfolgen zur Fertigung dieser Bauteilvarianten näher zu betrachten. Den externen Input der Methodik und dieses Moduls stellen annahmegemäß in der Anwendung potenzielle Fertigungsprozessfolgen dar, welche das initiale Bauteil fertigen können. Im Gegensatz zu bestehenden Ansätzen der Technologieplanung, bei denen für ein definiertes Bauteil geeignete Fertigungsprozessfolgen abgeleitet und bewertet werden, sind nun aus der Menge der potenziellen Fertigungsprozessfolgen diejenigen zu identifizieren, welche das größte Potenzial aufweisen. Hierbei stellt die bedarfsorientierte Flexibilität, wie erläutert, eine zentrale Bewertungsgröße dar. Dabei wird der Bedarf der Flexibilität und der sich daraus ergebende Nutzen der Flexibilität durch die potenziellen Bauteilvarianten definiert. Daher behandelt das zweite Modul (Abschnitt 6.2[b]) der Methodik die Beantwortung der zweiten Forschungsfrage, welche die Ableitung bedarfsorientiert flexibler Fertigungsprozessfolgen adressiert:

Wie ist eine Teilmethodik zu gestalten, um die bedarfsorientierte Flexibilität von Fertigungsprozessfolgen unter Berücksichtigung unsicherheitsbehafteter Bauteilvarianten in die Auswahl von Fertigungsprozessfolgen zu integrieren?

Durch Beantwortung dieser Forschungsfrage wird es Anwendenden ermöglicht, diejenige Fertigungsprozessfolgen zu identifizieren, welche die höchste bedarfsorientierte Flexibilität aufweisen. Zur Sicherstellung der Wirtschaftlichkeit der Fertigung ist auch eine wirtschaftliche Bewertung im Anschluss erforderlich. Die Bewertung der bedarfsorientierten Flexibilität befähigt Anwendende der Methodik dazu, eine systematische Reduktion der potenziellen Fertigungsprozessfolgen durchzuführen. Hierdurch wird der Aufwand und Informationsbedarf für die Wirtschaftlichkeitsbewertung reduziert, welcher aufgrund der Betrachtung verschiedener und unsicherheitsbehafteter Bauteilvarianten im Vergleich zu bekannten Ansätzen der Wirtschaftlichkeitsbewertung deutlich höher ist. Dadurch wird eine nutzerfreundliche und effiziente Anwendung der Methodik sichergestellt. Hierzu wird in Abschnitt 6.2.1 eine Teilmethodik zur Ermittlung relevanter technologischer Fähigkeiten von Fertigungsprozessfolgen erarbeitet. Diese Fähigkeiten stellen eine essenzielle Voraussetzung für eine effiziente Bewertung der technologischen Umsetzbarkeit der Bauteilvarianten mit den potenziellen Fertigungsprozessfolgen dar. In Abschnitt 6.2.2 ist eine Teilmethodik zu erarbeiten, welche Anwendende dazu befähigt, ausgehend von den relevanten technologischen Fähigkeiten von Fertigungsprozessfolgen die bedarfsorientierte Flexibilität von Fertigungsprozessfolgen zu bewerten. Ebenfalls Bestandteil der Teilmethodik ist ein Ansatz zur anwendungsfallspezifischen Reduktion der potenziellen Fertigungsprozessfolgen und somit zur Auswahl der geeignetsten bzw. bedarfsorientiert flexibelsten Fertigungsprozessfolgen aus der Menge der potenziellen Fertigungsprozessfolgen. Durch diese

[b] Einzelne Lösungsansätze aus Abschnitt 6.2 wurden im CIRP JOURNAL OF MANUFACTURING SCIENCE AND TECHNOLOGY [STAU25a] veröffentlicht.

Reduktion der im weiteren Verlauf der Anwendung der Methodik zu betrachteten Fertigungsprozessfolgen wird eine effiziente Anwendung sichergestellt. Abschließend erfolgt in Abschnitt 6.2.3 die Anwendung und Validierung der entwickelten Methoden und Modelle anhand eines Fallbeispiels sowie ein Zwischenfazit.

6.2.1 Ermittlung relevanter technologischer Fähigkeiten von Fertigungsprozessfolgen

Determination of Relevant Technological Capabilities of Manufacturing Process Sequences

Die potenziellen Fertigungsprozessfolgen, welche einen Input der Methodik darstellen, sind jeweils in der Lage, die initiale Bauteilvariante zu fertigen. Es stellt sich nun die Frage, welche der potenziellen Bauteilvarianten durch welche dieser Fertigungsprozessfolgen gefertigt werden können. Hierzu sind die technologischen Fähigkeiten der Fertigungsprozessfolgen und die Anforderungen der Bauteilvarianten (Eigenschaften der Bauteilmerkmale) zu analysieren und somit eine Bewertung der technologischen Umsetzbarkeit durchzuführen. Hierfür sind die technologischen Fähigkeiten der potenziellen Fertigungsprozessfolgen zu ermitteln. Dabei sind explizit die jeweils gesamten Fertigungsprozessfolgen zu betrachten, da von Interesse ist, ob die Fertigungsprozessfolgen unter Berücksichtigung vorliegender Abhängigkeiten zwischen den einzelnen Prozessen in der Lage sind, die potenziellen Bauteilvarianten zu fertigen. Eine lediglich Betrachtung der einzelnen Prozesse ist nicht ausreichend, jedoch ein zentraler Teil zur Ermittlung der technologischen Fähigkeiten von Fertigungsprozessfolgen. Eine Ermittlung aller grundsätzlich denkbaren technologischen Fähigkeiten von Fertigungsprozessfolgen ist jedoch aufgrund der Vielzahl an Fähigkeiten und der Komplexität der Abhängigkeiten zwischen den einzelnen Prozessen einer Fertigungsprozessfolge mit einem hohen Aufwand und Informationsbedarf verbunden. Daher ist eine Teilmethodik erforderlich, welche es ermöglicht, die jeweils anwendungsfallspezifischen relevanten technologischen Fähigkeiten von Fertigungsprozessfolgen zu ermitteln, um die Anforderungen an die Methodik (u. a. nutzerfreundlich und geringer Aufwand) zu erfüllen. Da die potenziellen Fertigungsprozessfolgen alle in der Lage sind, das initiale Bauteil zu fertigen, sind für die weitere Betrachtung nur Bauteilmerkmale der potenziellen Bauteilvarianten von Bedeutung, die von denen des initialen Bauteils abweichen. Somit sind für die Bewertung der technologischen Umsetzbarkeit der Bauteilvarianten durch die potenziellen Fertigungsprozessfolgen nur die Fähigkeiten der Fertigungsprozessfolgen relevant und zu ermitteln, welche diese relevanten Bauteilmerkmale betreffen bzw. deren Herstellbarkeit bestimmen.

Identifikation relevanter Featureklassen und Merkmale

In einem ersten Teilschritt, um die Ermittlung der relevanten technologischen Fähigkeiten von Fertigungsprozessfolgen zu ermöglichen, sind hierzu diejenigen Features und deren Merkmale zu identifizieren, welche von denen des initialen Bauteils abweichen und somit relevant für die weitere Betrachtung sind. Da im Allgemeinen jedes Feature sehr individuell ist, werden in dieser Arbeit sogenannte Featureklassen eingeführt, um den Aufwand der nachfolgenden Beschreibung der technologischen Fähigkeiten und Bewertung der technischen Umsetzbarkeit zu reduzieren. Eine Featureklasse beschreibt Features mit bspw. gleichen oder ähnlichen Funktionen, die vergleichbare Eigenschaften aufweisen. Als Beispiel sind hier verschiedene Absätze einer Welle zu nennen, welche in einer Featureklasse zusammengefasst werden. Eine exemplarische Einteilung von Features in Featureklassen liefert NESTLER [NEST99]. Der Abgleich der Eigenschaften der potenziellen Bauteilvarianten und des initialen Bauteils muss jeweils featurebezogen erfolgen, da bspw. die durch eine Fertigungsprozessfolge erzielbare Rauheit bei einem Wellenabsatz anders ist als bei einer Zahnflanke. Liegen jedoch mehrere Wellenabsätze mit z. B. abweichenden Durchmessern und Oberflächengüten vor, können diese zu einer Featureklasse zusammengefasst werden, weil die von einer Fertigungsprozessfolge erzielbaren Merkmalsausprägungen bei gleicher Klasse des Features nicht abweichen. Durch Zusammenfassung von Features zu Featureklassen ist eine effiziente Beschreibung der relevanten technologischen Fähigkeiten der potenziellen Fertigungsprozessfolgen möglich.

Es ist ein Vorgehen erforderlich, das die Identifikation relevanter Featureklassen und Merkmale ermöglicht. Dabei werden in diesem Zusammenhang Merkmalsausprägungen bzw. Featureklassen als relevant bezeichnet, welche bei einer oder mehreren potenziellen Bauteilvarianten von denen des initialen Bauteils abweichen. Die Fähigkeiten der potenziellen Fertigungsprozessfolgen sind jeweils im Hinblick auf diese relevanten Merkmale zu beschreiben, um die technische Umsetzbarkeit der potenziellen Bauteilvarianten bewerten zu können. Das entwickelte Vorgehen zur Identifikation relevanter Merkmale ist in Abbildung 6-20 dargestellt und wird nachfolgend erläutert.

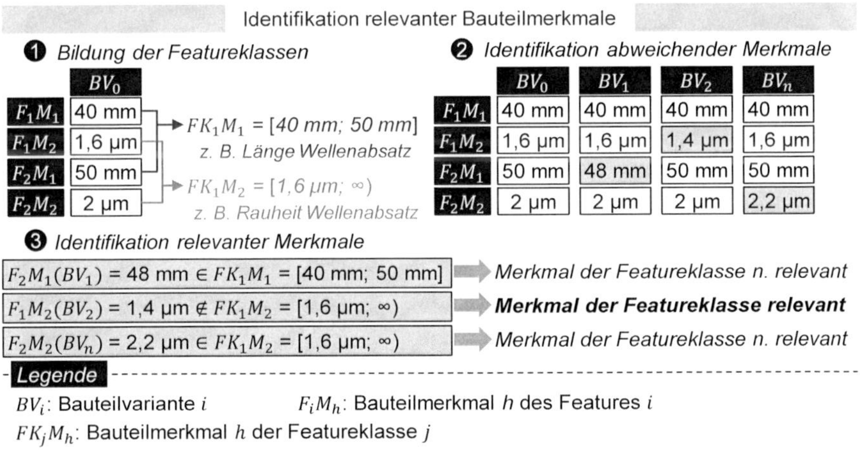

Abbildung 6-20: Vorgehen zur Identifikation relevanter Bauteilmerkmale

Procedure for identifying relevant component characteristics

In einem ersten Schritt ist das initiale Bauteil (BV_0) hinsichtlich seiner Features zu analysieren, um die Features, welche zu Featureklassen zusammengefasst werden können, abzuleiten (z. B. anhand der Funktion der Features und/oder geometrischen Gestalt), und somit die Featureklassen zu bilden. Innerhalb einer Featureklasse *j* sind die einzelnen Merkmalsausprägungen *h* durch die Zusammenfassung der entsprechenden Merkmalsausprägungen der beinhalteten Features zu aggregieren, indem die minimale und/oder maximale Ausprägung jedes Merkmals innerhalb einer Featureklasse bestimmt wird, um basierend darauf, nachfolgend eine Identifikation relevanter Featureklassen und Merkmale zu ermöglichen. In Abhängigkeit von dem betrachteten Merkmal ist jeweils zu entscheiden, ob eine minimale und/oder maximale Ausprägung eines Merkmals zu bestimmen ist. Während bspw. für einen Durchmesser eine minimale und maximale Ausprägung sinnvoll ist, ist für eine Oberflächenrauheit ein minimaler Wert ausreichend. Ein Beispiel hierfür ist in Abbildung 6-20 (1) dargestellt. Feature 1 und 2 werden zu einer gemeinsamen Featureklasse (z. B. Featureklasse Wellenabsätze) zusammengeführt. Für Merkmal 1 (z. B. Durchmesser) ergibt sich für die Featureklasse für dieses Merkmal (FK_1M_1) das Intervall [40 mm; 50 mm] und für Merkmal 2 (z. B. Oberflächenrauheit des Absatzes) ein Wert von ≥ 1,6 µm bzw. das Intervall [1,6 µm; ∞). Nach Bildung aller Featureklassen in Bezug auf das initiale Bauteil und Zusammenfassung der Eigenschaften der jeweiligen Merkmale der Featureklassen besteht Kenntnis darüber, was die potenziellen Fertigungsprozessfolgen definitiv erfüllen bzw. fertigen können, da das initiale Bauteil mit diesen gefertigt werden kann.

Im zweiten Schritt sind durch Vergleich der Merkmale der einzelnen Features der potenziellen Bauteilvarianten mit denen des initialen Bauteils die Features bzw. Merkmale zu identifizieren, welche vom initialen Bauteil abweichen, um diese im folgenden Schritt näher zu betrachten (vgl. Abbildung 6-20 (2), farblich hervorgehobene Merkmale). Ziel des Schritts ist es, diejenigen Merkmale der Bauteilvarianten zu identifizieren, welche von denen des initialen Bauteils abweichen. Hier erfolgt noch keine Bewertung der Abweichung, dies ist Teil des nachfolgenden Schritts. Bleibt ein Merkmal oder ein ganzes Feature einer Bauteilvariante ggü. dem initialen Bauteil unverändert, so ist dieses definitiv durch die potenziellen Fertigungsprozessfolgen zu fertigen und ist im weiteren Vorgehen nicht näher zu betrachten. Anschließend erfolgt im dritten Schritt ein Abgleich der abweichenden Merkmalsausprägungen der einzelnen Features der potenziellen Bauteilvarianten mit der jeweiligen Featureklasse. Sind die Anforderungen der abweichenden Merkmalsausprägung der potenziellen Bauteilvariante geringer oder gleich wie die der entsprechenden Featureklasse der initialen Bauteilvariante (z. B. höhere Oberflächenrauheit eines Wellenabsatzes), so kann daraus geschlussfolgert werden, dass diese Merkmalsausprägung durch die potenziellen Fertigungsprozessfolgen gefertigt werden kann und ist daher für die weitere Bewertung der technologischen Umsetzbarkeit nicht relevant (vgl. Abbildung 6-20 (3), Merkmal 1 Feature 2 der Bauteilvariante 1 ($F_2M_1\,(BV_1)$) und Merkmal 2 Feature 2 der Bauteilvariante *n* ($F_2M_2\,(BV_n)$). Sind hingegen die Anforderungen an die Merkmalsausprägung der potenziellen Bauteilvariante höher als die der entsprechenden Featureklasse des initialen Bauteils, ist ohne eine detaillierte Betrachtung der Fähigkeiten der potenziellen Fertigungsprozessfolgen keine Aussage darüber möglich, ob die Bauteilvariante gefertigt werden kann, weshalb dann diese Featureklasse und das entsprechende Merkmal dieser Featureklasse als relevant zu kennzeichnen sind (vgl. Abbildung 6-20 (3), Merkmal 1 Feature 2 der Bauteilvariante 2 ($F_1M_2\,(BV_2)$). Falls ein neues Feature einer potenziellen Bauteilvariante nicht eindeutig einer Featureklasse des initialen Bauteils zugeordnet werden kann, ist auf Basis dieses Features und dessen Merkmalen eine neue Featureklasse zu definieren. Diese Featureklasse und die Merkmale sind als relevant zu markieren.

Zum Abschluss ist nach dem Abgleich bekannt, welche Merkmale der verschiedenen Featureklassen im Weiteren für die Bewertung der technologischen Umsetzbarkeit der potenziellen Bauteilvarianten von Bedeutung sind. Ohne dieses Vorgehen wären im weiteren Verlauf der Bewertung der technologischen Fähigkeiten von Fertigungsprozessfolgen alle denkbaren, erzeugbaren Features und Merkmale zu betrachten, um eine Bewertung der technologischen Umsetzbarkeit durchzuführen. Das entwickelte Vorgehen ermöglicht die Identifikation der anwendungsfallspezifischen relevanten Featureklassen und Merkmale, wodurch eine deutliche Aufwandsreduktion durch diesen Schritt erreicht wird und somit die Anforderungen an die Methodik erfüllt werden.

Identifikation relevanter Fertigungsprozesse

Um im Weiteren die technologischen Fähigkeiten der potenziellen Fertigungsprozessfolgen in Bezug auf die relevanten Merkmalsausprägungen beschreiben zu können, sind die jeweils relevanten Fertigungsprozesse zu identifizieren. Als relevante Fertigungsprozesse werden in diesem Zusammenhang Fertigungsprozesse bezeichnet, welche die finale Gestalt relevanter Merkmale beeinflussen. Die technologischen Fähigkeiten dieser Prozesse sind entscheidend für die Bewertung der Umsetzbarkeit potenzieller Bauteilvarianten. Die Betrachtung muss dabei auf Ebene der Featureklassen und der entsprechenden Merkmale erfolgen. Die Featureklassen und zugehörigen Merkmale sind aus dem vorherigen Teilschritt bekannt. Es ist somit ein Beschreibungsmodell zu entwickeln, das eine Modellierung der Einflüsse und Abhängigkeiten der einzelnen Prozesse einer Fertigungsprozessfolge auf die finale Gestalt von Merkmalsausprägungen der verschiedenen Featureklassen ermöglicht, um basierend darauf, die Identifikation relevanter Fertigungsprozesse zu ermöglichen.

Input des Beschreibungsmodells stellt die Ableitung der potenziellen Fertigungsprozessfolgen für das initiale Bauteil dar. Dazu erfolgten schon Überlegungen, welcher Prozess welches Merkmal (in Bezug auf das initiale Bauteil) fertigt bzw. beeinflusst. In einem ersten Schritt sind die Einflüsse und Abhängigkeiten innerhalb der einzelnen Fertigungsprozessfolgen auf die Bauteilmerkmale zu beschreiben. Zur Beschreibung von Fertigungsprozessfolgen haben WUEST et al. ein Modell entwickelt, welches bereits in verschiedenen anderen Ansätzen der Technologieplanung adaptiert wurde (vgl. z. B. [BUCH14], [STAU17], [MÜLL18] oder [REY20]) und somit eine für die Technologieplanung anforderungsgerechte Beschreibung von Fertigungsprozessfolgen ermöglicht. WUEST et al. definierten Zwischenzustände, welche den Zustand eines Bauteils zwischen den einzelnen Fertigungsprozessen abbilden. Jeder Prozess verändert eine oder mehrere Eigenschaften eines oder mehrerer Zwischenzustände. Somit sind Merkmale, welche in einem Zwischenzustand von keinem Prozess beeinflusst werden, hinsichtlich dieses Zwischenzustands nicht weiter zu betrachten. Des Weiteren sind im Folgenden nur die Prozesse von Interesse, welche die finale Gestalt eines Merkmals beeinflussen. Einflüsse von Prozessen auf Bauteilmerkmale, die keinen Einfluss auf die finale Gestalt eines Merkmals haben, sind in der vorliegenden Arbeit nicht von Relevanz. [REY20, S. 83] Ein Beispiel hierfür ist die Beeinflussung des Merkmals Oberflächenrauheit durch einen Prozess in der Weichbearbeitung (z. B. Drehen). Durch eine im Anschluss an einen Härteprozess durchgeführten Schleifprozess wird die Oberflächenstruktur aus der Weichbearbeitung entfernt. Somit beeinflusst zwar der Drehprozess die vorherige Oberflächenrauheit, aber dieser Prozess hat keinen Einfluss auf die finale Gestalt der Oberflächenrauheit. Ursächlich hierfür ist, dass die Struktur der Oberfläche aus der Weichbearbeitung wieder entfernt wird, wenn die Zustellung des Hartbearbeitung größer ist als die Gesamthöhe des Profils Rt [BUCH14, S. 66] An dieser Stelle sei für ein detailliertes systematisches Vorgehen für die Identifikation relevanter Zwischenzustände in Fertigungsprozessfolgen auf die Arbeit von BUCHHOLZ verwiesen [BUCH14, S. 64 ff.].

Das i. A. a. WUEST et al. entwickelte Beschreibungsmodell von Fertigungsprozessfolgen ist in Abbildung 6-21 dargestellt. Die zuvor identifizierten Featureklassen und zugehörigen Merkmale sind auf der linken Seite aufgelistet. Ein vorliegender Einfluss auf ein Merkmal bzw. dessen Zwischenzustand wird durch einen grauen Pfeil symbolisiert. Ein schwarzer Pfeil bildet ab, dass ein Merkmal durch die Beeinflussung eines Merkmals verändert wird. Wenn im Anschluss an eine Beeinflussung durch einen Prozess keine weiteren Beeinflussungen vorliegen, wird das Merkmal unverändert in den Endzustand überführt (gestrichelte Pfeile). Des Weiteren ist innerhalb des Beschreibungsmodells zu berücksichtigen, dass zwischen einzelnen Bauteilmerkmalen Abhängigkeiten vorliegen können, welche einen Einfluss auf die erzeugbaren Bauteilmerkmale haben können. Bspw. kann die Härte eines Absatzes einen Einfluss auf die erzeugbare Oberflächenrauheit eines nachfolgenden Prozesses haben. Diese Abhängigkeiten sind innerhalb des Beschreibungsmodells zu berücksichtigen (gelber Pfeil). Diese Information stellt einen zentralen Input für die nachfolgende Beschreibung der technologischen Fähigkeiten von Fertigungsprozessfolgen dar. Darüber hinaus beinhaltet das Modell eine Überführung der Beschreibung in eine Matrixschreibweise (vgl. Abbildung 6-21, rechts). Innerhalb derer bezeichnet eine „1“, dass ein Fertigungsprozess einen Einfluss auf das Merkmal in der entsprechenden Zeile hat und somit relevant in Bezug auf die finale Gestalt des Merkmals ist. Diese Fertigungsprozesse sind im Weiteren jeweils für die einzelnen Merkmale näher zu betrachten. Eine „0“ hingegen symbolisiert, dass kein Einfluss des Prozesses auf die finale Gestalt des Merkmals vorliegt. Somit sind für die einzelnen Merkmale diese Prozesse nachfolgend nicht zu betrachten. Als Ergebnis dieses Schritts sind alle relevanten Fertigungsprozesse der generierten Fertigungsprozessfolgen bekannt, welche für die Beschreibung der technologischen Fähigkeiten von Fertigungsprozessfolgen hinsichtlich herstellbarer

Merkmalausprägungen zur Überprüfung der technischen Umsetzbarkeit potenzieller Bauteilvarianten relevant bzw. zu betrachten sind.

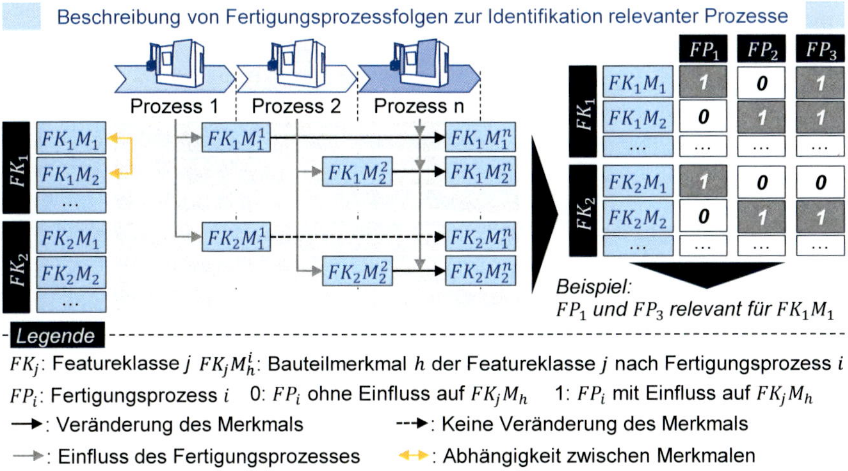

Abbildung 6-21: Beschreibungsmodell von Fertigungsprozessfolgen i. A. a. [WUES12] und [REY20]

Description model of manufacturing process sequences referring to [WUES12] and [REY20]

Vorgehen zur Ableitung relevanter technologischer Fähigkeiten von Fertigungsprozessfolgen

Zum Abschluss dieses Teilschritts ist ein Vorgehen zur Ableitung relevanter technologischer Fähigkeiten von Fertigungsprozessfolgen zu entwickeln. Dieses Vorgehen ermöglicht die Beschreibung, was mit der jeweiligen Fertigungsprozessfolge hergestellt werden kann in Bezug auf die relevanten Merkmale der Featureklassen. Das Vorgehen besteht aus drei Schritten und ist in Abbildung 6-22 dargestellt. Als Informationsquellen dienen sowohl Angaben von Maschinen- bzw. Fertigungsmittelherstellern als auch Erfahrungswerte von Experten und Vorversuche oder Literaturangaben. Fertigungsprozessfolgen sind definitionsgemäß jeweils fertigungsmittelbezogen (vgl. Abschnitt 3.1.3). Daher sind in einem ersten Schritt die Randbedingungen der einzelnen Fertigungsmittel zu identifizieren. Hierunter fallen bspw. die maximal herstellbare Länge, Breite, Höhe oder Durchmesser eines Bauteils, welche durch den Bauraum des Fertigungsmittels und die Möglichkeiten der Aufspannung gegeben sind. Dadurch wird berücksichtigt, dass ggf. zwar ein gewisser Durchmesser durch einen vorgelagerten Prozess bzw. Fertigungsmittel gefertigt werden kann, aber ein Bauteil mit einem solchen Durchmesser in einem nachfolgenden Schritt aufgrund der Beschränkungen des Fertigungsmittels nicht bearbeitet werden kann. Somit ist dann in Bezug auf die gesamte Fertigungsprozessfolge dies nicht zu realisieren, da die technologischen

Fähigkeiten der ganzen Fertigungsprozessfolge zu bestimmen sind. Daher sind diese Randbedingungen zu berücksichtigen.

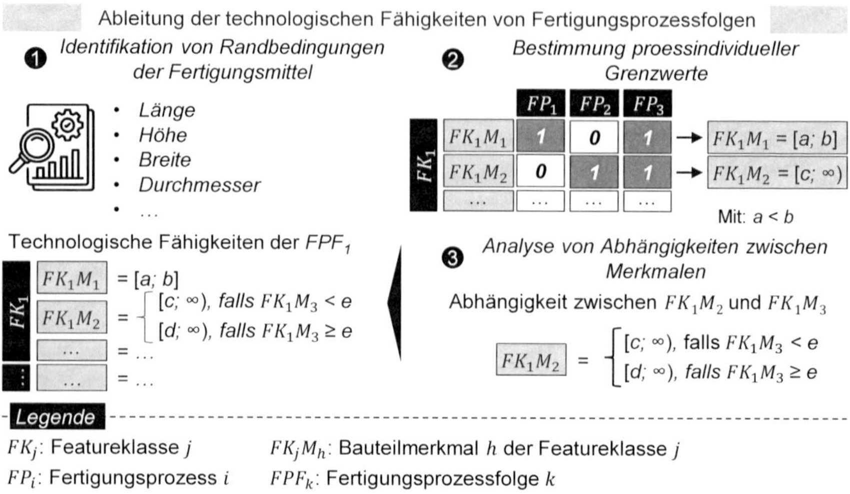

Abbildung 6-22: Ableitung der technologischen Fähigkeiten von Fertigungsprozessfolgen

Derivation of the technological capabilities of manufacturing process sequences

Im zweiten Schritt sind die identifizierten relevanten Fertigungsprozesse der potenziellen Fertigungsprozessfolgen hinsichtlich ihrer technologischen Fähigkeiten zu untersuchen, indem prozessindividuelle Grenzwerte ermittelt werden. Ist nur ein Prozess relevant in Bezug auf die finale Gestalt eines Merkmals, so definiert dessen prozessindividueller Grenzwert bzw. die technologischen Fähigkeiten des Prozesses für dieses Merkmal direkt die technologischen Fähigkeiten der Fertigungsprozessfolge dieses Merkmals. Haben mehrere Prozesse einen Einfluss auf die finale Gestalt eines Merkmals, ist die Fertigungsprozessfolge von vorne nach hinten zu durchlaufen. Dies liegt darin begründet, dass in diesem Fall, da mehrere Prozesse einen Einfluss haben, der individuelle Grenzwert eines Prozesses in Bezug auf das Merkmal vom jeweiligen Grenzwert des vorherigen Prozesses abhängig ist. In Abhängigkeit davon, was durch einen vorherigen Prozess erreicht werden kann, variieren die erreichbaren Merkmalszustände durch den Prozess (z. B. Rauheit oder Durchmesser). Vorgelagerte relevante Prozesse des Merkmals beeinflussen somit die erzielbaren Merkmalsausprägungen eines relevanten nachgelagerten Prozesses, weshalb bei der Ermittlung der prozessindividuellen Grenzwerte die Fertigungsprozessfolgen von vorne nach hinten zu durchlaufen sind. Beginnend beim ersten relevanten Prozess ist der prozessindividuelle Grenzwert zu bestimmen. Basierend darauf ist dann für den nachfolgenden relevanten Prozess der individuelle Grenzwert zu bestimmen. Dies wird so lange wiederholt, bis der letzte prozessindividuelle Grenzwert des Merkmals ermittelt wurde, welcher dann die technologische Fähigkeit der Fertigungsprozessfolge in Bezug auf das Merkmal darstellt. Anschließend ist noch zu prüfen, ob im ersten Schritt

Randbedingungen identifiziert wurden, die das jeweils betrachtete Merkmal betreffen und somit eine zusätzliche Beschränkung der durch die Fertigungsprozessfolge erzielbaren Merkmalsausprägungen vorliegt. Darüber hinaus können auch Merkmale vorliegen, die nicht direkt durch eine quantifizierbare Größe beschrieben werden können. Bei diesen Merkmalen ist dann jeweils zu bewerten, ob sie durch die Fertigungsprozessfolge bzw. die konstituierenden relevanten Prozesse erreicht werden können oder nicht. Im dritten und letzten Schritt des Vorgehens sind vorliegende Abhängigkeiten zwischen Merkmalen innerhalb der Beschreibung der technologischen Fähigkeiten von Fertigungsprozessfolgen zu berücksichtigen. Ein Beispiel für eine solche Abhängigkeit ist der Einfluss der Randzonenhärte eines Absatzes auf die erzielbare Oberflächenrauheit. Diese Abhängigkeiten sind durch Integration einer Fallunterscheidung innerhalb des Beschreibungsmodells zu berücksichtigen. In Abbildung 6-22 ist exemplarisch eine Abhängigkeit zwischen FK_1M_2 und FK_2M_3 dargestellt.

Das entwickelte Vorgehen ermöglicht Anwendenden die systematische Ableitung der relevanten technologischen Fähigkeiten von Fertigungsprozessfolgen. Die Anwendung ist für jede potenzielle Fertigungsprozessfolge separat zu durchlaufen. Auf Grundlage der Informationen über die relevanten technologischen Fähigkeiten von Fertigungsprozessfolgen ist nachfolgend eine Bewertung der technischen Umsetzbarkeit der Bauteilvarianten möglich, die einen zentralen Bestandteil zur Ermittlung der bedarfsorientierten Flexibilität darstellt. Dies wird im nachfolgenden Abschnitt erläutert.

6.2.2 Ermittlung von bedarfsorientiert flexiblen Prozessfolgen

Determination of Demand-Oriented Flexible Manufacturing Process Sequences

Nach der Entwicklung einer Teilmethodik zur Ableitung der relevanten technologischen Fähigkeiten von Fertigungsprozessfolgen im ersten Teil des Moduls ist es im Folgenden das Ziel, eine Teilmethodik zur Ermittlung bedarfsorientiert flexibler Fertigungsprozessfolgen zu erarbeiten. Dabei wird der Bedarf der Flexibilität und der sich daraus ergebende Nutzen der Flexibilität durch die potenziellen Bauteilvarianten definiert.

Überprüfung der technologischen Umsetzbarkeit potenzieller Bauteilvarianten

Eine Herausforderung stellt die Unkenntnis darüber dar, welche Bauteilvarianten durch welche Fertigungsprozessfolge hergestellt werden können (vgl. Abbildung 6-23, links). Zur Lösung dieser Herausforderung ist zu prüfen, ob eine Fertigungsprozessfolge alle Anforderungen der Merkmale einer Bauteilvariante (FK_jM_h) erfüllen kann (vgl. Abbildung 6-23, Mitte). Nur dann kann die Bauteilvariante anforderungsgerecht gefertigt werden. Es ist somit ein Vorgehen erforderlich, welches einen systematischen und effizienten Abgleich der einzelnen Anforderungen der Merkmale einer Bauteilvariante mit den technologischen Fähigkeiten der Fertigungsprozessfolgen ermöglicht, um bewerten zu können, welche Bauteilvariante durch welche Fertigungsprozessfolge gefertigt werden kann. Durch das zu entwickelnde Vorgehen ist diese Übersicht laufend zu aktualisieren, um abschließend die technologische Umsetzbarkeit der Bauteilvarianten abzuleiten (vgl. Abbildung 6-23, rechts).

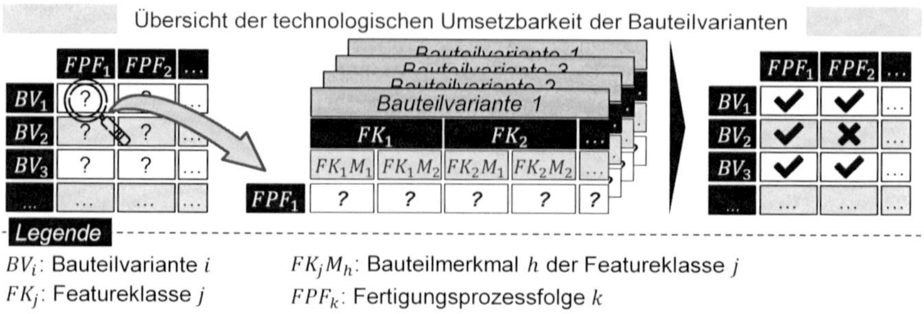

Abbildung 6-23: Übersicht der technologischen Umsetzbarkeit der Bauteilvarianten

Overview of the technological feasibility of the component variants

Hierfür ist ein systematischer Ansatz erforderlich, da mit steigender Anzahl an Bauteilvarianten und Bauteilmerkmalen sowie potenziellen Fertigungsprozessfolgen eine Vielzahl an Abgleichen notwendig ist, um eine eindeutige Bewertung der technologischen Umsetzbarkeit zu erreichen. Daher ist der Ansatz so zu konzipieren, dass mit möglichst wenig Überprüfungen bzw. Abgleichen zwischen Anforderungen an die Bauteilvarianten und technologischen Fähigkeiten der Fertigungsprozessfolgen eine Bewertung ermöglicht wird, um den Anforderungen, die an diese Gesamtmethodik gestellt werden, gerecht zu werden. Außerdem ist die Systematik des Ansatzes so zu gestalten, dass eine automatisierte, algorithmenbasierte Umsetzung möglich ist.

Sobald eine Anforderung eines Merkmals einer Bauteilvariante nicht durch eine Fertigungsprozessfolge gefertigt werden kann, kann diese Fertigungsprozessfolge diese Bauteilvariante nicht herstellen. Somit existieren grundsätzlich zwei Herangehensweisen bei der Überprüfung der technologischen Umsetzbarkeit, die Bestätigung der Herstellbarkeit einer Bauteilvariante durch Nachweis der technologischen Umsetzbarkeit oder Widerlegung der Herstellbarkeit durch Nachweis, dass mind. eine Anforderung der Bauteilvariante nicht gefertigt werden kann. Um eine möglichst effiziente und schnelle Überprüfung der technologischen Umsetzbarkeit zu ermöglichen, wird zwischen diesen zwei Zielen bei der Überprüfung unterschieden. Einerseits kann mit der Überprüfung eine schnelle Bestätigung und andererseits eine schnelle Ablehnung der technologischen Umsetzbarkeit verfolgt werden. Dabei ist es sinnvoll, nicht jede Bauteilvariante separat zu betrachten, sondern aufgrund der inhärenten Ähnlichkeit der Bauteilvarianten die Merkmale und entsprechenden Anforderungen bauteilvariantenübergreifend zu betrachten.

Im Folgenden wird je ein Vorgehen vorgestellt, dass die Bestätigung der Herstellbarkeit sowie die Widerlegung der Herstellbarkeit adressiert. Je nachdem, welche Annahme bzw. Vermutung der Herstellbarkeit des Merkmals zugrunde liegt, ist das jeweilige Vorgehen zu wählen. Die Anwendung des Vorgehens (1) zur Bestätigung der Herstellbarkeit von Merkmalen ist insbesondere bei Merkmalen von Vorteil, die sich nur geringfügig von denen des initialen Bauteils unterschieden (z. B. variierende Oberflächenrauheit oder Härte), da hierbei eine Herstellbarkeit wahrscheinlich ist. Es ist zu beachten, dass zur Bestätigung der Herstellbarkeit einer Bauteilvariante jedes Merkmal zu prüfen ist. Bei neuen Features und deren Merkmalen wird aufgrund des Abweichens von der initialen Variante das Vorgehen (2) zur Widerlegung der Herstellbarkeit empfohlen. Vorteil hierbei ist, dass, sobald nachgewiesen wurde, dass die Herstellbarkeit eines Merkmals einer Bauteilvariante durch eine Fertigungsprozessfolge nicht möglich ist, die anderen Merkmale dieser Bauteilvariante in Bezug auf diese Fertigungsprozessfolge nicht mehr zu prüfen sind, da die Herstellbarkeit der Bauteilvariante nicht gegeben ist.

Der dieser Arbeit zugrundeliegende übergeordnete Ansatz zur Überprüfung der technologischen Umsetzbarkeit der potenziellen Bauteilvarianten ist in Abbildung 6-24 dargestellt. Den Input stellen die potenziellen Bauteilvarianten und Anforderungen an die einzelnen Merkmale (vgl. Abschnitt 6.1.2) sowie die technologischen Fähigkeiten der Fertigungsprozessfolgen dar (vgl. Abschnitt 6.2.1).Zu Beginn ist durch den Anwendenden unter Berücksichtigung der vorherigen Ausführungen zu definieren, welches Vorgehen für welches Merkmal zu nutzen ist, da für jedes Merkmal nur ein Vorgehen zu durchlaufen ist, da sie unabhängig voneinander zu den gleichen Ergebnissen führen. Hierbei ist zu beachten, dass nur neue oder ggü. der initialen Bauteilvariante veränderte Merkmale zu prüfen sind, da die initiale Bauteilvariante und deren Merkmale annahmegemäß von den potenziellen Fertigungsprozessfolgen anforderungsgerecht gefertigt werden können. Anschließend ist das jeweilige Vorgehen zu durchlaufen, um die Herstellbarkeit der einzelnen Bauteilmerkmale zu analysieren. Auf Grundlage der Ergebnisse, welche mithilfe des Durchlaufs der Vorgehen gewonnen wurden, ist dann die Übersicht der technologischen Umsetzbarkeit der einzelnen Bauteilmerkmale der potenziellen Bauteilvarianten zu aktualisieren. Basierend darauf ist abschließend die technologische Umsetzbarkeit der Bauteilvarianten mithilfe der potenziellen Fertigungsprozessfolgen abzuleiten.

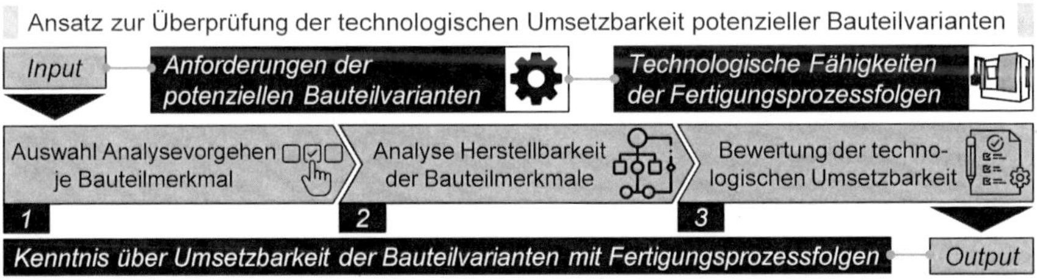

Abbildung 6-24: Überprüfung der technologischen Umsetzbarkeit potenzieller Bauteilvarianten

Examination of the technological feasibility of potential component variants

Die Entwicklung der beiden Vorgehen zur Analyse der Herstellbarkeit orientiert sich an der Programmablaufplanung nach DIN 66001. Mithilfe der Programmablaufplanung ist es möglich, Vorgehen schrittweise zu visualisieren. Ein Vorteil ist, dass die so erstellten Ablaufpläne grundsätzlich unabhängig von der eigentlichen Implementierungssoftware sind und eine übersichtliche Darstellung ermöglichen. Die zentralen und für diese Arbeit relevanten Elemente der Ablaufplanung nach DIN 66001 sind in Abbildung 6-25 dargestellt. Für nähere Ausführungen bzgl. des Aufbaus und des Vorgehens zur Erstellung sei auf die entsprechende Norm verwiesen. [DIN83]

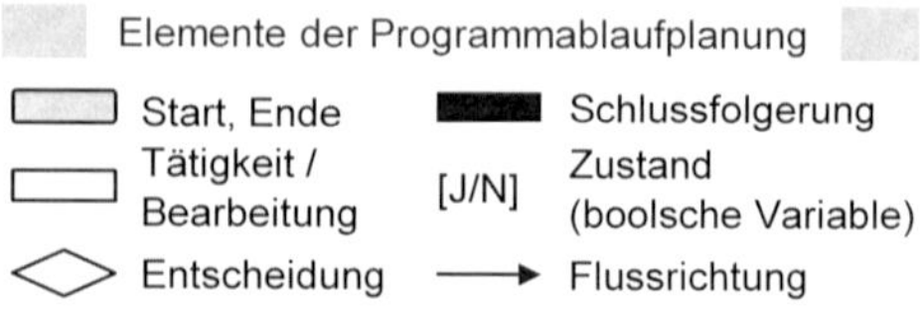

Abbildung 6-25: Elemente der Programmablaufplanung [DIN83]

Elements of program schedule planning [DIN83]

In Abbildung 6-26 ist das Vorgehen (1) zur Überprüfung der technologischen Umsetzbarkeit (Bestätigung der Herstellbarkeit) dargestellt und wird nachfolgend erläutert. In einem ersten Schritt sind alle Merkmale (FK_jM_h), die mit diesem Vorgehen geprüft werden sollen, anhand ihrer Häufigkeit innerhalb der verschiedenen Bauteilvarianten zu reihen und das häufigste noch nicht betrachtete Merkmal auszuwählen. Dieser Ansatz wurde gewählt, da somit zu Beginn möglichst viele Anforderungen gleichzeitig getestet werden können und somit eine effiziente Anwendung sichergestellt wird. Erfolgt bspw. zu Beginn der Überprüfung der Nachweis, dass ein Merkmal, welches in vielen Bauteilvarianten vorkommt (hohe Häufigkeit), nicht anforderungsgerecht gefertigt werden kann, so sind alle weiteren Merkmale dieser Bauteilvarianten nicht zu prüfen, da keine Fertigung möglich ist, wodurch der Aufwand der Anwendung reduziert werden kann. Anschließend sind die Anforderungen (z. B. Oberflächenrauheit) an dieses Merkmal innerhalb der unterschiedlichen Bauteilvarianten zu ordnen, von niedrig (Laufvariable $a = 1$) bis hoch (Laufvariable $a = m$). Wird bspw. die Oberflächenrauheit einer Featureklasse betrachtet, erhält die höchste Rauheit dieser Featureklasse innerhalb der verschiedenen Bauteilvarianten die Laufvariable $a = 1$ (niedrigste Anforderung) und die niedrigste Rauheit die Laufvariable $a = m$ (höchste Anforderung), wobei m die Gesamtanzahl an Bauteilvarianten ist, die dieses Merkmal aufweist. In einem letzten Schritt zur Vorbereitung des Vorgehens werden analog die technologischen Fähigkeiten der Fertigungsprozessfolgen in Bezug auf das aktuell betrachtete Merkmal von niedrig (Laufvariable $b = 1$) bis hoch (Laufvariable $b = n$) gereiht.

Anschließend wird die schrittweise Überprüfung der technologischen Umsetzbarkeit durchgeführt. In einem ersten Abgleich wird geprüft, ob die höchste Anforderung an das betrachtete Merkmal ($a = m$) von der Fertigungsprozessfolge mit den geringsten technologischen Fähigkeiten bzgl. dieses Merkmals erfüllt werden kann ($b = 1$) (vgl. Abbildung 6-26 (1)). Ist dies der Fall, kann geschlussfolgert werden, dass das Merkmal (unabhängig von der bauteilvariantenspezifischen Anforderung) von jeder potenziellen Prozessfolge gefertigt werden kann. Wird diese Überprüfung jedoch verneint, ist in einem zweiten Schritt zu prüfen, ob die niedrigste Anforderung an das betrachtete Merkmal (a = 1) von der Fertigungsprozessfolge mit den höchsten technologischen Fähigkeiten bzgl. des Merkmals erfüllt werden kann (b = n) (vgl. Abbildung 6-26 (2)). Führt die Überprüfung auch zu einem negativen Ergebnis ([Nein]), bedeutet dies, dass dieses Merkmal von keiner Fertigungsprozessfolge anforderungsgerecht umgesetzt werden kann und somit sämtliche Bauteilvarianten, die dieses Merkmal aufweisen, nicht mit den betrachteten Fertigungsprozessfolgen hergestellt werden können.

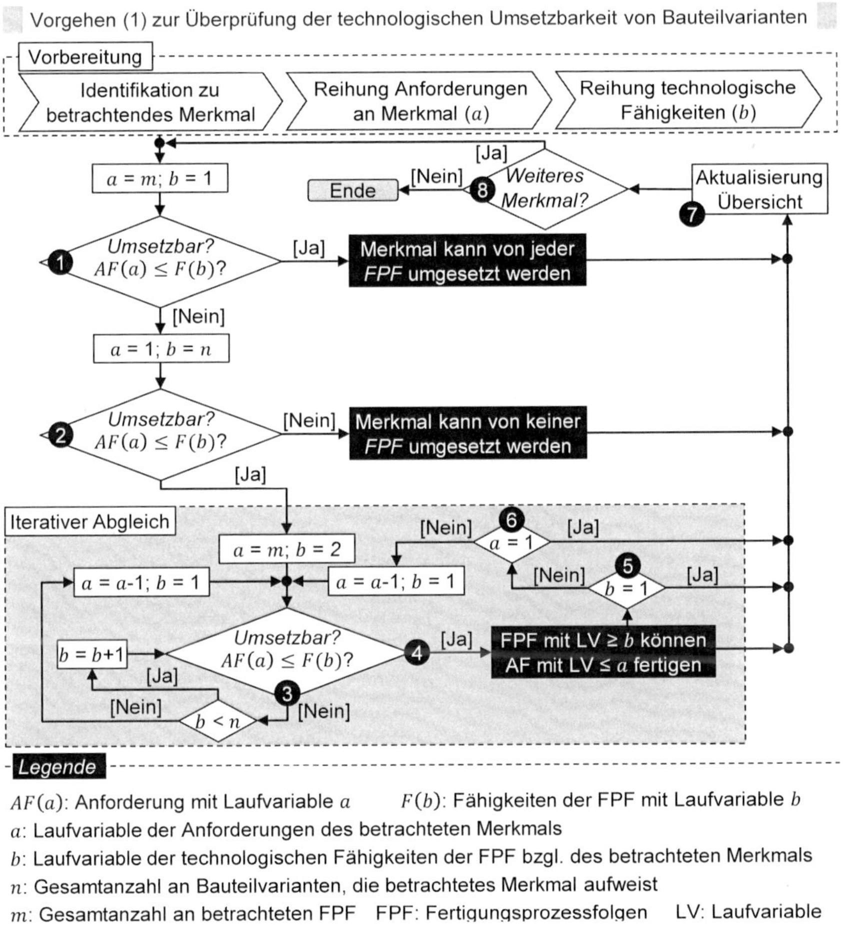

Abbildung 6-26: Vorgehen (1) zur Überprüfung der technologischen Umsetzbarkeit von Bauteilvarianten

Procedure (1) for verifying the technological feasibility of component variants

Führt der zweite Abgleich hingegen zu einem positiven Ergebnis ([Ja]), ist die Herstellbarkeit in mindestens einem Fall gegeben und es ist nachfolgend ein iterativer Abgleich der Anforderungen und Fähigkeiten erforderlich, um zu identifizieren, welche Fertigungsprozessfolgen welche Anforderungen bzgl. des Merkmals erfüllen können. Hierbei wird mit der höchsten Anforderung des Merkmals ($a = m$) und der zweitniedrigsten Fähigkeit ($b = 2$) begonnen (der Abgleich $a = m$ und $b = 1$ ist bereits erfolgt und führte zu einem negativen Ergebnis). Es wird mit der höchsten Anforderung ($a = m$) begonnen, da das Ziel dieses Vorgehens die Bestätigung der Herstellbarkeit ist und durch die Bestätigung der Herstellbarkeit höherer Anforderungen direkt auch die Herstellbarkeit geringerer Anforderungen bestätigt wird, sodass eine Aufwandsreduktion erreicht und somit eine effiziente Anwendung sichergestellt wird. Führt der Abgleich zwischen Anforderungen und Fähigkeiten der Fertigungsprozessfolge zu einem negativen Ergebnis (vgl. Abbildung 6-26 (3)) wird der Abgleich so lange mit der jeweils nächsthöheren technologischen Fähigkeit wiederholt, bis die höchste erreicht wurde ($b = n$) oder der Abgleich zu einem positiven Ergebnis führt. Waren alle durchgeführten Abgleiche inkl. des Abgleichs mit $b = n$ negativ, ist die nächstniedrigste Anforderung ($a = a$-1) beginnend mit der niedrigsten technologischen Fähigkeit ($b = 1$) entsprechend des Vorgehens zu prüfen. Führt der Abgleich zwischen Anforderung des Merkmals und technologischer Fähigkeit der Fertigungsprozessfolge zu einem positiven Ergebnis (vgl. Abbildung 6-26 (4)), ist daraus zu schlussfolgern, dass alle Fertigungsprozessfolgen mit einer Laufvariable $\geq b$ (gleiche oder höhere technologische Fähigkeiten als aktuell betrachtet Fertigungsprozessfolge) in der Lage sind die Anforderungen des Merkmals mit einer Laufvariable ≤ a (gleiche oder niedrigere Anforderungen als aktuell betrachtete Anforderungen an Merkmal) zu fertigen. Daraus ergibt sich auch, dass alle Fertigungsprozessfolgen mit einer Laufvariable $< b$ nicht in der Lage sind die Anforderungen des betrachten Merkmals mit einer Laufvariable a ≥ zu fertigen.

Bevor nun das Vorgehen für das aktuell betrachtete Merkmal beendet werden kann, ist zu prüfen, ob innerhalb des aktuellen Durchlaufs bereits für die Laufvariable b der Wert eins erreicht wurde (vgl. Abbildung 6-26 (5)). Ist dies der Fall, ist das Vorgehen für das betrachtete Merkmal zu beenden. Dies liegt darin begründet, dass dann bereits die Fertigungsprozessfolge mit den geringsten technologischen Fähigkeiten ($b = 1$) betrachtet wurde und dies beim aktuellen Abgleich mit den Anforderungen des Merkmals zu einem positiven Ergebnis geführt hat. Nachfolgend würden dann nur noch geringere Anforderungen betrachtet. Da jedoch bereits die Fertigungsprozessfolge mit den geringsten technologischen Fähigkeiten höhere Anforderungen bzgl. des Merkmals erfüllen kann, führen weitere Abgleiche zwangsläufig zu einem positiven Ergebnis, sodass diese obsolet werden. Ist jedoch für die Laufvariable b der Wert eins nicht erreicht, ist nachfolgend zu prüfen, ob bereits die geringsten Anforderungen des Merkmals betrachtet wurden (Laufvariable $a = 1$, vgl. Abbildung 6-26 (6)). Ist dies zu bejahen, ist das Vorgehen für das aktuelle Merkmal zu beenden. Andernfalls ist der iterative Abgleich mit der nächstniedrigeren Anforderung erneut zu durchlaufen. Ist das Vorgehen aufgrund einer der zuvor genannten Bedingungen zu beenden, ist die Übersicht bzgl. der Herstellbarkeit der Bauteilvarianten (siehe Abbildung 6-23) unter Berücksichtigung aller gewonnen Schlussfolgerungen (durch den iterativen Abgleich sind ggf. mehrere Schlussfolgerungen möglich) zu aktualisieren (vgl. Abbildung 6-26 (7)) und mit dem nächsten Merkmal das Vorgehen zu durchlaufen. Das Vorgehen ist zu beenden, wenn alle Merkmale (FK_jM_h), die entsprechend der vorherigen Auswahl zu betrachten sind (vgl. Abbildung 6-24), analysiert wurden und/oder bzgl. aller Bauteilvarianten eine eindeutige Aussage bzgl. der Herstellbarkeit mit den potenziellen Fertigungsprozessfolgen gegeben ist (vgl. Abbildung 6-26 (8)). Hierbei ist zu beachten, dass zwar zur Bestätigung der Herstellbarkeit einer Bauteilvariante mit einer Fertigungsprozessfolge die Umsetzbarkeit aller Merkmale der Bauteilvariante durch die Fertigungsprozessfolge nachzuweisen ist, jedoch so bald gezeigt wurde, dass ein Merkmal nicht durch die Fertigungsprozessfolge gefertigt werden kann, die technologische Umsetzbarkeit nicht gegeben ist. Somit sind in diesem Falle die verbliebenen Merkmale nicht zu prüfen und der Aufwand der Überprüfung kann deutlich reduziert werden.

Im Vorherigen wurde das Vorgehen vorgestellt, das die Bestätigung der Herstellbarkeit adressiert. Ergänzend wurde in dieser Arbeit auch ein Vorgehen entwickelt, welches die Widerlegung der Herstellbarkeit adressiert. Die Struktur und der Ablauf des Vorgehens sind vergleichbar mit dem bereits erläuterten Vorgehen. Daher sind das zweite Vorgehen und die entsprechende Erläuterung im Anhang dieser Arbeit zu finden (siehe Abschnitt 10.1). Nachdem das jeweilige Vorgehen für alle Bauteilmerkmale durchlaufen wurde, besteht Kenntnis darüber, welche Bauteilvariante durch welche Fertigungsprozessfolge anforderungsgerecht gefertigt werden kann (vgl. Abbildung 6-24).

Bewertung der Relevanz von Bauteilvarianten

Im Anschluss an den vorherigen Methodikschritt besteht nun Kenntnis darüber, welche der potenziellen Fertigungsprozessfolgen welche Bauteilvarianten anforderungsgerecht fertigen können. Basierend darauf ist lediglich eine Aussage über die Flexibilität der Fertigungsprozessfolgen bzgl. der Anzahl herstellbarer Bauteilvarianten möglich und diejenige Fertigungsprozessfolge, welche die meisten Bauteilvarianten fertigen kann, wird als die flexibelste bewertet. Hierbei werden jedoch relevante (insbesondere ökonomische) Faktoren, welche bei einer bedarfsorientierten Flexibilitätsbewertung zu berücksichtigen sind, vernachlässigt. So weisen die Bauteilvarianten z. B. unterschiedliche Eintrittswahrscheinlichkeiten oder Stückzahlen auf, was einen Einfluss auf die Bedeutung einer Bauteilvariante hat und in die Flexibilitätsbewertung zu integrieren ist. Bspw. hat eine Bauteilvariante mit einer hohen Stückzahl und/oder einer hohen Eintrittswahrscheinlichkeit eine höhere Bedeutung für ein Unternehmen, was in der Fertigungsplanung zu berücksichtigen ist. Eine alleinige Beschränkung auf die Herstellbarkeit ist nicht ausreichend.

Daher wird das Konzept der Relevanz einer Bauteilvariante eingeführt. Unter der Relevanz einer Bauteilvariante wird im Kontext der vorliegenden Arbeit die Bedeutsamkeit einer Bauteilvariante bzgl. ihres wirtschaftlichen Potenzials verstanden. Es bedarf eines Modells, welches eine Bewertung der Relevanz von Bauteilvarianten für die Fertigungsplanung ermöglicht, um basierend darauf, die Ableitung bzw. Bewertung der bedarfsorientierten Flexibilität von Fertigungsprozessfolgen umzusetzen. Des Weiteren sind innerhalb des Bewertungsmodells vorliegende Unsicherheiten bzgl. der zu betrachtenden Einflussfaktoren (z. B. Eintrittswahrscheinlichkeit, Stückzahl etc.) zu berücksichtigen. Hierfür sind zunächst die Faktoren zu identifizieren, welche einen Einfluss auf die Relevanz einer Bauteilvarianten haben. Eine exemplarische Übersicht der Einflussfaktoren ist in Abbildung 6-27 dargestellt. Das Bewertungsmodell ist so konzipiert, dass eine anwendungsfallspezifische Anpassung der betrachteten Einflussfaktoren möglich ist. Nachfolgend werden exemplarisch die Eintrittswahrscheinlichkeit, die (Gesamt-) Stückzahl, der Anfangszeitpunkt einer Bauteilvariante sowie der erwartete Deckungsbeitrag einer Bauteilvariante betrachtet. Zur Berücksichtigung von Unsicherheiten werden bei den einzelnen Einflussfaktoren die Erwartungswerte und Standardabweichungen betrachtet. Die einzelnen Werte sind entweder bereits ermittelt worden bzw. sind aus den vorliegenden Verteilungen abzuleiten (vgl. Abschnitt 6.1.2 bzw. Abschnitt 5.5) oder stellen annahmegemäß einen Input der Methodik dar (vgl. Abschnitt 5.3).

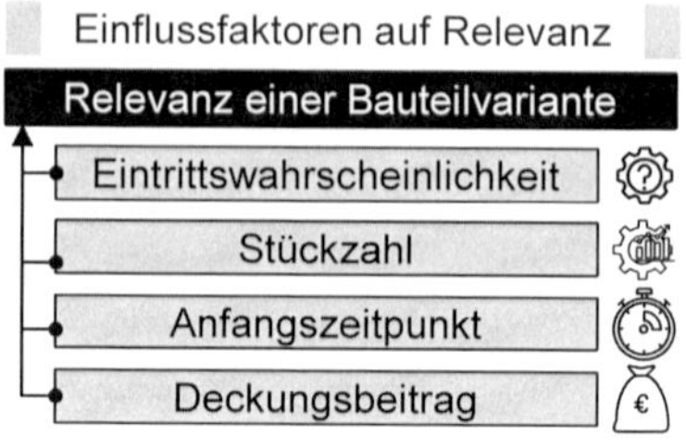

Abbildung 6-27: Einflussfaktoren auf Relevanz Bauteilvariante

Influencing factors component variants' relevance

Zur Bewertung der Relevanz einer Bauteilvariante ist zunächst die Relevanz einer Bauteilvariante je Einflussfaktor zu bestimmen. Hierzu wurden für die unterschiedlichen Einflussfaktoren zur Berücksichtigung der Charakteristika der Einflussfaktoren verschiedene Ansätze entwickelt. Die Relevanz einer Bauteilvariante BV_i in Bezug auf den Einflussfaktor Gesamtstückzahl $R^*_{SZ,i}$ wird durch den Anteil der Gesamtstückzahl der jeweiligen Bauteilvariante an der Gesamtstückzahl aller Bauteilvarianten bestimmt. Dies berechnet sich durch Division der (erwarteten) Gesamtstückzahl der jeweiligen Bauteilvariante durch die (erwartete) Gesamtstückzahl aller Bauteilvarianten. Hieraus ergibt sich dann direkt die absolute Relevanz der Bauteilvariante in Bezug auf den Einflussfaktor Gesamtstückzahl $R^*_{SZ,i}$. Durch diese Berechnung wird berücksichtig, dass Bauteilvarianten mit einer höheren Stückzahl eine höhere Bedeutung und somit höhere Relevanz für die Fertigungsplanung haben als Bauteilvarianten mit einer geringeren Stückzahl. Die absolute Relevanz einer Bauteilvariante in Bezug auf den Einflussfaktor Anfangszeitpunkt $R^*_{AZ,i}$ wird bestimmt durch Division von 1 durch die Anzahl der Perioden im Betrachtungszeitraum multipliziert mit der Differenz aus Anzahl der Perioden und Erwartungswert des Anfangszeitpunkts der Bauteilvariante BV_i. Hierdurch wird berücksichtigt, dass ein früherer Anfangszeitpunkt zu einer höheren Relevanz der Bauteilvariante führt. Dies ist dadurch begründet, dass durch einen früheren Eintritt einer Variante schnellere (und sicherere) Umsätze generiert werden können. Bspw. ergibt sich für eine Bauteilvariante mit einem Erwartungswert des Anfangszeitpunkts von 2 (Eintritt in zweiter Periode) und einer Gesamtperiodenanzahl von 10 eine absolute Relevanz in Bezug auf den Einflussfaktor Anfangszeitpunkt $R^*_{AZ,i}$ von 0,8.

Für die Bestimmung der absoluten Relevanz einer Bauteilvariante bzgl. weiterer Einflussfaktoren (z. B. Eintrittswahrscheinlichkeit) wird der Variationskoeffizient (CV) bzw. der Kehrwert des Variationskoeffizienten genutzt (vgl. Abbildung 6-28 (1)). Die (absolute) Relevanz $R^*_{g,i}$ einer Bauteilvariante i bzgl. eines Einflussfaktors g wird definiert als der Quotient aus Erwartungswert $\mu_{g,i}$ und Standardabweichung $\sigma_{g,i}$. Bspw. führt ein hoher Erwartungswert bei gleichzeitig geringer Streuung (und somit Zuverlässigkeit des Wertes) zu einer hohen Relevanz der Bauteilvariante bezogen auf den betrachteten Einflussfaktor. Hierbei handelt es sich um eine einheitslose Größe, welche die Bewertung und den Vergleich unterschiedlicher Relevanzwerte ermöglicht.Um die Relevanz einer Bauteilvariante bzgl. unterschiedlicher Einflussfaktoren miteinander vergleichen zu können, ist unabhängig vom Ansatz der Bestimmung der absoluten Relevanz eine Normierung und somit die Ermittlung relativer Relevanzwerte $R_{g,i}$ erforderlich (vgl. Abbildung 6-28 (2)). Hierfür wurde die Max-Normierung gewählt. Bei dieser Methode werden die Werte auf den Bereich [0;1] skaliert. Im Gegensatz zur Min-Max-Normierung hat die Max-Normierung den Vorteil, dass dabei für die Bauteilvariante mit der minimalen absoluten Relevanz in Bezug auf den betrachteten Einflussfaktor nicht zwangsläufig eine relative Relevanz von null resultiert. Dies ist in diesem Zusammenhang sinnvoll, da auch Bauteilvarianten, welche bzgl. eines Einflussfaktors den minimalen (absoluten) Relevanzwert aufweisen eine (wenn auch geringere) Relevanz haben (können).

Bewertung der Relevanz von Bauteilvarianten

Ermittlung Relevanz Bauteilvariante BV_i ***je Einflussfaktor*** EF_g

❶ *Absolute Relevanz*

$$R^*_{g,i} = \frac{1}{CV_{g,i}} = \frac{\mu_{g,i}}{\sigma_{g,i}}$$

❷ *Relative Relevanz*

$$R_{g,i} = \frac{R^*_{g,i}}{\max(R^*_g)}$$

Ermittlung Relevanz Bauteilvariante BV_i

❸ *Absolute Relevanz*

$$R^*_i = \sum_{g=1}^{G} w_g \cdot R_{g,i} \quad \text{mit } \sum_{g=1}^{G} w_g = 1$$

❹ *Relative Relevanz*

$$R_i = \frac{R^*_i}{\max(R^*)}$$

Legende

BV_i: Bauteilvariante i — $CV_{g,i}$: Variationskoeffizient der BV_i des EF_g

$R^*_{g,i}$: Abs. Relevanz BV_i bezogen auf EF_g — R^*_i: Absolute Relevanz BV_i

$R_{g,i}$: Rel. Relevanz BV_i bezogen auf EF_g — R_i: Relative Relevanz BV_i

EF_g: Einflussfaktor g — $\mu_{g,i}$: Erwartungswert bzgl. des EF_g für BV_i

w_g: Relative Gewichtung des Einflussfaktors g

$\sigma_{g,i}$: Standardabweichung bzgl. Einflussfaktor g für Bauteilvariante i

Abbildung 6-28: Bewertung der Relevanz von Bauteilvarianten

Evaluation of the relevance of component variants

Mit den erläuterten Ansätzen und der anschließenden Normierung sind die relativen Relevanzwerte einer Bauteilvariante in Bezug auf die verschiedenen Einflussfaktoren der Relevanz zu ermitteln. Basierend darauf ist die absolute Relevanz R^*_i einer Bauteilvariante zu bestimmen. Hierzu werden die einzelnen Relevanzwerte der verschiedenen Einflussfaktoren je Bauteilvariante addiert (vgl. Abbildung 6-28 (3)). Zusätzlich wird hierbei eine Gewichtung der einzelnen Einflussfaktoren w_g in das Bewertungsmodell integriert. Hierdurch kann berücksichtigt werden, dass die einzelnen Einflussfaktoren eine unterschiedliche Bedeutung für die Relevanz der Bauteilvarianten haben. Die Gewichtungen sind jeweils anwendungsfallspezifisch festzulegen (z. B. AHP oder paarweiser Vergleich). Auf dieses Vorgehen wurde bereits in Abschnitt 6.1.2 (vgl. Abbildung 6-13) eingegangen. Falls keine Unterscheidung zwischen den Einflussfaktoren und somit eine gleichmäßige Gewichtung erfolgen soll, ist die Gewichtung für alle Einflussfaktoren auf den gleichen Wert zu setzen (mit 1/Anzahl der Einflussfaktoren). Zur Ermöglichung der Vergleichbarkeit der Ergebnisse sind abschließend analog zur Relevanz einer Bauteilvariante bzgl. eines Einflussfaktors die Werte zu normieren und somit die relativen Relevanzwerte R_i je Bauteilvariante i zu bestimmen. Mithilfe des entwickelten Bewertungsmodells ist die Ermittlung der Relevanz einer jeden Bauteilvariante möglich. Basierend darauf bedarf es nun eines Vorgehens zur Bestimmung der bedarfsorientierten Flexibilität von Fertigungsprozessfolgen.

Ableitung bedarfsorientiert flexibler Fertigungsprozessfolgen

Ausgehend von der Relevanz der einzelnen Bauteilvarianten ist nachfolgend ein Ansatz zur Bewertung der bedarfsorientierten Flexibilität von Fertigungsprozessfolgen erforderlich, um basierend auf der Bewertung, eine anwendungsfallspezifische Ableitung bedarfsorientiert flexibler Fertigungsprozessfolgen zu ermöglichen. Hierdurch wird eine Reduktion der nachfolgend zu betrachtenden Fertigungsprozessfolgen und somit eine Aufwandsreduktion der Methodik erreicht. Das Bewertungsmodell der bedarfsorientierten Flexibilität von Fertigungsprozessfolgen ist in Abbildung 6-29 abgebildet. Input des Modells stellen einerseits die Relevanzwerte der einzelnen Bauteilvarianten (R_i) des vorherigen Schritts und andererseits die Ergebnisse der Überprüfung der technologischen Umsetzbarkeit der einzelnen Bauteilvarianten mit den unterschiedlichen Fertigungsprozessfolgen dar. Mithilfe dieser Informationen ist die (absolute) bedarfsorientierte Flexibilität (F_k^*) zu ermitteln (vgl. Abbildung 6-29 (1)). Diese wird durch die Summe der Produkte der Relevanzwerte der einzelnen Bauteilvarianten (R_i) und dem Faktor der Umsetzbarkeit ($U_{k,i}$) bestimmt. Der Faktor $U_{k,i}$ nimmt den Wert eins an, wenn die Fertigungsprozessfolge k die Bauteilvariante i fertigen kann. Ist hingegen keine Fertigung der Bauteilvariante i mit der Fertigungsprozessfolge k möglich, gilt $U_{k,i} = 0$.

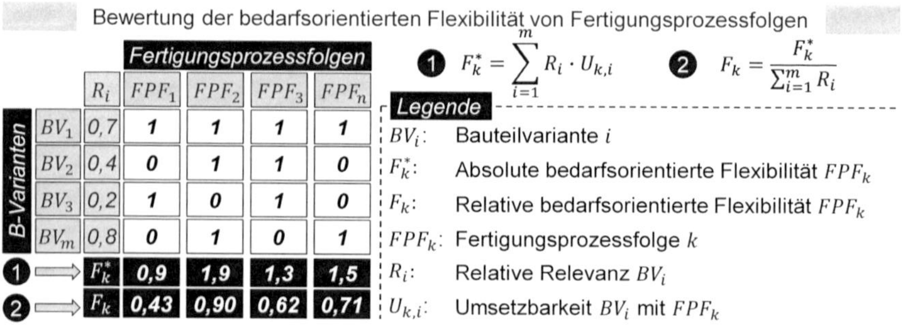

Abbildung 6-29: Bewertungsmodell der bedarfsorientierten Flexibilität von Fertigungsprozessfolgen

Evaluation model demand-oriented flexibility of manufacturing process sequences

Anschließend ist die (relative) bedarfsorientierte Flexibilität der Fertigungsprozessfolgen (F_k) nach der Formel (2) in Abbildung 6-29 zu berechnen. Hierzu wird der jeweilige Wert der absoluten bedarfsorientierten Flexibilität durch den maximal erreichbaren Wert der absoluten bedarfsorientierten Flexibilität, welcher sich durch die Summe der Relevanzwerte der einzelnen Bauteilvarianten (R_i) ergibt, dividiert. Durch die Bestimmung der Werte der relativen bedarfsorientierten Flexibilität ist eine bessere Vergleichbarkeit der einzelnen Fertigungsprozessfolgen möglich. Mithilfe des Bewertungsmodells kann Kenntnis darüber erlangt werden, welche anwendungsfallspezifische bedarfsorientierte Flexibilität die potenziellen Fertigungsprozessfolgen aufweisen. Basierend auf den berechneten Kennwerten ist es nun möglich, eine Eingrenzung der Fertigungsprozessfolgen, welche im Rahmen der Wirtschaftlichkeitsbewertung näher betrachtet werden sollen, vorzunehmen. Ziel dessen ist es, den Aufwand und Informationsbedarf der Wirtschaftlichkeitsbewertung, der aufgrund der Betrachtung unsicherheitsbehafteter Bauteilvarianten im Vergleich zu bekannten Ansätzen der Wirtschaftlichkeitsbewertung deutlich höher ist, zu reduzieren. Gleichzeitig ist das Risiko, welches aus der Reduktion und somit nachfolgenden Vernachlässigung potenzieller Fertigungsprozessfolgen resultiert, in die Betrachtung zu integrieren. Es liegt somit ein Zielkonflikt zwischen den formalen Anforderungen an die Methodik (geringer Aufwand und empirische Richtigkeit) vor, welcher zu berücksichtigen ist.

Um Anwendende bei der Reduktion der Fertigungsprozessfolgen unter Berücksichtigung des Risikos der Reduktion zu unterstützen, wurde das in Abbildung 6-30 dargestellte Vorgehen entwickelt. Dieses basiert auf der Kombination des Ansatzes der Szenariotechnik mit der Risikobewertung anhand einer Risikomatrix. Es werden verschiedene alternative Szenarien anhand einer Risikobewertung analysiert. Ein Szenario stellt in diesem Zusammenhang eine Kombination an potenziellen Fertigungsprozessfolgen dar, die nachfolgend aus der Betrachtung ausgeschlossen werden. Den Ausgangspunkt stellt die Situation dar, dass alle Fertigungsprozessfolgen betrachtet werden. Nachfolgend sind die verschiedenen Szenarien zu analysieren, bei denen einzelne Fertigungsprozessfolgen aus der Betrachtung ausgeschlossen werden.

In Vorbereitung des Vorgehens sind die Randbedingungen der Szenarien zu definieren. Dabei wird zwischen Randbedingungen bzgl. der Fertigungsprozessfolgen und hinsichtlich der Bauteilvarianten unterschieden. Bei den Fertigungsprozessfolgen ist festzulegen, welche auf jeden Fall weiter zu betrachten sind. Hierzu sind die zuvor berechneten Kennwerte der bedarfsorientierten Flexibilität heranzuziehen und dahingehend zu analysieren, ob zwischen den Flexibilitätswerten der Fertigungsprozessfolgen ein Sprung der Werte vorliegt. Der Sprung im Wert der Flexibilität deutet auf einen Unterschied hinsichtlich der Fertigungsprozesse der Fertigungsprozessfolgen hin, welcher sich auf die technische Umsetzbarkeit von Bauteilvarianten und damit auf die Flexibilität auswirkt. Im Vergleich zu den Fertigungsprozessfolgen vor dem Sprung im Wert der Flexibilität, weisen die Fertigungsprozessfolgen hinter dem Sprung eine wesentlich geringe Flexibilität auf, weshalb diese reduziert werden können. Die Risiken, welche mit einer solchen Reduktion einhergehen, werden nachfolgend näher betrachtet. Falls kein Sprung der Kennwerte vorliegt, kann auch ein anwendungsfallspezifischer Grenzwert (z. B. 25 %) definiert werden, sodass z. B. das untere Viertel der Fertigungsprozessfolgen in Bezug auf die bedarfsorientierte Flexibilität in jedem Szenario ausgeschlossen wird, um eine Aufwandsreduktion sicherzustellen und die weniger vielversprechenden Fertigungsprozessfolgen auszuschließen. Ergänzend oder alternativ kann auch eine maximale bzw. minimale Anzahl an Fertigungsprozessfolgen, die je Szenario betrachtet bzw. ausgeschlossen werden sollen, definiert werden. An dieser Stelle sei darauf hingewiesen, dass es sich um einen optionalen Schritt zur Vorbereitung des Vorgehens handelt. Ziel dieses Schrittes ist es, vorab die Anzahl der zu betrachtenden Szenarien zu begrenzen und dabei diejenigen Fertigungsprozessfolgen auszuschließen, welche nach aktuellem Informationsstand das geringste Potenzial aufweisen.

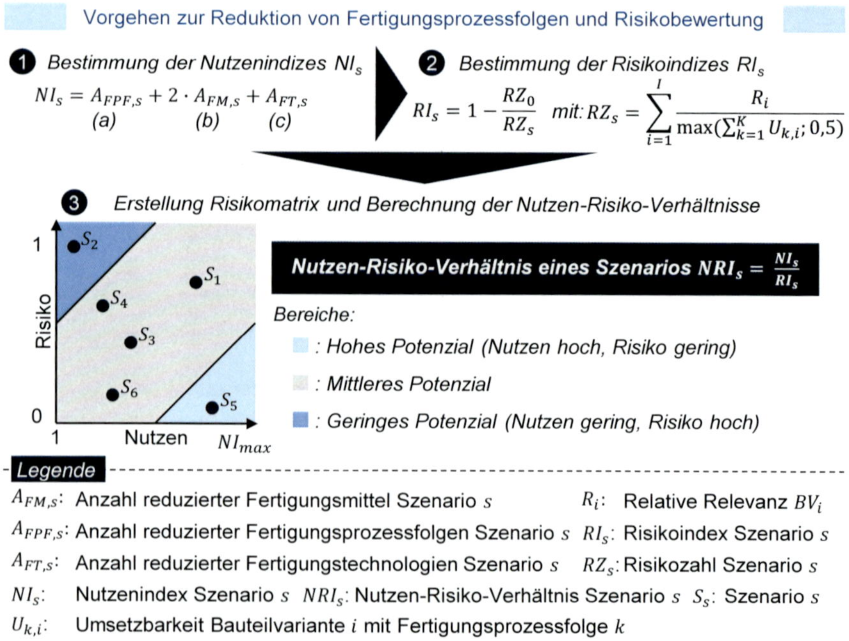

Abbildung 6-30: Vorgehen zur Reduktion von Fertigungsprozessfolgen und Risikobewertung

Procedure for reducing manufacturing process sequences and risk assessment

Bei den Randbedingungen bzgl. der Bauteilvarianten sind diejenigen Bauteilvarianten, welche aufgrund ihrer hohen Relevanz unabhängig vom jeweiligen Szenario zu fertigen sind, zu definieren. D. h. jedes Szenario muss mindestens eine Fertigungsprozessfolge enthalten, die die Fertigung dieser Bauteilvarianten ermöglicht. Zur Definition dieser Bauteilvarianten ist die relative Relevanz der Bauteilvarianten (R_i) heranzuziehen und die Bauteilvarianten absteigend zu reihen. Als Auswahlkriterium der Bauteilvarianten kann entweder eine Anzahl an Bauteilvarianten (z. B. die drei

Bauteilvarianten mit der höchsten Relevanz) oder ein Grenzwert der Relevanz (z. B. alle Bauteilvarianten mit einer Relevanz > 0,8) gewählt werden. Hierdurch wird sichergestellt, dass unabhängig vom betrachteten Szenario die Herstellbarkeit besonders relevanter und somit kritischer Bauteilvarianten gegeben ist. Auch diese eingrenzende Randbedingung stellt einen optionalen Teilschritt zur Vorbereitung des Vorgehens dar.

Unter Berücksichtigung der erläuterten Randbedingungen sind die entsprechenden potenziellen Szenarien abzuleiten. Ein Szenario stellt dabei jeweils eine potenzielle Kombination an Fertigungsprozessfolgen dar, welche nachfolgend aus der Betrachtung ausgeschlossen werden. Für jedes der gebildeten Szenarien ist im ersten Schritt des Vorgehens der szenarioindividuelle Nutzen der Reduktion an Fertigungsprozessfolgen gegenüber der Ausgangssituation (Betrachtung aller Fertigungsprozessfolgen) zu bestimmen (siehe Abbildung 6-30 (1)). Der Nutzen ergibt sich hierbei aus der Aufwandsreduktion, welcher aus der Reduktion potenzieller Fertigungsprozessfolgen resultiert und somit zu einem geringeren Berechnungsaufwand und Informationsbedarf für die nachfolgende Wirtschaftlichkeitsbewertung führt. Zur Bewertung des Nutzens eines Szenarios wurde ein Nutzenindex NI_S erarbeitet, welcher auf einer Punkteskala basiert und aus drei Elementen (a-c) besteht. Für jede Fertigungsprozessfolge, welche innerhalb des Szenarios aus der Betrachtung ausgeschlossen wird, wird ein Punkt vergeben, da hieraus ein geringerer Berechnungsaufwand resultiert (vgl. Abbildung 6-30 (a)). Für jedes Fertigungsmittel, das durch die Reduktion der Fertigungsprozessfolgen im Vergleich zu den weiter betrachteten Fertigungsprozessfolgen entfällt, werden zwei Punkte vergeben, da sich hierdurch ein geringerer Informationsbedarf ergibt (vgl. Abbildung 6-30 (b)). Dabei ist zu betonen, dass dies nur Fertigungsmittel betrifft, die in keiner der weiterhin betrachteten Fertigungsprozessfolgen beinhaltet sind, da sonst der Informationsbedarf weiterhin bestehen bleibt. Als letztes Element des Nutzindex wird je ein weiterer Punkt vergeben, falls durch die Reduktion nicht nur ein Fertigungsmittel, sondern eine komplette Technologie (z. B. Drehen, Fräsen, Schleifen etc.) aus der Betrachtung entfällt, da dies nochmal zu einer Reduktion der Komplexität und des Informationsbedarfs führt (vgl. Abbildung 6-30 (c)). Werden bspw. in einem Szenario zwei Fertigungsprozessfolgen aus der Betrachtung ausgeschlossen und erfolgt infolgedessen eine Reduktion der zu betrachtenden Fertigungsmittel um zwei Fertigungsmittel und eine Technologie entfällt gänzlich, so ergibt sich für dieses Szenario ein Nutzenindex $NI_S = 7$ (=2+2•2+1).

Anschließend ist im nächsten Schritt das szenarioindividuelle Risiko der Reduktion zu ermitteln (vgl. Abbildung 6-30 (2)). Hierzu wurde ein Risikoindex entwickelt. Zunächst ist die Risikozahl des betrachteten Szenarios (RZ_S) zu bestimmen. Die Risikozahl eines Szenarios RZ_S wird durch die Summe der Quotienten der relativen Relevanz der einzelnen Bauteilvarianten durch die Anzahl der Fertigungsprozessfolgen, die innerhalb des Szenarios in der Lage sind, die Bauteilvariante zu fertigen, ermittelt. Dabei wird, falls die Anzahl bzw. Summe der Fertigungsprozessfolgen gleich null ist (= keine Fertigungsprozessfolge kann die Bauteilvariante fertigen), dieser Wert auf 0,5 gesetzt, um der Tatsache Rechnung zu tragen, dass die nicht Umsetzbarkeit einer

Bauteilvariante innerhalb eines Szenarios ein vergleichsweise hohes Risiko darstellt. Durch die Berechnung wird berücksichtigt, dass das Risiko mit einer sinkenden Anzahl an Fertigungsprozessfolgen, mit der eine Bauteilvariante gefertigt werden kann, zunimmt. Das Risiko resultiert bspw. daraus, dass ggf. die Fertigungsprozessfolgen ausgeschlossen werden, welche eine Bauteilvariante sehr wirtschaftlich fertigen können. Je mehr Fertigungsprozessfolgen ausgeschlossen werden, desto höher ist das Risiko. Ebenso wird durch diese Berechnung berücksichtigt, dass eine geringere Anzahl an Fertigungsprozessfolgen, die Bauteilvarianten mit höherer Relevanz fertigen können, zu einem höheren Risiko führt als bei Bauteilvarianten mit einer geringeren Relevanz. Um das Risiko anwendungsfallspezifisch zu ermitteln, ist die Risikozahl des Szenarios RZ_s ins Verhältnis zur Risikozahl des Ausgangszustands RZ_0 zu setzen. Im Ausgangszustand werden alle potenziellen Fertigungsprozessfolgen betrachtet und keine Reduktion dieser liegt vor, sodass für jedes Szenario *s* gilt $RZ_0 < RZ_s$. (vgl. Abbildung 6-30). Zur Ermittlung des Risikoindex eines Szenarios RI_s wird der Quotient aus Risikozahl des Ausgangszustands (RZ_0) und Risikozahl des Szenarios von eins subtrahiert. Für den Risikoindex RI_s gilt, je größer die Abweichung des Szenarios vom Ausgangszustand durch die Reduktion von Fertigungsprozessfolgen ist, desto größer ist die Risikozahl RZ_s und somit auch der Risikoindex RI_s. Für die Betrachtung des Ausgangszustands als Szenario ergibt sich ein Risikoindex RI_0 von null. Da in diesem Fall keine Reduktion an Fertigungsprozessfolgen vorliegt, besteht auch kein Risiko.

Im letzten Schritt des Vorgehens zur Reduktion der potenziellen Fertigungsprozessfolgen und Risikobewertung ist die Risikomatrix zu erstellen (siehe Abbildung 6-30 (3)). In der Risikomatrix werden der Nutzen (Abszisse) und das Risiko (Ordinate) gegeneinander aufgetragen. Das Minimum der Abszisse (Nutzen) ist auf den Wert eins zu setzen, da je Szenario definitionsgemäß mindestens eine Fertigungsprozessfolge aus der Betrachtung ausgeschlossen wird. Das Maximum ist anwendungsfallspezifisch zu bestimmen, da die erzielbaren Nutzenwerte u. a von der Anzahl der initial betrachteten Fertigungsprozessfolgen und der Anzahl der Prozesse je Fertigungsprozessfolge abhängig sind. Bspw. kann das Maximum auf den höchsten berechneten Nutzenwert gesetzt werden und die anderen Werte entsprechend zwischen Minimum und Maximum skaliert werden. Alternativ kann auch ein individueller Wert für das Maximum gesetzt werden. Das Minimum der Ordinate (Risiko) ist auf den Wert Null und das Maximum auf den Wert eins zu setzen. Dies ergibt sich aus dem möglichen Wertebereich des Risikoindex. Abschließend beinhaltet dieser Schritt noch die Ermittlung des Nutzen-Risiko-Verhältnisses eines jeden Szenarios (NRV_s), welches durch Division des jeweiligen Nutzenindex NI_s durch den Risikoindex RI_s des Szenarios bestimmt wird. Basierend darauf ist dann das Szenario zu wählen, welches das beste Nutzen-Risiko-Verhältnis aufweist und entsprechend ist die Anzahl der potenziellen Fertigungsprozessfolgen zu reduzieren.

Mithilfe der vorgestellten Teilmethodik in Abschnitt 6.2.2 werden Anwendende dazu befähigt, ausgehend von einer Menge potenzieller Fertigungsprozessfolgen, diese bzgl. der anwendungsfallspezifischen bedarfsorientierten Flexibilität zu bewerten.

Zusätzlich wird basierend auf der Bewertung der bedarfsorientierten Flexibilität eine systematische Reduktion von potenziellen Fertigungsprozessfolgen unter Berücksichtigung des Risikos der Reduktion erreicht. Hierdurch wird die Ermittlung bedarfsorientiert flexibler Fertigungsprozessfolgen ermöglicht. Im nachfolgenden Modul der Methodik sind diese Fertigungsprozessfolgen anhand ihrer Wirtschaftlichkeit zu bewerten.

6.2.3 Validierung und Zwischenfazit

Validation and Interim Conclusion

Nachfolgend werden die in den Abschnitten 6.2.1 und 6.2.2 entwickelten Modelle und Methoden validiert. Ziel ist es wie in Abschnitt 6.1.3, die Erfüllung der formalen und inhaltlichen Anforderungen anhand eines Fallbeispiels zu bewerten. Hierfür ist zu untersuchen, ob die entwickelten Modelle und Methoden widerspruchsfrei anwendbar sind und ob die Forschungsfrage 2 beantwortet wurde. Als Fallbeispiel dient die in Abschnitt 6.1.3 vorgestellte Ritzelwelle. Die innerhalb der Validierung zu betrachtenden Fertigungsprozessfolgen und Bauteilvarianten stellen einen exogenen Input dar. Um alle Elemente der Methodik ausreichend zu validieren, werden im Folgenden fünf Bauteilvarianten betrachtet, welche unabhängig von der vorherigen Betrachtung sind.

Ermittlung relevanter technologischer Fähigkeiten von Prozessfolgen

In einem ersten Schritt sind die Features und Merkmale zu identifizieren, welche von denen des initialen Bauteils abweichen und somit relevant für die weitere Betrachtung sind. Hierzu sind entsprechend dem entwickelten Vorgehen die Featureklassen der Ritzelwelle zu bestimmen. Die basierend auf den Features des initialen Bauteils abgeleiteten Featureklassen sind Wellenabsätze (FK_1), Zähne (FK_2), Lagersitze (FK_3), Passfedernuten (FK_4), Radien (FK_5), Zentrierbohrungen (FK_6), Fasen (FK_7) und Freistiche (FK_8). Exemplarisch sind in Abbildung 6-31 die Merkmale der Featureklasse Wellenabsätze (FK_1) dargestellt.

Vorstellung Featureklasse FK_1

Featureklasse Wellenabsätze	
FK_1M_1	Makro: *l* = [6,9 mm, 36 mm]
FK_1M_2	Makro: *d* = [25h6 ; 38h6]
FK_1M_3	Makro: *Rundlauf* ≥ 0,013 mm
FK_1M_4	Meso: Randhärte ≤ 720±40 HV1
FK_1M_5	Mikro: *Rz* ≥ 4 µm
FK_1M_6	Nano: Korrosionsbeständig

FK_jM_h: Merkmal h der Featureklasse j

Abbildung 6-31: Featureklasse *FK₁*

Feature class FK_1

Um basierend auf den Featureklassen der initialen Ritzelwelle die für die weitere Betrachtung relevanten Merkmale zu identifizieren, ist ein Vergleich der abweichenden Merkmale der Bauteilvarianten von denen der initialen Ritzelwelle erforderlich. Wie bereits erwähnt, werden im Weiteren fünf Bauteilvarianten betrachtet, deren abweichende Merkmale der Abbildung 10-6 im Anhang zu entnehmen sind. Basierend darauf sind im Folgenden die Oberflächenrauheit der Zähne (FK_2M_7), die Härte der Zähne (FK_2M_8) und die Oberflächenrauheit der Lagersitze (FK_3M_4) als relevante Merkmale zu betrachten. Im Folgenden sind diejenigen Fertigungsprozesse der potenziellen Fertigungsprozessfolgen zu identifizieren, welche einen Einfluss auf die finale

Gestalt der relevanten Bauteilmerkmale haben. Die potenziellen Fertigungsprozessfolgen, welche einen Input der Methodik darstellen und alle in der Lage sind das initiale Bauteil zu fertigen, sind in Abbildung 6-32 dargestellt.

Abbildung 6-32: Vorstellung betrachteter potenzieller Fertigungsprozessfolgen

Introduction of potential manufacturing process sequences under consideration

Ergänzend ist zu erwähnen, dass zwischen den unterschiedlichen Fertigungsprozessfolgen bei gleicher benannter Technologie unterschiedliche Maschinen (Fertigungsmittel) mit verschiedenen Fähigkeiten eingesetzt bzw. betrachtet werden. Aus Darstellungsgründen sind in der Abbildung nur vereinfacht die Technologien benannt, jedoch, wenn unterschiedliche Fertigungsmittel bei einer Technologie zum Einsatz kommen, sind diese durch unterschiedliche Farben gekennzeichnet (siehe Hartdrehen, Rund-, Wälz- und Profilschleifen).

In der Abbildung 6-33 sind exemplarisch die Einflüsse der einzelnen Prozesse der Fertigungsprozessfolge FPF_1 auf die als relevant identifizierten Merkmale dargestellt. Bspw. beeinflussen das Wälzfräsen und das Wälzschleifen die finale Gestalt der Oberflächenrauheit der Zähne (FK_2M_7), weshalb diese die relevanten Prozesse für dieses Merkmal sind. Außerdem liegt eine Abhängigkeit zwischen der (Rand-)Härte der Zähne (FK_2M_8) und der Oberflächenrauheit der Zähne (FK_2M_7) vor, da die Zähne nach dem Härten noch zu bearbeiten sind, um die jeweils geforderte Oberflächenrauheit zu erreichen bzw. einzustellen. Anschließend wurden die technologischen Fähigkeiten der Fertigungsprozessfolgen in Bezug auf die relevanten Merkmale durch Kombination der prozessindividuellen Fähigkeiten der jeweils relevanten Prozesse bestimmt. Hierbei wurden auch ggf. vorliegende Randbedingungen der Fertigungsmittel berücksichtigt. Die Ergebnisse für Fertigungsprozessfolge FPF_1 sind ebenfalls exemplarisch in der Abbildung 6-33 dargestellt. Bspw. kann mit der Fertigungsprozessfolge FPF_1 maximal eine Oberflächenrauheit der Zähne von Rz = 1 µm erreicht werden. Die Werte wurden gemeinsam mit Technologieexperten*innen des MANUFACTURING TECHNOLOGY INSTITUTE - MTI DER RWTH AACHEN ermittelt und die Ergebnisse dieses Schritts sind für alle betrachteten Fertigungsprozessfolgen der Abbildung 10-7 im Anhang zu entnehmen.

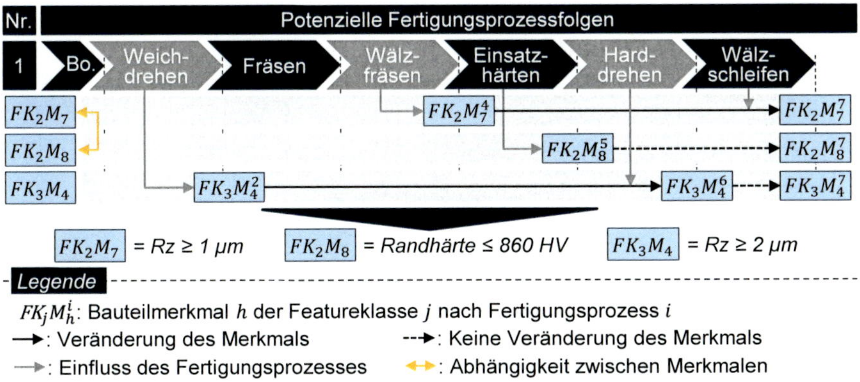

Abbildung 6-33: Einflüsse der Fertigungsprozesse der FPF_1 auf relevante Bauteilmerkmale

Influences Manufacturing Processes of FPF_1 on relevant Component Characteristics

Ermittlung bedarfsorientiert flexibler Fertigungsprozessfolgen

Mithilfe der technologischen Fähigkeiten der Fertigungsprozessfolgen in Bezug auf die relevanten Bauteilmerkmale wurde dann die technologische Umsetzbarkeit der potenziellen Bauteilvarianten mit den alternativen Fertigungsprozessfolgen bewertet. Das Ergebnis dieser Überprüfung ist in Abbildung 6-34 zu sehen. Hierbei bedeutet eine „1“ bzw. „0“, dass die Bauteilvariante der Zeile mit der Fertigungsprozessfolge der Spalte gefertigt werden kann bzw. nicht gefertigt werden kann. So ist bspw. die Fertigungsprozessfolge FPF_1 in der Lage die Bauteilvarianten BV_1 und BV_2 zu fertigen.

Technologische Umsetzbarkeit

BV	FPF_1	FPF_2	FPF_3	FPF_4	FPF_5
BV_1	1	1	1	1	0
BV_2	1	1	1	0	1
BV_3	0	0	1	1	1
BV_4	0	1	0	1	0
BV_5	0	0	0	1	1

BV_i: Bauteilvariante i
FPF_k: Fertigungsprozessfolge k

Abbildung 6-34: Tech. Umsetzbarkeit

Tech. feasibility

Nachfolgend wurde zur Flexibilitätsbewertung die Relevanz der Bauteilvarianten bestimmt. Hierfür wurden als Einflussfaktoren die Eintrittswahrscheinlichkeit (EF_1), die Gesamtstückzahl (EF_2), der Anfangszeitpunkt (EF_3) sowie der (geschätzte) Deckungsbeitrag (EF_4) der Bauteilvarianten betrachtet. In der Abbildung 6-35 sind einerseits exemplarisch für die Bauteilvariante BV_1 die Ergebnisse der Bewertung der Relevanz der Bauteilvariante BV_1 je Einflussfaktor und andererseits die Bewertung der Relevanz der Bauteilvarianten zu sehen. Die der Bewertung zugrundeliegenden Informationen (Abbildung 10-8), die Bestimmung der Gewichtung der Einflussfaktoren (Abbildung 10-9) sowie alle weiteren Berechnungsergebnisse (Abbildung 10-10) können dem Anhang entnommen werden. Die Bauteilvarianten BV_1 und BV_2 weisen eine hohe Relevanz auf, was u. a. auf die hohe Eintrittswahrscheinlichkeit und hohe Stückzahl zurückzuführen ist. Die Bauteilvariante BV_5 hingegen hat die geringste Relevanz aufgrund eines geringen (erwarteten) Deckungsbeitrags und einer geringeren Stückzahl.

Bewertung der Relevanz der Bauteilvarianten BV_i

❶ Relevanz Bauteilvariante BV_1 je EF_g

BV_i	EF_1	EF_2	EF_3	EF_4
$R^*_{g,1}$	18	0,43	0,7	13
$R_{g,1}$	0,9	1	1	0,83

$R^*_{1,1} = \frac{90\,\%}{5\,\%} = 18$ $\quad$ $R_{1,1} = \frac{18}{20} = 0,9$

❷ Relevanz der Bauteilvarianten BV_i

BV_i	BV_1	BV_2	BV_3	BV_4	BV_5
R^*_i	0,92	0,95	0,62	0,45	0,26
R_i	0,97	1,00	0,66	0,47	0,28

$w_1 = 0,44$
$w_2 = 0,31$
$w_3 = 0,06$
$w_4 = 0,19$

$R^*_1 = 0,44 \cdot 0,9 + 0,31 \cdot 1 + 0,06 \cdot 1 + 0,19 \cdot 0,83$

$R_1 = R^*_1 \,/\, \max(R^*_i) = 0,92 \,/\, 0,95 \approx 0,97$

Legende

BV_i: Bauteilvariante i $\quad$ EF_g: Einflussfaktor g $\quad$ w_g: Relative Gewichtung des Einflussfaktors g

$R^*_{g,i}$: Absolute Relevanz BV_i bezogen auf EF_g $\quad$ R^*_i: Absolute Relevanz BV_i

$R_{g,i}$: Relative Relevanz BV_i bezogen auf EF_g $\quad$ R_i: Relative Relevanz BV_i

Abbildung 6-35: Bewertung der Relevanz der Bauteilvarianten

Evaluation of the relevance of the component variants

Anschließend wurde basierend auf der Relevanz der einzelnen Bauteilvarianten die bedarfsorientierte Flexibilität der Fertigungsprozessfolgen bestimmt. Hierzu wurden die Relevanzen der Bauteilvarianten mit der jeweiligen technologischen Umsetzbarkeit der Fertigungsprozessfolgen (siehe Abbildung 6-34) multipliziert und somit die absolute bedarfsorientierte Flexibilität ermittelt. Durch Normierung wurde auch die relative bedarfsorientierte Flexibilität bestimmt. Die Ergebnisse sind in Abbildung 6-36 dargestellt. Bspw. ergibt sich für die Fertigungsprozessfolge *FPF₁*, welche die Bauteilvarianten *BV₁* und *BV₂* fertigen kann, eine absolute bedarfsorientierte Flexibilität von 1,97 und eine relative bedarfsorientierte Flexibilität von 0,75. Die *FPF₃* weist die höchste bedarfsorientierte Flexibilität auf. Diese liegt auch höher als die der *FPF₄*, welche die meisten Bauteilvarianten fertigen kann. Die *FPF₅* hat mit 0,73 die geringste Flexibilität und das, obwohl mit dieser die Herstellung von mehr Bauteilvarianten möglich ist als mit der *FPF₁*. Dies liegt u. a. daran, dass die *FPF₄* nicht in der Lage ist, die Bauteilvariante *BV₂*, welche die höchste Relevanz aufweist, zu fertigen. Es zeigt sich somit, dass eine alleinige Fokussierung auf die Anzahl der herstellbaren Bauteilvarianten nicht zielführend ist. Vielmehr ist die Relevanz der Bauteilvarianten und somit die bedarfsorientierte Flexibilität in die Betrachtung der Fertigungsplanung miteinzubeziehen, um eine fundierte Bewertung und basierend darauf Reduktion von Fertigungsprozessfolgen vor der Wirtschaftlichkeitsanalyse zu ermöglichen.

Bewertung der bedarfsorientierten Flexibilität

	FPF_1	FPF_2	FPF_3	FPF_4	FPF_5
F^*_k	1,97	2,45	2,63	2,38	1,93
F_k	0,75	0,93	1	0,90	0,73

$F^*_1 = R_1 + R_2 = 0,97 + 1 = 1,97$

$F_1 = \frac{F_1}{Max(F^*_k)} = \frac{1,97}{2,63} \approx 0,75$

Legende

F^*_k: Absolute bedarfsorientierte Flexibilität Fertigungsprozessfolge k

F_k: Relative bedarfsorientierte Flexibilität Fertigungsprozessfolge k

Abbildung 6-36: Bewertung der bedarfsorientierten Flexibilität

Evaluation of demand-orientated flexibility

Basierend auf der Flexibilitätsbewertung ist eine Reduktion der im Weiteren zu betrachtenden Fertigungsprozessfolgen möglich. Um den Nutzen und das Risiko der Reduktion bei der Entscheidung zu berücksichtigen, wurde das Nutzen-Risiko-Verhältnis der alternativen Reduktionsszenarien der Fertigungsprozessfolgen bestimmt. Als Randbedingungen der zu betrachtenden Szenarien wurde definiert, dass die beiden relevantesten Bauteilvarianten (*BV_1* und *BV_2*) durch mindestens zwei Fertigungsprozessfolgen gefertigt werden können. Hieraus ergeben sich insgesamt 18 zu betrachtende Szenarien für die Reduktion. Der Abbildung 10-11 im Anhang kann entnommen werden, welche Fertigungsprozessfolgen in welchem Szenario ausgeschlossen bzw. weiter betrachtet werden. In der Abbildung 6-37 sind die Ergebnisse der Bewertung dargestellt, wobei aus Darstellungsgründen ein Auszug der Ergebnisse der Nutzen- und Risikobewertung der Szenarien dargestellt ist. Alle Ergebnisse sind in der Abbildung 10-11 im Anhang zu finden. Das schlechteste Nutzen-Risiko-Verhältnis weist das Szenario *S_4* auf, da hierbei die Fertigungsprozessfolge *FPF_4* ausgeschlossen wird, welche mit vier Bauteilvarianten, die meisten Bauteilvarianten fertigen kann. Das Szenario *S_1*, in welchem die Fertigungsprozessfolge *FPF_1* aus der weiteren Betrachtung ausgeschlossen wird, weist mit 38,1 das größte Nutzen-Risiko-Verhältnis der betrachteten Szenarien auf. Dies ist u. a. darauf zurückzuführen, dass die *FPF_1* mit den *BV_1* und *BV_2* nur zwei und damit die wenigsten Bauteilvarianten fertigen kann und diese von vielen weiteren Fertigungsprozessfolgen gefertigt werden können. Dies führt dazu, dass, obwohl *BV_1* und *BV_2* die beiden Bauteilvarianten mit der höchsten Relevanz sind, das Risiko der Reduktion im Szenario *S_1* mit 0,13 den geringsten Wert aufweist, was dann trotz des geringsten Nutzens mit 5 zum besten Nutzen-Risiko-Verhältnis führt. Somit kann geschlussfolgert werden, dass das Szenario *S_1* gewählt werden sollte und die Fertigungsprozessfolge *FPF_1* in einer weiteren Betrachtung im Rahmen der Wirtschaftlichkeitsbewertung auszuschließen ist.

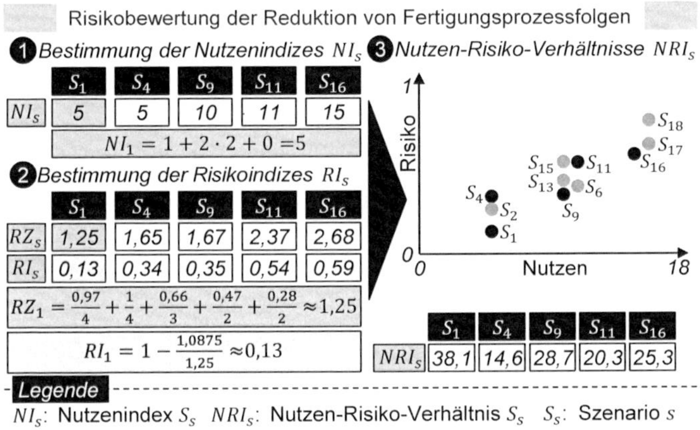

Abbildung 6-37: Risikobewertung Reduktion von Fertigungsprozessfolgen

Risk evaluation reduction manufacturing process sequences

Zwischenfazit

Die Forschungsfrage 2 behandelt die Modellierung und Bewertung der bedarfsorientierten Flexibilität von Fertigungsprozessfolgen. Zur Beantwortung dieser

Forschungsfrage wurde ein Vorgehen zur Ermittlung relevanter technologischer Fähigkeiten von Fertigungsprozessfolgen (Abschnitt 6.2.1) entwickelt. Darauf aufbauend wurde ein Vorgehen zur Ermittlung bedarfsorientiert flexibler Fertigungsprozessfolgen (Abschnitt 6.2.2) erarbeitet. Die Validierung zeigt, dass bei der Entwicklung der Modelle und Methoden sowohl die formalen Anforderungen als auch die inhaltlichen Anforderungen 4-6 berücksichtigt und erfüllt wurden. So wurde ein Modell zur systematischen Modellierung technologischer Fähigkeiten von Fertigungsprozessfolgen erarbeitet (Anforderung 4). Des Weiteren stellt das Ergebnis der Entwicklungen in Abschnitt 6.2 ein Vorgehen zur Bewertung der bedarfsorientierten Flexibilität von Fertigungsprozessfolgen (Anforderung 5) sowie darauf aufbauend ein Vorgehen zur systematischen Reduktion potenzieller Fertigungsprozessfolgen (Anforderung 6) dar. Abschließend bleibt festzuhalten, dass die Validierung die widerspruchsfreie Anwendbarkeit der entwickelten Inhalte unter Beachtung der formalen Anforderungen zeigt. Somit wird die Forschungsfrage 2 durch die Erläuterungen und Entwicklungen in Abschnitt 6.2 beantwortet.

6.3 Prognose der Wirtschaftlichkeit von Fertigungsprozessfolgen bei unsicherheitsbehafteten Bauteilvarianten

Prognosis of the Economic Efficiency of Manufacturing Process Sequences with Uncertain Component Variants

Um eine ökonomische Fertigung sicherzustellen, ist im Weiteren eine wirtschaftliche Bewertung der verbliebenen Fertigungsprozessfolgen erforderlich. Hierzu sind die unsicherheitsbehafteten Bauteilvarianten in die Bewertung zu integrieren. Daher adressiert der Abschnitt 6.3[c] die Entwicklung von Modellen und Methoden zur Beantwortung der dritten Forschungsfrage:

***Forschungsfrage 3:** Wie ist eine Teilmethodik zu gestalten, um die Wirtschaftlichkeit alternativer Fertigungsprozessfolgen unter Berücksichtigung unsicherheitsbehafteter Bauteilvarianten zu prognostizieren und somit bewerten zu können?*

In Abschnitt 6.3.1 wird ein Bewertungsmodell vorgestellt, welches die Grundlage für die Bestimmung der Wirtschaftlichkeit von Fertigungsprozessfolgen in der entwickelten Methodik darstellt. Hierzu wird ausgehend von bestehenden Bewertungsmodellen der Wirtschaftlichkeit ein anforderungsgerechtes Modell entwickelt, welches die Integration potenzieller Bauteilvarianten und der damit verbundenen Unsicherheiten in die Wirtschaftlichkeitsbewertung ermöglicht. Bei der Bewertung der Wirtschaftlichkeit ist zu beachten, dass verschiedene Einflussfaktoren vorliegen, welchen aufgrund der bestehenden Unsicherheiten zur Bewertung kein eindeutiger Wert zugeordnet werden kann. Vielmehr stellen zur Abbildung der Unsicherheiten dieser Faktoren Verteilungen den Input der Bewertung dar. Um diese Herausforderung zu lösen, wird aufbauend auf dem Bewertungsmodell des Abschnitts 6.3.1 in Abschnitt 6.3.2 der dieser Arbeit

[c] Einzelne Lösungsansätze aus Abschnitt 6.3 wurden im JOURNAL PRODUCTION ENGINEERING [STAU25b] veröffentlicht.

zugrundeliegende Ansatz zur Prognose der Wirtschaftlichkeit vorgestellt. Abschließend erfolgen in Abschnitt 6.3.3 zur Beantwortung der Forschungsfrage die Anwendung und Validierung der entwickelten Methoden und Modelle anhand eines Fallbeispiels sowie ein Zwischenfazit.

6.3.1 Modell zur Wirtschaftlichkeitsbewertung von Fertigungsprozessfolgen

Model for the Economic Evaluation of Manufacturing Process Sequences

Nachfolgend wird das Modell zur Bewertung der Wirtschaftlichkeit von Fertigungsprozessfolgen unter Einbezug unsicherheitsbehafteter Bauteilvarianten vorgestellt. Als Bewertungsgröße wird der mit einer Fertigungsprozessfolge erzielbare Gewinn herangezogen. Der Gewinn einer Fertigungsprozessfolge ergibt sich aus dem erzielbaren Umsatz, welcher aus dem Produkt des (geplanten) Verkaufspreises eines Bauteils und der Stückzahl resultiert abzüglich der mit der Herstellung der Bauteile verbundenen Kosten (Einzel- und Gemeinkosten der Herstellung) [BERW18]. Da innerhalb des Bewertungsmodells verschiedene Bauteilvarianten zu berücksichtigen sind, ist die Formel zur Berechnung des Gewinns G_k einer Fertigungsprozessfolge k entsprechend durch eine Summierung über alle Bauteilvarianten zu erweitern (vgl. Abbildung 6-38).

Gewinn Fertigungsprozessfolge

$$G_k = \sum_{i=1}^{N} (P_i - K_{E,i}) \cdot a_i - K_G$$

Legende

a_i: Stückzahl Bauteilvariante i
G_k: Gewinn Fertigungsprozessfolge k
$K_{E,i}$: Einzelkosten der Bauteilvariante i
K_G: Gemeinkosten der Fertigung
N: Anzahl Bauteilvarianten
P_i: Verkaufspreis Bauteilvariante i

Abbildung 6-38: Gewinnberechnung

Profit calculation

Die Formel zur Gewinnberechnung von Fertigungsprozessfolgen wurde um zusätzliche Elemente weiterentwickelt, um eine anforderungsgerechte Berechnung unter Berücksichtigung unsicherheitsbehaftetet Bauteilvarianten zu ermöglichen. Die im Rahmen dieser Arbeit entwickelten Erweiterungen und die daraus resultierende Formel zur Gewinnberechnung sind in Abbildung 6-39 dargestellt. Zunächst wird der Faktor α_i eingeführt. Dieser Faktor nimmt entweder den Wert 1, wenn die Bauteilvariante i eintritt, oder den Wert 0 an, wenn die Bauteilvariante i nicht eintritt. Ursächlich hierfür ist, dass Unsicherheiten vorliegen bzgl. des Eintritts einer Bauteilvariante. Lediglich wenn eine Bauteilvariante eintritt bzw. nachgefragt wird, wird diese auch gefertigt und ein Umsatz ist realisierbar. Andernfalls ist kein Verkauf der Bauteilvarianten möglich, aber es entstehen dann auch keine Kosten für die Herstellung. Dem liegt die Annahme zugrunde, dass nur Bauteilvarianten gefertigt werden, welche tatsächlich nachgefragt werden und die produzierte Menge der Bauteile der Nachfragemenge entspricht. Des Weiteren ist die technologische Herstellbarkeit bzw. Umsetzbarkeit einer Bauteilvariante i durch eine Fertigungsprozessfolge k durch den Faktor $U_{i,k}$ zu berücksichtigen, da nicht zwangsläufig jede Fertigungsprozessfolge jede Bauteilvariante herstellen kann. Nur wenn die Herstellbarkeit gegeben ist ($U_{i,k}$ = 1), ist eine Fertigung umsetzbar und es entstehen Kosten und Umsätze können realisiert werden. Zusätzlich wird in die

Berechnungsformel eine weitere Summe zur Berücksichtigung des Herstellzeitraums integriert. Über den Index t wird die betrachtete Periode angegeben. Wie bereits erläutert, ist durch den Anwendenden die Periodendauer (z. B. Monat, Quartal, Jahr) anwendungsfallspezifisch unter Berücksichtigung der Gesamtbetrachtungsdauer festzulegen. Der Eintritts- bzw. Anfangszeitpunkt einer Bauteilvariante i wird durch den Faktor AZ_i angegeben. Der Faktor EZ_i gibt den Endzeitpunkt einer Bauteilvariante an. Dabei wird der Endzeitpunkt als erste Periode bezeichnet, in der eine Bauteilvariante nicht mehr nachgefragt und somit nicht mehr hergestellt wird. Die Laufvariable t beginnt beim Anfangszeitpunkt AZ_i, da nur ab dem Zeitpunkt, wo eine Bauteilvariante nachgefragt wird, diese auch gefertigt wird und am Markt abgesetzt werden kann. Auch die weiteren Faktoren, welche zwischen den einzelnen Betrachtungsperioden variieren können, werden mit dem Faktor t indiziert.

Des Weiteren wird die Berechnung um die Integration von Opportunitätskosten erweitert. Durch die Betrachtung von Opportunitätskosten wird berücksichtigt, dass dadurch, dass eine Fertigungsprozessfolge ggf. eine oder mehrere Bauteilvarianten nicht fertigen kann, Kosten für das Unternehmen in Form von entgangenen Gewinnen entstehen. Um dies entsprechend in die Berechnungsformel zu integrieren, wird die Klammer $(U_{i,k} - 1)$ in der Formel ergänzt. Ist eine Umsetzbarkeit der Bauteilvariante i durch die betrachtete Fertigungsprozessfolge k nicht möglich, gilt $(U_{i,k} = 0)$ und die Opportunitätskosten sind zu ermitteln. Falls eine Umsetzbarkeit jedoch möglich ist, ist $U_{i,k} = 1$ und es fallen keine Opportunitätskosten an. Die Opportunitätskosten sind allgemein als die entgangenen Deckungsbeiträge einer nicht gewählten Handlungsmöglichkeit definiert [WEBE18]. Folglich liegen nur Opportunitätskosten vor, wenn eine bessere Alternative besteht, welche diese Bauteilvarianten umsetzen kann. Dies wird innerhalb der Berechnung dadurch berücksichtigt, dass die Opportunitätskosten durch den potenziell erzielbaren Gewinn der Bauteilvarianten, die nicht gefertigt werden können, abzüglich der durchschnittlichen Herstellkosten der Fertigungsprozessfolgen, welche eine Umsetzbarkeit der Bauteilvarianten ermöglichen, berechnet werden. Die Opportunitätskosten entsprechen somit dem durchschnittlich entgangenen Gewinn aufgrund der nicht Herstellbarkeit einer Bauteilvariante mit der betrachteten Fertigungsprozessfolge. Wenn keine Fertigungsprozessfolge in der Lage ist, eine Bauteilvariante zu fertigen, so entstehen für diese auch keine Opportunitätskosten.

Darüber hinaus sind innerhalb des Modells vorliegende Unsicherheiten zu berücksichtigen. Für die Faktoren, welche Unsicherheiten unterliegen, lassen sich keine eindeutigen Werte für die Berechnung bestimmen. Für diese sind entsprechend der zugrundeliegenden Verteilungen für die Berechnung Werte zu bestimmen. Um die Berechnung auf Grundlage der Verteilungen möglichst genau anzunähern, sind mehrere Iterationen durchzuführen. Je mehr Iterationen durchgeführt werden, desto genauer ist das berechnete Ergebnis. Wie genau die Berechnung unter Berücksichtigung der Unsicherheiten und somit die Prognose der Wirtschaftlichkeit im Rahmen dieser Arbeit umgesetzt wird, wird im nachfolgenden Kapitel ausgeführt. Innerhalb des

Bewertungsmodells werden die unsicherheitsbehafteten Faktoren durch die Laufvariable *j* gekennzeichnet. Dabei gibt diese Laufvariable die Zahl der jeweiligen Iteration an.

Gewinn Fertigungsprozessfolge

(1)
$$G_{k,j} = \sum_{i=1}^{N} \alpha_{i,j} \sum_{t=AZ_{i,j}}^{EZ_{i,j-1}} [U_{i,k}(P_{i,t,j} - K_{E,i,t,j}) \cdot a_{i,t,j} + (U_{i,k} - 1) \cdot a_{i,t,j} \cdot \left(P_{i,t,j} - \frac{\sum_{k=1}^{K} K_{E,i,t,j} \cdot U_{i,k}}{\sum_{k=1}^{K} U_{i,k}}\right)] - K_g$$

(2)
$$K_{E,i,t,j} = K_{RH,i,t,j} + K_{SE,i,t} + \sum_{y=1}^{Y_k} K_{F,y,i,t,j}$$

(3)
$$K_{RH,i,t,j} = P_{RH,t,j} \cdot m_{RH,i}$$

(4)
$$K_{F,y,i,t,j} = K_{L,y,i,t,j} + K_{M,y,i,t,j} + K_{W,y,i,t,j} + K_{HB,y,i,t} + K_{SF,y,i,t}$$

(5)
$$K_{L,y,i,t,j} = K_{LH,y,t,j} \cdot t_{e,y,i} \cdot B_y$$

(6)
$$K_{M,y,i,t,j} = K_{MH,y,t,j} \cdot t_{e,y,i}$$

(7)
$$K_{W,y,i,t} = \sum_{z=1}^{W_y} \frac{K_{BW,z,t}}{T_{SM,y,i,z}}$$

(8)
$$K_{MH,y,i,t,j} = \frac{K_{MA,y,t} + K_{MZ,y,t} + K_{MR,y,t} + K_{MI,y,t} + K_{ME,y,t,j}}{T_{L,y,t}}$$

Legende

a: Stückzahl
AZ: Laufvariable Anfangszeitpunkt
B: Bedienverhältnis
EZ: Laufvariable Endzeitpunkt
G: Gewinn
i: Laufvariable Bauteilvariante
j: Laufvariable Iteration
k: Laufvariable Fertigungsprozessfolge
K: Anzahl Fertigungsprozessfolgen
$K_{BW,z}$: Beschaffungskosten Werkzeug z
K_E: Einzelkosten
K_F: Fertigungskosten
K_G: Gemeinkosten
K_{HB}: Kosten Hilfs- und Betriebsstoffe
K_L: Lohnkosten
K_{LH}: Kosten für Mitarbeitende pro Stunde
K_M: Maschinenkosten
K_{MA}: Kosten für Abschreibung Maschine
K_{ME}: Energiekosten der Maschine
K_{MH}: Maschinenstundensatz
K_{MI}: Instandhaltungskosten der Maschine
K_{MR}: Raumkosten der Maschine
K_{MZ}: Zinskosten der Maschine
K_{RH}: Kosten für Rohmaterial oder Halbzeug je Bauteil
K_{SE}: Sonstige Einzelkosten
K_{SF}: Sonstige Fertigungskosten
K_W: Werkzeugkosten
m_{RH}: Menge Rohmaterial / Halbzeug je Bauteil
N: Anzahl Bauteilvarianten
P: Preis
P_{RH}: Preis Rohmaterial / Halbzeug
t: Laufvariable Periode
t_e: Zeit je Bauteil
T_L: Maschinenlaufzeit pro Periode
$T_{SM,z}$: Standmenge Werkzeug z
U: Technologische Umsetzbarkeit
W: Anzahl Werkzeuge
y: Laufvariable Fertigungsprozess
Y_k: Anzahl Prozesse der Prozessfolge k
z: Laufvariable Werkzeuge
α: Eintritt Bauteilvariante

Abbildung 6-39: Formeln der Gewinnberechnung einer Fertigungsprozessfolge

Formulas for calculating the profit of a manufacturing process sequence

Die Formel (1) in Abbildung 6-39 stellt die übergeordnete Formel zur Gewinnermittlung von Fertigungsprozessfolgen bei unsicherheitsbehafteten Bauteilvarianten dar. Die Einzelkosten werden entsprechend der Kostenberechnung (vgl. [KLOC18, S. 444 ff.] und [BECK23, S. 82 ff.]) weiter detailliert. Nachfolgend werden die wesentlichen Berechnungen erläutert. Die einzelnen Zusammenhänge der Berechnung sind der Abbildung 6-39 zu entnehmen. Die Einzelkosten eines Bauteils K_E setzen sich aus den Materialkosten, den Fertigungskosten der einzelnen Fertigungsprozesse sowie sonstigen Einzelkosten zusammen (vgl. Abbildung 6-39 (2)). Die Kosten für des Rohmaterial bzw. Halbzeug je Bauteil K_{RH} werden durch Multiplikation des Preises mit der erforderlichen Menge multipliziert (vgl. Abbildung 6-39 (3)). Die Fertigungskosten eines Prozesses werden weiter in Lohn-, Maschinen-, Werkzeug- Betriebsmittelkosten und sonstige Fertigungskosten unterteilt (vgl. Abbildung 6-39 (4)). Dabei sind bei diesen Kostenfaktoren auch teilweise unterschiedliche Werte je Periode t und Iteration j zu betrachten. Bspw. werden die Lohn-, Maschinen-, Material- und Werkzeugkosten als unsicherheitsbehaftet angesehen, da aufgrund von veränderlichen Preisniveau und steigenden Lohnkosten davon ausgegangen werden kann, dass die Kosten im Laufe des Betrachtungszeitraums variieren können. Die Kosten für Hilfs- und Betriebsstoffe und sonstige Fertigungskosten werden in Bezug auf einen Fertigungsprozess innerhalb einer Periode und einer Bauteilvariante als konstant angesehen und werden somit als nicht unsicherheitsbehaftet modelliert. Dies wird durch eine gewisse Planbarkeit der Schwankungen im Preisniveau begründet. Jedoch können diese Kostengrößen zwischen verschiedenen Perioden variieren. Diesem Punkt wird durch Berücksichtigung der Inflation Rechnung getragen.

Die Lohnkosten K_L eines Fertigungsprozesses berechnen sich durch Multiplikation der Lohnkosten je Stunde mit der Zeit je Einheit t_E und dem Bedienverhältnis B (vgl. Abbildung 6-39 (5)). Dabei gibt das Bedienverhältnis an, wie viele Maschinen von einem Mitarbeitenden gleichzeitig bedient werden können. So können bspw. bei einem Bedienverhältnis B_y = 0,25 vier Maschinen gleichzeitig bedient werden. Das Bedienverhältnis ist über den Betrachtungszeitraum konstant. Die Maschinenkosten K_M eines Fertigungsprozesses y für eine Bauteilvariante i werden durch Multiplikation des Maschinenstundensatzes K_{MH} mit der Zeit je Einheit bestimmt (vgl. Abbildung 6-39 (6)). Entsprechend der Berechnung nach KLOCKE wird der Maschinenstundensatz weiter in Abschreibungs-, Zins-, Instandhaltungs-, Raum- und Energiekosten der Maschine unterteilt (vgl. Abbildung 6-39 (8)) [KLOC18, S. 453 f.]. Bei den einzelnen Elementen des Maschinenstundensatzes werden unterschiedliche Kosten in den verschiedenen Perioden betrachtet. Aufgrund einer erhöhten Planbarkeit und generellen Schätzung der anderen Kostenfaktoren wird lediglich für die Energiekosten angenommen, dass Unsicherheiten bzgl. der Kosten innerhalb einer Periode vorliegen. Die Werkzeugkosten K_W eines Prozesses ergeben sich aus der Summe der Anschaffungskosten der eingesetzten Werkzeuge dividiert durch die jeweilige Standmenge der Werkzeuge (vgl. Abbildung 6-39 (7)). Die Standmenge eines Werkzeuges wird dabei als konstant über die verschiedenen Perioden angenommen. Für die Beschaffungskosten der Werkzeuge wird angenommen, dass diese zwischen den verschiedenen Perioden variieren können, jedoch diese keinen Unsicherheiten innerhalb der Perioden unterliegen.

Für die Kostenberechnung ist auch jeweils die Zeit je Einheit t_E eines Fertigungsprozesses y für die Bauteilvariante i zu bestimmen [KLOC18, S. 446]. Diese setzt sich aus der Grund-, Verteil-, Erholzeit zusammen. Diese Zeiten werden als exogen gegeben und fix angenommen. Neben der Berechnung des erzielbaren Gewinns mit einer Fertigungsprozessfolge ist eine Berücksichtigung der verfügbaren Maschinenkapazitäten erforderlich. Aufgrund der Fertigung verschiedener Bauteilvarianten, deren Eintritt sowie Stückzahlen Unsicherheiten unterliegen, kann es sein, dass die zur Verfügung stehenden Maschinenkapazitäten überschritten werden. Um dies innerhalb der Wirtschaftlichkeitsbewertung zu berücksichtigen, ist für jede der betrachteten Fertigungsprozessfolgen und jede der Perioden zu untersuchen, ob ein Fertigungsprozess über die Kapazitätsgrenze beansprucht wird. Als begrenzende Bedingung wird dabei festgelegt, dass die zur Verfügung stehende Gesamtlaufzeit eines Fertigungsprozesses *y* je Periode *t* (t_{GL}) nicht durch die Summe der Fertigungszeiten der verschiedenen Bauteilvarianten bei diesem Fertigungsprozess überschritten werden darf. Die kapazitätsbeschränkende Bedingung ist in Abbildung 6-40 entsprechend formalisiert.

Kapazitätsbeschränkende Bedingung

$$\sum_{i=1}^{N} a_{i,t,j} \cdot t_{e,y,i} \leq t_{GL,y,t} \quad \forall\, y \in Y$$

mit: $t_{GL,y,t} = t_{L,y,t} \cdot M_y$

a:	Stückzahl	t_{GL}:	Gesamtlaufzeit Maschine
i:	Laufvariable Bauteilvariante	t_L:	Laufzeit Maschine
j:	Laufvariable Iteration	M:	Maschinenanzahl
t:	Laufvariable Periode	N:	Anzahl Bauteilvarianten
t_e:	Zeit je Bauteil	y:	Laufvariable Prozess

Abbildung 6-40: Formel der kapazitätsbeschränkenden Bedingung

Formula of the capacity limiting condition

Wird die Bedingung verletzt, bedeutet dies, dass bei einer Iteration *j* in einer Periode *t* die zur Verfügung stehenden Maschinenkapazitäten eines Fertigungsprozesses *y* überschritten werden, da die zur Herstellung aller in der Periode *t* nachgefragten Bauteilvarianten *i* eine höhere Maschinenkapazität für den Prozess *y* benötigt wird. Dies stellt somit kein umsetzbares und somit realistisches Szenario dar, weshalb diese Iteration im Weiteren ausgeschlossen wird. Die Summe der Fertigungszeiten eines Prozesses *y*, die zur Herstellung aller nachgefragten Bauteilvarianten *i* in einer Periode *t* erforderlich sind, muss kleiner oder gleich der zur Verfügung stehenden Maschinenkapazitäten des Prozesses *y* sein, damit die Herstellung realisiert werden kann. Diese Bedingung ist in jeder Iteration für alle Prozesse y zu prüfen, da sobald bei einem Prozess die Kapazitäten überschritten werden, die Kapazitätsbedingung verletzt wird.

6.3.2 Prognose der Wirtschaftlichkeit von Prozessfolgen

Prognosis of the Economic Efficiency of Manufacturing Process Sequences

Mit dem vorgestellten Modell ist eine Bewertung der Wirtschaftlichkeit von Fertigungsprozessfolgen unter Berücksichtigung potenzieller Bauteilvarianten möglich. Es liegen jedoch aufgrund der Betrachtung von potenziell zukünftig eintretenden Bauteilvarianten und dem ggf. langen Betrachtungszeitraum unsicherheitsbehaftete Faktoren vor, für die kein eindeutiger Wert bestimmt werden kann. Vielmehr liegen für die unsicherheitsbehafteten Faktoren Verteilungen vor. Zur Lösung dieser Herausforderung und um eine effiziente Prognose der Wirtschaftlichkeit zu ermöglichen, ist ein Ansatz zur Prognose der Wirtschaftlichkeit von Fertigungsprozessfolgen zu entwickeln.

Ansatz zur Prognose der Wirtschaftlichkeit von Fertigungsprozessfolgen

Um eine Berechnung der Wirtschaftlichkeit unter Berücksichtigung der mittels Verteilungen modellierten Einflussfaktoren umzusetzen, ist die Betrachtung verschiedener

Iterationen erforderlich, um somit eine effiziente Prognose der Wirtschaftlichkeit zu ermöglichen. Innerhalb einer jeden Iteration nimmt jeder Einflussfaktor einen (zufälligen) Wert entsprechend der zugrundeliegenden Verteilung an. Durch die Betrachtung mehrerer, verschiedener Iterationen ist eine Näherung der Wirtschaftlichkeit einer Fertigungsprozessfolge möglich. Es ist somit ein Ansatz erforderlich, mit dem eine systematische Simulation der Wirtschaftlichkeit bzw. Bestimmung verschiedener Iterationen ermöglicht wird, um eine effiziente Prognose der Wirtschaftlichkeit umzusetzen. Ausgehend von den erarbeiteten Berechnungsformeln und den anwendungsfallspezifisch zugrundeliegenden Verteilungen unsicherheitsbehafteter Faktoren soll es dieser Ansatz ermöglichen, durch die Berechnung verschiedener Iterationen die Wirtschaftlichkeit bestmöglich anzunähern und somit zu prognostizieren. Ein geeigneter Ansatz hierfür ist die Monte-Carlo-Simulation (MCS). Im Gegensatz zur Szenariotechnik, welche eindeutig definierte potenzielle Szenarien betrachtet und bewertet [WADE12], ist die MCS eine statistische Methode, die durch wiederholte zufällige Probenentnahme bzw. Wertermittlung aus Wahrscheinlichkeiten mögliche Ergebnisse vorhersagt bzw. annähert [METR49]. Somit stellt die MCS eine geeignete Lösung für die hier vorliegende Herausforderung dar. Die MCS wurde auch bereits in verschiedenen Arbeiten innerhalb der Wirtschaftlichkeitsbewertung genutzt, um Wahrscheinlichkeiten bzw. Unsicherheiten in der Bewertung zu berücksichtigen (z. B. PETERS [PETE13], SCHINDLER [SCHI14] oder BUCHHOLZ [BUCH14]). Die MCS beruht auf dem Gesetz der großen Zahlen. Das Gesetz der großen Zahlen besagt, dass der Durchschnitt der Ergebnisse einer großen Anzahl von Zufallsstichproben nahe am Erwartungswert der Grundgesamtheit liegt. Das bedeutet, dass die Ergebnisse einer MCS die tatsächliche Wahrscheinlichkeitsverteilung immer besser approximieren, je mehr Iterationen durchgeführt werden. [KALO08, S. 1 ff.]

Der zugrundeliegende Ansatz zur Anwendung der MCS in dieser Arbeit ist in Abbildung 6-41 dargestellt. Den Input stellen die im Abschnitt 6.3.1 erarbeiteten Berechnungsformeln zur Bestimmung der Wirtschaftlichkeit von Prozessfolgen sowie die Werte der Einflussfaktoren (Verteilungen bei unsicherheitsbehafteten Faktoren) dar. Die Verteilungen beschreiben, wie die unsicheren Eingangsgrößen sich verhalten könnten. Jede dieser Variablen wird durch eine Wahrscheinlichkeitsverteilung modelliert. Ausgehend davon werden durch die MCS für jede Iteration der Simulation Zufallszahlen erzeugt, die aus den definierten Wahrscheinlichkeitsverteilungen der unsicherheitsbehafteten Einflussfaktoren stammen. Diese Zufallszahlen repräsentieren mögliche Realisierungen der Eingangsgrößen. Mit den zufällig generierten Werten wird die Wirtschaftlichkeit entsprechend dem Bewertungsmodell berechnet. Dies ergibt ein Ergebnis der Wirtschaftlichkeit der betrachteten Fertigungsprozessfolge, das auf der spezifischen Kombination von Eingabewerten der jeweiligen Iteration basiert. Dieser Prozess wird viele Male wiederholt, wobei jedes Mal neue Zufallswerte generiert und neue Ergebnisse berechnet werden. Im Anschluss an die verschiedenen Simulationen werden die gesammelten Ergebnisse aller Iterationen in Form der daraus resultierenden Verteilungen der Wirtschaftlichkeit der Fertigungsprozessfolgen ausgegeben. Dies stellt das Ergebnis der MCS dar.

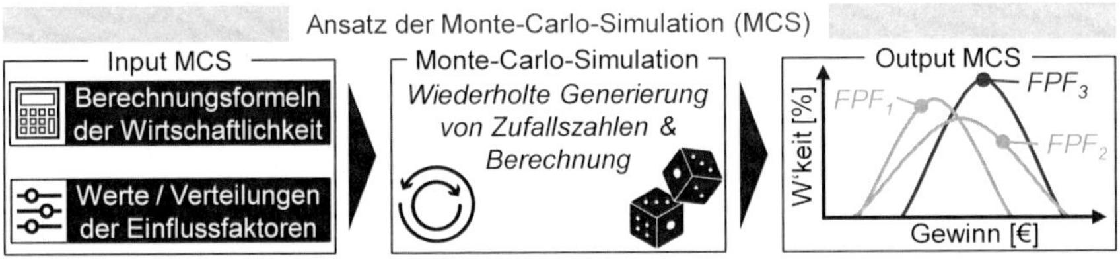

Abbildung 6-41: Ansatz der Monte-Carlo-Simulation zur Wirtschaftlichkeitsbewertung

Monte-Carlo-Simulation approach for evaluating the economic efficiency

Durch die Durchführung der MCS für die verschiedenen potenziellen Fertigungsprozessfolgen ist eine Annäherung des jeweils mit einer Fertigungsprozessfolge erzielbaren Gewinns möglich. Unter Berücksichtigung der Ergebnisse der einzelnen Iterationen und der daraus resultierenden Verteilung der Wirtschaftlichkeit ist die Ermittlung eines Erwartungswertes in Bezug auf den mit einer Fertigungsprozessfolge erzielbaren Gewinn und somit eine Identifikation der unter aktuellem Informationsstand vielversprechendsten bzw. wirtschaftlichsten Fertigungsprozessfolge möglich. Dabei ist zu berücksichtigen, dass die MCS und somit die Ergebnisse genauer werden, wenn die Anzahl der Iterationen erhöht wird, da die MCS dadurch eine bessere Annäherung an die tatsächliche Wahrscheinlichkeitsverteilung der Ergebnisse ermöglicht. Es ist jedoch wichtig, den Rechenaufwand zu berücksichtigen und ein angemessenes Gleichgewicht zwischen Genauigkeit und Ressourcenverbrauch zu finden.

Vorstellung der Umsetzung der Prognose in Softwareprototyp

Eine händische Durchführung der Prognose der Wirtschaftlichkeit und Bewertung der verschiedenen Iterationen ist auch aufgrund der Vielzahl der unsicherheitsbehafteten Einflussfaktoren und der Komplexität des Berechnungsmodells mit einem hohen Aufwand verbunden. Dies steht somit im Widerspruch zu den formalen Anforderungen eines geringen Aufwands und einer nutzungsfreundlichen Anwendung, welche an die Methodik gestellt werden. Zur Lösung dieser Herausforderung wurde ein erster Softwareprototyp entwickelt, dessen Ziel die Umsetzung des zuvor entwickelten Bewertungsmodells unter Einbezug der MCS zur Prognose der Wirtschaftlichkeit ist. Der Softwareprototyp wurde in MICROSOFT© Excel aufgebaut. Im Folgenden wird kurz auf die wesentlichen Charakteristika des Softwareprototypen eingegangen. Der Softwareprototyp stellt ein generisches Berechnungstool für die Bewertung der Wirtschaftlichkeit von Fertigungsprozessfolgen unter Berücksichtigung unsicherheitsbehafteter Bauteilvarianten dar. Hierzu wurden die einzelnen Berechnungsformeln entsprechend der Abbildung 6-39 und Abbildung 6-40 in MICROSOFT© Excel implementiert. In der aktuellen Version ist eine Betrachtung von zehn Perioden, zehn Bauteilvarianten sowie zehn verschiedenen Fertigungsprozessfolgen berücksichtigt, wobei eine Erweiterung möglich ist. Um eine nutzungsfreundliche Eingabe der relevanten Inputgrößen zu ermöglichen, wurde eine erste grafische Benutzeroberfläche (GUI) mittels Visual Basic for Application (VBA) implementiert (ca. 4.000 Zeilen VBA-Code). Diese GUI stellt die Schnittstelle zwischen der Abfrage der erforderlichen Daten und der Berechnung mittels MICROSOFT© Excel dar. Ausgehend von der Angabe der Anzahl der betrachteten Fertigungsprozessfolgen und Anzahl potenzieller Bauteilvarianten, wird die nachfolgende Abfrage der anwendungsfallspezifischen Daten angepasst. Vergleichen Anwendende bspw. drei Fertigungsprozessfolgen bei fünf potenziellen Bauteilvarianten, so werden nach der initialen Angabe auch nur Eingabemasken für die Daten von drei Fertigungsprozessfolgen und fünf Bauteilvarianten aufgerufen. So wird sichergestellt, dass keine für die Berechnung irrelevanten Informationen abgefragt und eingegeben werden können. Anwendende werden in Abhängigkeit von ihren Angaben schrittweise durch die Eingabe der benötigten Parameter geführt. Nach Angabe der Anzahl der betrachteten Fertigungsprozessfolgen und Bauteilvarianten werden nach und nach die erforderlichen Inputgrößen der verschiedenen Einflussfaktoren (z. B. Eintrittswahrscheinlichkeit, Stückzahl, Lohnkosten, ...) abgefragt. Bei Eingabe der Werte der unsicherheitsbehafteten Einflussfaktoren kann zwischen verschiedenen Verteilungsarten (z. B. Normalverteilung oder Gleichverteilung) gewählt werden. Ein exemplarischer Auszug der GUI zur Dateneingabe ist in Abbildung 6-42 abgebildet. Durch Eingabe der charakteristischen Werte der jeweils gewählten Verteilung (z. B. Erwartungswert und Standardabweichung bei Normalverteilung) wird der Einflussfaktor entsprechend innerhalb des Softwareprototyps berücksichtigt. Dabei kann für jeden unsicherheitsbehafteten Faktor individuell eine Verteilung gewählt werden, aber auch die Wahl eines fixen Werts ist möglich, falls bspw. der Wert eindeutig bekannt ist und somit keine Unsicherheiten vorliegen.

Abbildung 6-42: Auszug Dateneingabe über GUI

Extract from data input via GUI

Basierend auf dem Input der Einflussfaktoren und dem implementierten Berechnungsmodell wird durch automatische wiederholte Generierung von Zufallszahlen (Iterationen) entsprechend den zugrundeliegenden Verteilungen der Einflussfaktoren eine Berechnung der Wirtschaftlichkeit durch den Softwareprototypen durchgeführt und somit die MCS umgesetzt. Innerhalb des Prototyps werden 1.000 Iterationen durchgeführt, da sich dies im Rahmen der Entwicklung als eine ausreichende Anzahl an Iterationen zur Näherung der Ergebnisse gezeigt hat. Bei der Entwicklung wurden auch Berechnungen mit mehr Iterationen durchgeführt, dabei wurde jedoch beobachtet, dass bei einer Erhöhung der Iterationen keine wesentlichen Veränderungen der Ergebnisse vorliegen und die Berechnungsergebnisse konvergieren. Eine Anpassung der Anzahl an Iterationen ist jedoch möglich. Die abschließende Funktion des Prototyps realisiert die grafische Darstellung der Ergebnisse. Dazu wird automatisch ein Histogramm erstellt, welches die Ergebnisse des Gesamtgewinns der einzelnen Fertigungsprozessfolgen grafisch darstellt und die daraus resultierenden Erwartungswerte berechnet.

Eine exemplarische Ausgabe des Histogramms ist in Abbildung 6-43 dargestellt. Auf der Abszisse wird der erzielbare Gewinn und auf der Ordinate die Häufigkeit aufgetragen. So wird es Anwendenden ermöglicht, zu identifizieren, welche der im Anwendungsfall betrachteten Fertigungsprozessfolgen den wirtschaftlich größten Nutzen darstellt bzw. welche den größten Gewinn erzielt.

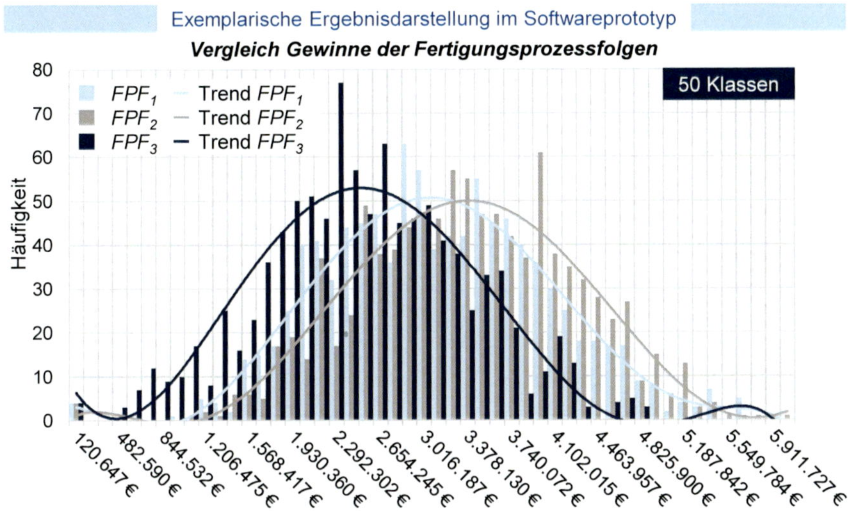

Abbildung 6-43: Exemplarische Darstellung der Berechnungsergebnisse im Softwareprototyp

Exemplary display of the calculation results in the software prototype

Aufgrund der Vielzahl der Iterationen und geringen exakten Gleichheit der Berechnungsergebnisse der verschiedenen Iterationen sind im Histogramm zahlreiche Balken abzubilden. Zur Verbesserung der Lesbarkeit der ermittelten Werte der Gewinne werden die Ergebnisse aus den 1.000 Iterationen je Fertigungsprozessfolge Klassen zugeordnet. Hierfür wurde eine Anzahl von 50 Klassen gewählt. Für die Einteilung in die Klassen werden aus den Gewinnen aller betrachteten Fertigungsprozessfolgen zunächst der maximale und minimale Gewinn ermittelt und die Spanne aller ermittelten Gewinne berechnet. Anschließend wird die Spanne in 50 gleich große Teile geteilt und die Gewinne entsprechend ihrem Wert in eine Klasse eingeordnet. Die absolute Häufigkeit der Gewinne, die innerhalb der Grenzen zwischen zwei Klassengrenzen liegen, sind in dem Histogramm abgebildet. Dabei liegt der Wert des Gewinns einer Fertigungsprozessfolge einer Iteration immer in der Klasse zwischen dem nächstgeringeren und nächsthöheren Wert. Somit ergeben sich je Fertigungsprozessfolge lediglich 50 Balken im Histogramm, was die Lesbarkeit vereinfacht. Die Anzahl der Klassen kann individuell angepasst werden. Der Einfluss der Klassenanzahl auf die Darstellung bzw. Lesbarkeit der Ergebnisse ist exemplarisch im Anhang (Vgl. Abbildung 10-12 und Abbildung 10-13) dargestellt.

Zusammenfassend wurde ein Softwareprototyp entwickelt, der eine einfache Anwendung des entwickelten wirtschaftlichen Bewertungsmodells ermöglicht. Im Anschluss an die schrittweise und anwendungsfallspezifisch angepasste Eingabe der Daten über eine Eingabemaske (GUI) erfolgt eine automatisierte Berechnung und (erste) Auswertung der Wirtschaftlichkeit der Fertigungsprozessfolgen auf Grundlage dessen die Identifikation der wirtschaftlichsten Fertigungsprozessfolge (höchster Erwartungswert) möglich ist. An dieser Stelle sei nochmals darauf hingewiesen, dass es sich um einen ersten Softwareprototyp handelt, bei dem die grundsätzliche Funktionalität im Vordergrund steht. Darauf aufbauende Weiterentwicklungen ermöglichen eine zunehmende und einfachere Anwendbarkeit.

Anwendungsfallspezifischer Reduktion zu betrachtender Einflussfaktoren

Das entwickelte Bewertungsmodell zur Prognose der Wirtschaftlichkeit von Fertigungsprozessfolgen umfasst viele Einflussfaktoren, woraus ein hoher Informationsbedarf und somit Anwendungsaufwand resultiert. Um Anwendende dabei zu unterstützen, diesen zu reduzieren, werden zum Abschluss des Abschnitts Ansätze vorgestellt, die eine systematische Reduktion der zu betrachtenden Einflussfaktoren ermöglichen. Diese Ansätze sollen vor allem als Anhaltspunkte für potenzielle Reduktionen dienen.

Der erste Ansatz umfasst die Untersuchung der potenziellen Fertigungsprozessfolgen auf gleiche Fertigungsprozesse. Aufgrund der ggf. vorliegenden Ähnlichkeit der zu fertigenden Bauteilvarianten ist es möglich, dass sich die potenziellen Fertigungsprozessfolgen lediglich in einigen Fertigungsprozessen unterscheiden und die weiteren Fertigungsprozesse für alle Fertigungsprozessfolgen gleich sind (vgl. Abbildung 6-44). Sofern die gleichen Fertigungsprozesse in allen potenziellen Fertigungsprozessen für dieselben Fertigungsschritte eingesetzt werden, entstehen für diese auch jeweils die gleichen Kosten. Somit sind diese Fertigungsprozesse nicht entscheidungsrelevant und können für die weitere Wirtschaftlichkeitsbewertung aus der Betrachtung ausgeschlossen werden. Dies führt zu einer Reduktion des Informationsbedarfs und somit des Anwendungsaufwands. Hierbei ist zu berücksichtigen, dass man zwar zur gleichen Entscheidung in Bezug auf die bestmögliche Fertigungsprozessfolge kommt, jedoch der ermittelte Gewinn nicht dem real erzielbaren Gewinn entspricht, da die Kosten für die vernachlässigten Fertigungsprozesse nicht berücksichtigt werden. Der reale erzielbare Gewinn ist dann anschließend noch für die bestmögliche Fertigungsprozessfolge durch Subtraktion der vernachlässigten Kosten zu ermitteln.

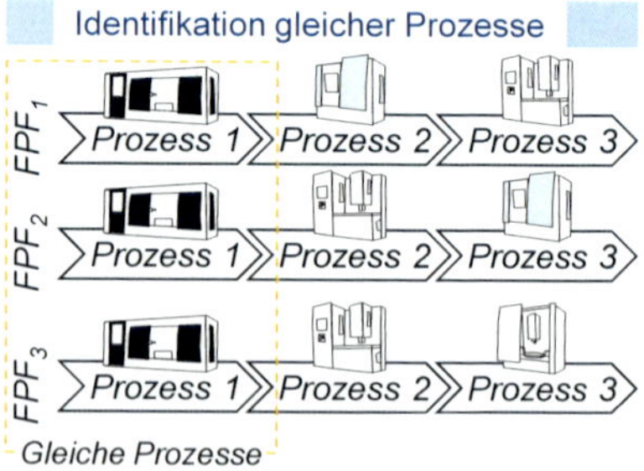

Abbildung 6-44: Identifikation gleicher Fertigungsprozesse

Identification of identical manufacturing processes

Der zweite Ansatz adressiert die Untersuchung, welche Faktoren einen vergleichsweise großen bzw. kleinen Einfluss auf die Gesamtkosten eines Fertigungsprozesses haben. Hierbei ist ausgehend von den Einzelkosten für die Herstellung einer Bauteilvariante zu entscheiden, ob einzelne Kostenelemente entsprechend dem Bewertungsmodell (vgl. Abbildung 6-39) weiter zu detaillieren sind. Haben bspw. die Materialkosten einen vergleichsweise geringen Anteil an den Einzelkosten (z. B. < 5 %), ist eine weitere Detaillierung dieser nicht erforderlich. Aufgrund des geringen Anteils an den Gesamtkosten können die Materialkosten direkt als fixer Wert (ohne Berücksichtigung von Unsicherheiten) in die Bewertung eingehen. Zur Bewertung und Entscheidung hinsichtlich des Detaillierungsgrads sind initiale Schätzungen erforderlich (z. B. auf Grundlage von Erfahrungswerten). Zur Unterstützung bei der Priorisierung der Kostenfaktoren und der Entscheidung bzgl. des Detaillierungsgrads der Kostenfaktoren kann die etablierte Methode der ABC-Analyse genutzt werden [NEBL07, S. 242 ff.].

Zum Abschluss ist es für die verbliebenen Faktoren noch möglich, zu untersuchen, inwieweit die Berücksichtigung der Unsicherheit eines Faktors einen Einfluss auf das Ergebnis hat. Hierfür ist zu prüfen, ob die aus der Unsicherheit in Bezug auf den Wert eines Faktors resultierende Variabilität des Einflussfaktors einen Einfluss auf das Gesamtergebnis hat. Zur Untersuchung dieser kann die Sensitivitätsanalyse herangezogen werden. Die Sensitivitätsanalyse untersucht, wie Veränderungen in den Eingabewerten eines Modells die Ausgabe beeinflussen, um die Empfindlichkeit des Modells gegenüber diesen Variationen zu bewerten [KAUS18, S. 71 ff]. Hat die Variabilität bzw. Spannweite eines Einflussfaktors keinen (entscheidenden) Einfluss auf das Ergebnis, so können die Unsicherheiten im Zusammenhang mit diesem Faktor vernachlässigt werden und für diesen Faktor kann ein Wert für die Berechnung definiert werden. Hierdurch reduziert sich der Anwendungsaufwand. Hierbei ist ebenfalls zu beachten, dass für die Bewertung erste Schätzungen der Einflussfaktoren erforderlich sind.

Zusammenfassend ist festzuhalten, dass es sich bei den drei vorgestellten Ansätzen um optionale Schritte handelt, welche je nach Anwendungsfall eine geeignete Reduktion des Informationsbedarfs und Anwendungsaufwands ermöglichen. Hierbei ist zu beachten, dass jeweils bei der Reduktion zwischen empirischer Richtigkeit und einem geringen Aufwand der Methodikanwendung abzuwägen ist. Mithilfe der in Abschnitt 6.3 vorgestellten Teilmethodik wird Anwendenden eine systematische Prognose der Wirtschaftlichkeit von Fertigungsprozessfolgen unter Berücksichtigung unsicherheitsbehafteter Bauteilvarianten ermöglicht. Durch die Entwicklung eines ersten Softwareprototyps in MICROSOFT© Excel wird eine einfache Anwendung erreicht.

6.3.3 Validierung und Zwischenfazit

Validation and Interim Conclusion

Im Folgenden sind die in den Abschnitten 6.3.1 und 6.3.2 entwickelten Modelle und Methoden sowie die Umsetzung des Bewertungsmodells im Softwareprototyp zu validieren. Ziel dessen ist analog zu den Abschnitten 6.1.3 und 6.2.3, die formalen und inhaltlichen Anforderungen bzgl. ihrer Erfüllung zu validieren. Dies erfolgt durch die

Überprüfung der widerspruchsfreien Anwendbarkeit der entwickelten Modelle und Methoden sowie ob die Forschungsfrage 3 beantwortet wurde. Das Fallbeispiel zur Validierung ist ebenfalls die Ritzelwelle des Abschnitts 6.1.3. Die im Folgenden im Rahmen dieses Abschnitts betrachteten Fertigungsprozessfolgen und Bauteilvarianten stellen den Input dieser Validierung dar. Es werden drei alternative Fertigungsprozessfolgen sowie vier Bauteilvarianten (*BV_1-BV_4*) der initialen Ritzelwelle (*BV_0*) betrachtet (vgl. Abbildung 6-45), welche aus Gründen einer angemessenen Validierung unabhängig von den vorherigen Betrachtungen sind.

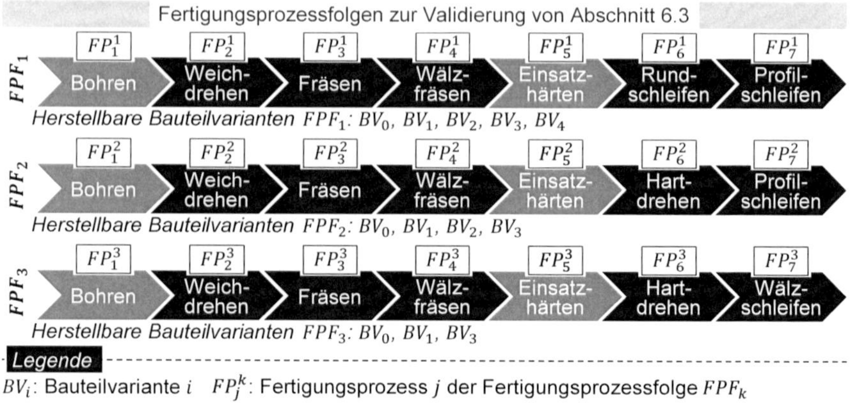

Abbildung 6-45: Vorstellung der betrachteten Fertigungsprozessfolgen der Validierung

Introduction of the considered manufacturing process sequences for validation

Bevor eine Prognose der Wirtschaftlichkeit durchgeführt wird, wurde überprüft, ob eine Reduktion der zu betrachtenden Einflussfaktoren möglich ist. Da die Prozesse Bohren und Einsatzhärten in allen drei Fertigungsprozessfolgen jeweils für die gleiche Aufgabe (Fertigung der Zentrierbohrung bzw. Einstellung der Randhärte) zum Einsatz kommen und somit gleiche Fertigungsschritte, welche mit denselben Kosten verbunden sind, vorliegen, werden diese Schritte nachfolgend bei der Wirtschaftlichkeitsbewertung aus der Betrachtung ausgeschlossen. Dies liegt auch darin begründet, dass aufgrund der im Vergleich zu den anderen Prozessen geringeren Kosten diese Prozesse keinen großen Einfluss auf die Wirtschaftlichkeit der Fertigungsprozessfolgen haben. Aus Gründen der Darstellung aller wesentlichen Teile des Bewertungsmodelle sowie aufgrund vorliegender Unterschiede zwischen den einzelnen Prozessen der Fertigungsprozessfolgen wurde keine weitere Reduktion der Einflussfaktoren vorgenommen.

Prognose der Wirtschaftlichkeit

Für die drei alternativen Fertigungsprozessfolgen wurde unter Berücksichtigung der potenziellen Bauteilvarianten eine Prognose der Wirtschaftlichkeit vorgenommen. Die Inputdaten des Bewertungsmodells können der Übersicht im Anhang entnommen werden (vgl. Abbildung 10-14 – Abbildung 10-19). Der Betrachtungszeitraum des Fallbeispiels beträgt zehn Perioden, wobei eine Periode einem Jahr entspricht. Zur

Berücksichtigung der allgemeinen Preissteigerung wurde eine jährliche Inflationsrate von 2 % - 5 % bei den Verkaufspreisen und einigen Kostengrößen berücksichtigt (z. B. Instandhaltungs-, Material- oder Energiekosten), welche in jeder Iteration simuliert wird. Zur Berechnung wurde der entwickelte Softwareprototyp genutzt. Das Ergebnis der Berechnung ist in Abbildung 6-46 dargestellt. Die Kenngröße für die Wirtschaftlichkeit ist der erzielbare Gewinn. Insgesamt wurden 1.000 Iterationen durchgeführt und für jede Fertigungsprozessfolge der erzielbare Gewinn berechnet. In der Abbildung sind die Ergebnisse aus Darstellungsgründen in 50 Klassen aufgeteilt. Für die Einteilung in die Klassen wurden aus den Gewinnen aller betrachteten Fertigungsprozessfolgen der maximale und minimale Gewinn ermittelt und die Spanne aller ermittelten Gewinne berechnet. Anschließend wurde die Spanne in 50 gleich große Teile geteilt und die Gewinne entsprechend ihrem Wert in eine Klasse eingeordnet. Durch die Kategorisierung der Ergebnisse in die einzelnen Klassen sind die Peaks einiger Klassen zu erklären, da (zufällig) in einer Klasse mehr Ergebniswerte zugeordnet werden. In der Abbildung 6-46 sind auch die aus den 1.000 Iterationen bestimmten Erwartungswerte (Durchschnittswerte aller Iterationen) und Standardabweichungen der Fertigungsprozessfolgen enthalten. Die Fertigungsprozessfolge FPF_2 weist mit 3.340.190 € den höchsten Wert auf, obwohl sie nicht die Fertigungsprozessfolge ist, welche die meisten Bauteilvarianten fertig kann. Im Gegensatz zur FPF_1, welche alle Bauteilvarianten fertigen kann, ist mit der FPF_2 keine Herstellung der Bauteilvariante BV_4 möglich. Die Ursache dafür, dass die FPF_1 die nicht wirtschaftlichste Alternative darstellt, ist, dass sie bei allen Bauteilvarianten im Vergleich zu den beiden anderen Fertigungsprozessfolgen jeweils die höchsten Herstellkosten und somit geringsten Gewinne aufweist. Dies führt dazu, dass obwohl für die FPF_2 Opportunitätskosten von bis zu 579.780 € anfallen, aufgrund der nicht Herstellbarkeit der BV_4, die FPF_2 einen höheren durchschnittlichen Gewinn über alle 1.000 Iterationen aufweist. Dies liegt v. a. daran, dass die Eintrittswahrscheinlichkeit der BV_4 vergleichsweise gering ist und in der betrachteten Berechnung nur in 443 der 1.000 Iterationen eintritt.

Es ist jedoch auch zu beobachten, dass insgesamt eine große Streuung der Ergebnisse vorliegt (vgl. Standardabweichung in Abbildung 6-46). Dies ist darauf zurückzuführen, dass der Eintritt bzw. Nicht-Eintritt einer Variante einen großen Einfluss auf den erzielbaren Gewinn einer Fertigungsprozessfolge hat. So kann bspw. mit der FPF_1 bei Eintritt von BV_2 oder BV_4, welche nicht von allen *FPF* gefertigt werden können, ein durchschnittlicher (zusätzlicher) Gewinn von 579.240 € (BV_2) oder 396.951 € (BV_4) erzielt werden. Dies zeigt, dass das Eintreten einer Bauteilvariante einen erheblichen Einfluss auf den erzielbaren Gewinn hat. Dies ist bei der Bewertung und Interpretation der Ergebnisse zu berücksichtigen. Es bleibt festzuhalten, dass das Bewertungsvorgehen eine Prognose der Wirtschaftlichkeit von Fertigungsprozessfolgen unter Berücksichtigung von unsicherheitsbehafteten Bauteilvarianten und somit von Bauteilprogrammen ermöglicht. Bezogen auf das Fallbeispiel kann geschlussfolgert werden, dass basierend auf dem aktuellen Informationsstand die Fertigungsprozessfolge FPF_2 die erfolgversprechendste Alternative ist.

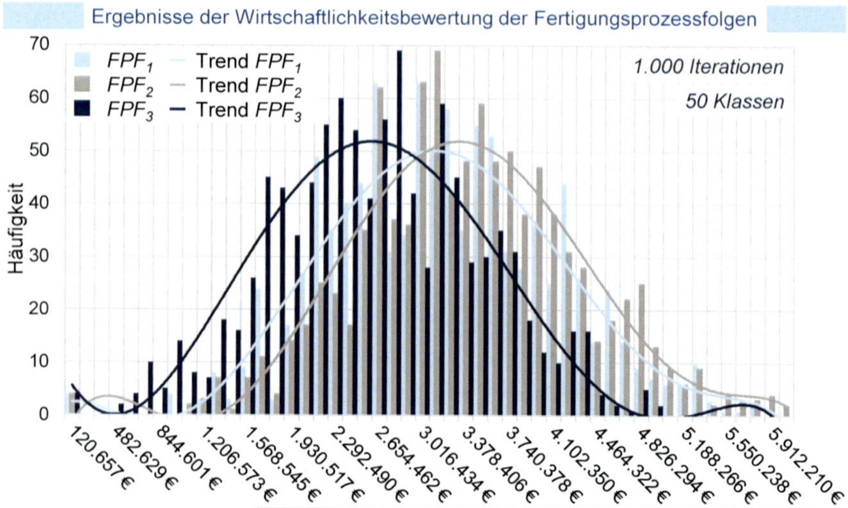

	Erwartungswert Gewinn	Standardabweichung Gewinn
Fertigungsprozessfolge 1	*3.140.792 €*	*925.022 €*
Fertigungsprozessfolge 2	*3.340.190 €*	*921.156 €*
Fertigungsprozessfolge 3	*2.559.268 €*	*866.630 €*

Abbildung 6-46: Übersicht der Ergebnisse der Wirtschaftlichkeitsbewertung der Fertigungsprozessfolgen

Overview of the economic evaluation of the manufacturing process sequences

Abschließend ist noch zu erwähnen, dass aufgrund der zufälligen Bestimmung der unsicherheitsbehafteten Faktoren auf Basis der zugrundeliegenden Verteilungen die Berechnungsergebnisse bei erneuter Durchführung voneinander abweichen. Daher wurde die Berechnung mit 1.000 Iterationen mehrfach wiederholt. Hierbei zeigte sich, dass in jeder der durchgeführten Berechnungen die Fertigungsprozessfolge FPF_2 den größten Erwartungswert aufweist, sodass diese die zu wählende Fertigungsprozessfolge darstellt. In Abbildung 10-20 im Anhang sind exemplarisch die Ergebnisse einer weiteren Durchführung der Berechnung abgebildet.

Zwischenfazit

Die im Fallbeispiel erzielten Ergebnisse stützen die Forschungshypothese und betonen die Notwendigkeit potenzielle und unsicherheitsbehaftete Bauteilvarianten in die Planung und Bewertung von Fertigungsprozessfolgen einzubeziehen, um eine ganzheitliche Betrachtung und langfristige Wirtschaftlichkeit sicherzustellen. Die dritte Forschungsfrage adressiert die Prognose der Wirtschaftlichkeit von Fertigungsprozessfolgen unter Berücksichtigung zukünftiger, unsicherheitsbehafteter Bauteilvarianten. Hierzu wurde in Abschnitt 6.3.1 das entwickelte Modell zur Bewertung der Wirtschaftlichkeit von Fertigungsprozessfolgen bei unsicherheitsbehafteten Bauteilvarianten erläutert (Anforderung 7). Darauf aufbauend wurde in Abschnitt 6.3.2 der dieser Arbeit zugrundeliegende Ansatz zur Prognose der Wirtschaftlichkeit von Fertigungsprozessfolgen vorgestellt, um die vorliegenden Unsicherheiten systematisch und effizient in die Wirtschaftlichkeitsbewertung zu integrieren (Anforderung 8). Die Anwendung auf das Fallbeispiel zeigt, dass die entwickelten Modelle und Methoden die Identifikation der erfolgversprechendsten Fertigungsprozessfolge ermöglichen und dabei widerspruchsfrei anwendbar sind sowie diese die formalen und inhaltlichen Anforderungen des Abschnitts 5.2 berücksichtigen. Die Forschungsfrage 3 wird durch die Ausführungen in Abschnitt 6.3 beantwortet.

7 Diskussion und Verwertung

Discussion and Utilization

Entsprechend der eingeführten wissenschaftlichen Vorgehensweise wird zum Abschluss eine Bewertung der dieser Arbeit zugrundeliegenden Forschungshypothese durchgeführt. Hierzu werden in Abschnitt 7.1 die innerhalb der Detaillierung der Methodik (Kapitel 6) erzielten Forschungsergebnisse kritisch diskutiert. Des Weiteren wird ein Ausblick für die vorliegende Forschungsarbeit gegeben, indem in Abschnitt 7.2 wissenschaftliche sowie wirtschaftliche Verwertungsmöglichkeiten ausgeführt werden.

7.1 Kritische Diskussion der entwickelten Methodik

Critical Discussion of the Developed Methodology

Das Ziel der Forschungsarbeit war die Entwicklung einer Methodik, welche Anwendende bei der Planung flexibler und wirtschaftlicher Fertigungsprozessfolgen für die variantenreiche Serienfertigung unterstützt. Hierzu wurde die folgende Forschungshypothese formuliert und bzgl. einer Falsifikation überprüft.

Forschungshypothese: *Die Integration unsicherheitsbehafteter Bauteilvarianten in die Planung von Fertigungsprozessfolgen und die daraus resultierenden zukünftigen Anforderungen an die Flexibilität der Fertigung ermöglichen es, bedarfsorientiert flexible Fertigungsprozessfolgen abzuleiten sowie ihre Wirtschaftlichkeit zu prognostizieren.*

Basierend auf der Forschungshypothese wurden drei Forschungsfragen abgeleitet, die zur Überprüfung der Forschungshypothese innerhalb der Entwicklung der Methodik zu beantworten waren. Um die erste Forschungsfrage zu beantworten, wurde ein Modell zur Beschreibung von Bauteilen und Bauteilvarianten erarbeitet. Des Weiteren wurde eine Methode zur Ermittlung unsicherheitsbehafteter Bauteilvarianten ausgehend von zukünftigen Bauteilanforderungen entwickelt. Basierend auf der Validierung dieser Entwicklungen anhand eines Fallbeispiels, kann geschlussfolgert werden, dass die entwickelten Modelle und Methoden widerspruchsfrei anwendbar sind. Hierbei wurde gezeigt, dass sowohl die inhaltlichen Anforderungen 1-3 sowie die formalen Anforderungen an die Methodik erfüllt wurden. Folglich wurde die erste Forschungsfrage beantwortet und es wird vorläufig als wahr angenommen, dass durch die entwickelten Modelle und Methoden die systematische Modellierung von Bauteilen und Bauteilvarianten sowie die Ermittlung unsicherheitsbehafteter Bauteilvarianten ermöglicht wird.

Zur Beantwortung der zweiten Forschungsfrage wurden ein Vorgehen zur Ermittlung (anwendungsfallspezifischer) relevanter technologischer Fähigkeiten von Fertigungsprozessfolgen sowie eine Methode für die Ermittlung der bedarfsorientierten Flexibilität von Fertigungsprozessfolgen entwickelt. Für die Validierung der Entwicklungsergebnisse wurden diese auf ein Fallbeispiel angewandt. Basierend auf den Ergebnissen der Validierung kann geschlussfolgert werden, dass die entwickelten Vorgehen und

Methoden widerspruchslos anwendbar sind. Des Weiteren zeigte die Validierung, dass die formalen Anforderungen sowie die inhaltlichen Anforderungen 4-6 an die Methodik hinreichend erfüllt wurden. Somit wird als vorläufig wahr angenommen, dass mithilfe der Entwicklungsergebnisse die bedarfsorientierte Flexibilität von Fertigungsprozessfolgen bestimmt werden und basierend darauf eine Auswahl von Fertigungsprozessfolgen erfolgen kann.

Für die Beantwortung der dritten Forschungsfrage wurde ein Modell zur Bewertung der Wirtschaftlichkeit von Fertigungsprozessfolgen unter Berücksichtigung unsicherheitsbehafteter Bauteilvarianten entwickelt. Zusätzlich wurde ein Vorgehen erarbeitet, das die systematische, effiziente Prognose der Wirtschaftlichkeit von Fertigungsprozessfolgen bei Vorliegen von unsicherheitsbehafteten Bauteilvarianten ermöglicht. Die Entwicklungsergebnisse wurden auch auf ein Fallbeispiel angewandt. Die Validierung ergab, dass eine widerspruchsfreie Anwendbarkeit der Entwicklungen gegeben ist und, dass sowohl die inhaltlichen Anforderungen 7 und 8 als auch die formalen Anforderungen an die Methodik erfüllt wurden. Somit wird vorläufig als wahr angenommen, dass mittels der Entwicklungsergebnisse eine Prognose der Wirtschaftlichkeit von Fertigungsprozessfolgen bei unsicherheitsbehafteten Bauteilvarianten gegeben ist.

Abschließend wird als vorläufig wahr angenommen, dass mit den in dieser Forschungsarbeit entwickelten Modellen und Methoden die Integration von unsicherheitsbehafteten Bauteilvarianten in die Planung von Fertigungsprozessfolgen umgesetzt wird. Ergänzend wird als vorläufig wahr angenommen, dass, ausgehend von den dadurch beschriebenen zukünftigen Anforderungen an die Fertigung und vorliegenden Unsicherheiten, mit den Entwicklungsergebnissen eine Ableitung der bedarfsorientierten Flexibilität von Fertigungsprozessfolgen sowie eine Prognose der Wirtschaftlichkeit von Fertigungsprozessfolgen bei unsicherheitsbehafteten Bauteilvarianten ermöglicht werden. Somit wurde die dem ***Forschungsvorhaben zugrundeliegende Forschungshypothese nicht falsifiziert*** und wird als (vorläufig) wahr angenommen.

7.2 Wissenschaftliche und wirtschaftliche Verwertung

Scientific and Economic Utilization

Nachfolgend werden verschiedene Möglichkeiten ausgeführt, wie die erzielten Forschungsergebnisse zukünftig wissenschaftlich sowie wirtschaftlich weiter genutzt und angewendet werden können. Dabei adressiert die wirtschaftliche Verwertung, welche weiteren Maßnahmen und Arbeitsschritte erforderlich sind, um die erzielten Ergebnisse nutzenorientiert in die industrielle Anwendung zu überführen. Die wissenschaftliche Verwertung behandelt, welche weiteren potenziellen Fragestellungen und Forschungsaktivitäten aus der vorliegenden Forschungsarbeit resultieren.

Unternehmen stehen u. a. vor den Herausforderungen einer zunehmenden Variantenvielfalt und dem Erfordernis ihre Fertigung auf geänderte Marktanforderungen anzupassen, weshalb die Flexibilität der Fertigung einen entscheidenden Erfolgsfaktor darstellt. Die entwickelte Methodik stellt eine Grundlage dar, um die Berücksichtigung der

Flexibilität von Fertigungsprozessfolgen in die Planung zu integrieren und eine Prognose der Wirtschaftlichkeit der Fertigung unter Berücksichtigung zukünftiger Bauteilvarianten zu ermöglichen. Um eine nutzenstiftende und effiziente industrielle Anwendung der Methodik in der unternehmerischen Praxis zu erreichen, sind die erzielten Ergebnisse in eine ***marktreife Software zu überführen***. Die entwickelte Methodik adressiert insbesondere die Planung neuer Fertigungsprozessfolgen, wobei eine Übertragbarkeit auf bestehende Fertigungsprozessfolgen durch entsprechende Berücksichtigung des Inputs möglich ist. Die Modularität der entwickelten Methodik ermöglicht die Erweiterung um zusätzliche Aspekte. Um der Herausforderung einer steigenden Variantenvielfalt noch besser begegnen zu können, stellt die ***Integration der Betrachtung von Anpassungsmaßnahmen von Fertigungsprozessfolgen über den Zeitverlauf*** in die Methodik großes Potenzial dar. Somit wird neben der Flexibilität auch die Wandlungsfähigkeit der Fertigung in die Betrachtung einbezogen. Einerseits können die Maßnahmen genutzt werden, um bestehende Fertigungsprozessfolgen an neue Bauteilvarianten anzupassen. Andererseits ist es möglich, dass bereits in der Fertigungsplanung potenzielle Anpassungen antizipiert werden. Es sind Forschungsaktivitäten erforderlich, um eine systematische Ableitung und Bewertung geeigneter Anpassungsmaßnahmen von Fertigungsprozessfolgen unter Berücksichtigung vorliegender Randbedingungen umzusetzen. Die entwickelte Methodik ist so gestaltet, dass ggf. fehlende technologische Fähigkeiten einer Fertigungsprozessfolge zur Umsetzung einer Bauteilvariante dazu führen, dass diese Bauteilvariante nicht durch die Fertigungsprozessfolge gefertigt werden kann. Durch die Möglichkeit ggf. fehlende technologische Fähigkeiten von externen Unternehmen zu beziehen, ergeben sich jedoch weitere Möglichkeiten in der Fertigungsplanung. Es ist daher zu untersuchen, wie sogenannte ***Make-or-Buy-Entscheidungen in die Bewertung von Fertigungsprozessfolgen bei unsicherheitsbehafteten Bauteilvarianten zu integrieren*** sind. Des Weiteren wurde die Annahme und somit Einschränkung getroffen, dass die einzelnen Anforderungen bzw. Anforderungspakete unabhängig voneinander auftreten und jedes Anforderungspaket in einer einzelnen Bauteilvariante umgesetzt wird (vgl. S. 50 f. & S. 74 f.). Eine Erweiterung der Methodik stellt die Aufhebung dieser Annahme dar, um auch Abhängigkeiten zwischen Bauteilvarianten bzgl. ihres Eintritts in die Methodik zu berücksichtigen. Es ist zu erforschen, wie daraus resultierende ***bedingte Wahrscheinlichkeiten aufgrund von Abhängigkeiten zwischen Anforderungen bzw. Bauteilvarianten*** bzgl. deren Eintritt in die Methodik zu integrieren sind.

Die Erläuterungen verdeutlichen, dass die Ergebnisse der vorliegenden Arbeit vielfältig wissenschaftlich und wirtschaftlich verwertbar sind. Die Verwertbarkeit wird durch die generische Gestaltung der entwickelten Modelle und Methoden unterstützt. Hierdurch werden eine Weiterentwicklung und Integration neuer Forschungsergebnisse sowie Anwendungsbereiche ermöglicht. ***Die Forschungsarbeit bildet eine Grundlage für weitere Forschungsaktivitäten zu flexiblen Fertigungsprozessfolgen im Kontext der Planung von Fertigungsprozessfolgen unter Berücksichtigung unsicherheitsbehafteter, potenzieller Bauteilvarianten.***

8 Zusammenfassung

Aufgrund einer steigenden Variantenvielfalt stellt die Flexibilität in der (Serien-) Fertigung einen zunehmenden Erfolgsfaktor dar. Um eine anforderungsgerechte Nutzung von Fertigungsprozessfolgen und eine Sicherstellung des langfristigen Unternehmenserfolgs zu erreichen, sind daher potenzielle Bauteilvarianten unter Einbezug vorliegender Unsicherheiten in die Planung von Fertigungsprozessfolgen zu integrieren. Basierend darauf sind eine Bewertung der bedarfsorientierten Flexibilität von Fertigungsprozessfolgen und eine Prognose der Wirtschaftlichkeit unter Einbezug potenzieller Bauteilvarianten umzusetzen. Zur Erreichung dessen wurde in dieser Arbeit eine Methodik zur Planung flexibler und wirtschaftlicher Fertigungsprozessfolgen für die variantenreiche Serienfertigung entwickelt.

Die Struktur der Arbeit folgt dem Forschungsprozess nach ULRICH [ULRI76] und basiert auf dem Ansatz des Kritischen Rationalismus von POPPER [POPP45]. Nach einer Einleitung in Kapitel 1 werden in Kapitel 2 die wissenschaftliche Vorgehensweise und der Aufbau der Arbeit ausgeführt. Anschließend wird in Kapitel 3 eine Abgrenzung des Untersuchungsbereichs vorgenommen, indem relevante Begrifflichkeiten für die variantenreiche Serienfertigung in der Technologieplanung definiert, Grundlagen zur Flexibilität in der Fertigung ausgeführt sowie die für die Arbeit relevanten modelltheoretischen und methodischen Grundlagen dargestellt werden. In Kapitel 4 wird aufbauend auf dem definierten Untersuchungsbereich eine Analyse des Stands der Forschung durchgeführt. Hierbei werden Ansätze zur Gestaltung von Technologieketten und Fertigungsprozessfolgen, Ansätze zum Umgang mit Bauteilvarianten in der Fertigung sowie Ansätze zur Betrachtung der Flexibilität in der Fertigung betrachtet. Basierend darauf erfolgt zum Abschluss des Kapitels die Ableitung der wissenschaftlichen Problemstellung. In Kapitel 5 werden die Zielsetzung, die Forschungsfragen und Konzeption der Methodik ausgeführt.

Zur Beantwortung der Forschungsfragen erfolgen in Kapitel 6 die Detaillierung der Methodik und somit die Ausführungen zur Methodikentwicklung und zur Entwicklung der damit verbundenen Modelle und Methoden. Der Abschnitt 6.1 adressiert die Forschungsfrage 1. In diesem werden die Forschungsaktivitäten zur Entwicklung des Modells zur Beschreibung von Bauteilen und der Ansatz zur Ableitung unsicherheitsbehafteter Bauteilvarianten ausgeführt. In Abschnitt 6.2 (Forschungsfrage 2) werden die Teilmethodiken zur Ermittlung relevanter technologischer Fähigkeiten von Fertigungsprozessfolgen und zur Ermittlung von bedarfsorientiert flexiblen Fertigungsprozessfolgen vorgestellt. Zur Beantwortung der Forschungsfrage 3 erfolgt in Abschnitt 6.3 die Ausführung der Forschungsaktivitäten zum Modell zur Wirtschaftlichkeitsbewertung von Fertigungsprozessfolgen bei unsicherheitsbehafteten Bauteilvarianten und zum Vorgehen zur Prognose der Wirtschaftlichkeit von Fertigungsprozessfolgen. Alle entwickelten Inhalte wurden in den Abschnitten anhand eines Fallbeispiels validiert. Zum Abschluss erfolgen in Kapitel 7 die kritische Diskussion der Methodik und die Ausführungen zu den wissenschaftlichen und wirtschaftlichen Verwertungsmöglichkeiten.

Summary

Due to an increasing number of variants, flexibility in (series) production is an increasingly important success factor. In order to achieve a demand-oriented utilization of manufacturing process sequences and to ensure long-term success of the company, potential component variants must therefore be integrated into the planning of manufacturing process sequences, taking into account existing uncertainties. Based on this, an evaluation of the demand-oriented flexibility of manufacturing process sequences and a prognosis of profitability including potential component variants must be implemented. To achieve this, a methodology for the evaluation of demand-oriented, flexible and economical manufacturing process sequences in variant-rich series production was developed within this thesis.

The structure of the thesis follows the research process according to ULRICH [ULRI76] and is based on the critical rationalism approach of POPPER [POPP45]. After an introduction in Chapter 1, Chapter 2 explains the scientific approach and the structure of the thesis. Chapter 3 then delineates the scope of the study by defining relevant terms for variant-rich series production in technology planning, explaining the basics of flexibility in production and setting out the model-theoretical and methodological principles relevant to the work. In chapter 4, an analysis of the current state of research is carried out based on the defined area of investigation. Approaches to the design of technology chains and manufacturing process sequences, approaches to dealing with component variants in manufacturing and approaches to considering flexibility in manufacturing are analyzed. Based on this, the scientific problem is derived at the end of the chapter. Chapter 5 describes the objectives, research questions and conception of the methodology, taking into account the scientific problem.

In order to answer the research questions, Chapter 6 details the methodology and thus explains the development of the methodology and the development of the associated models and methods. Section 6.1 addresses research question 1, in which the research activities for developing the model for describing components and the approach for deriving uncertain component variants are explained. Section 6.2 (research question 2) presents the sub-methodologies for determining relevant technological capabilities of manufacturing process sequences and for determining demand-oriented flexible manufacturing process sequences. To answer research question 3, section 6.3 describes the research activities on the model for assessing the economic efficiency of manufacturing process sequences with uncertain component variants and on the procedure for the prognosis of the economic efficiency of manufacturing process sequences. All developed elements were validated in the sections using a case study. Chapter 7 concludes with a critical discussion of the methodology and the scientific and economic utilization possibilities.

9 Literaturverzeichnis

References

[ABEL06] Abele, E.; Liebeck, T.; Wörn, A.: Measuring Flexibility in Investment Decisions for Manufacturing Systems. In: CIRP Annals. 55. Jg., 2006, 1, S. 433–436

[ALBE00] Albert, H.: Kritischer Rationalismus. Vier Kapitel zur Kritik illusionären Denkens. (Reihe: Uni-Taschenbücher, Bd. 2138) Tübingen: Mohr Siebeck, 2000

[ALEX22] Alexopoulos, K.; Anagiannis, I.; Nikolakis, N.; Chryssolouris, G.: A quantitative approach to resilience in manufacturing systems. In: International Journal of Production Research. 60. Jg., 2022, S. 7178–7193

[APEL25] Apelt, S.: Methodik zur Gestaltung agiler Serienanläufe. Diss. RWTH Aachen, 2025

[AVAL24] Avalos, O.; Haro, E. H.; Camarena, O.; Díaz, P.: Improved crow search algorithm for optimal flexible manufacturing process planning. In: Expert Systems with Applications. 235. Jg., 2024, S. 1–19

[BEAC00] Beach, R.; Muhlemann, A. P.; Price, D.; Paterson, A.; Sharp, J. A.: A review of manufacturing flexibility. In: European Journal of Operational Research. 122. Jg., 2000, 1, S. 41–57

[BECK22] Beckers, A.; Hommen, T.; Becker, M.; Kornely, M. J.K.; Reuter, E.; Grünert, G.; Ortjohann, L.; Jacob, J.; Niemietz, P.; Barth, S.; Bergs, T.: Digitalized manufacturing process sequences – foundations and analysis of the economic and ecological potential. In: CIRP Journal of Manufacturing Science and Technology. 39. Jg., 2022, S. 387–400

[BECK23] Beckers, A.: Auslegung wirtschaftlich-technologisch optimierter Fertigungsprozessfolgen mittels prozessübergreifender Modellierung. Diss. RWTH Aachen, 2023

[BEIB23] Beibl, J.; Lee, J.; Krause, D.; Moon, S. K.: Flexibility - Grand Challenge for Product Design and Production: Review and Status. In: Procedia CIRP. 119. Jg., 2023, S. 91–96

[BEND21] Bender, B.; Gericke, K.: Pahl/Beitz Konstruktionslehre. 9. Aufl. Berlin, Heidelberg: Springer Berlin Heidelberg, 2021

[BERW18] Berwanger, J.: Gewinn, 2018. URL: https://wirtschaftslexikon.gabler.de/definition/gewinn-35502/version-258982. [Stand: 22.08.2024]

[BIND96] Binder, V. A.; Kantowsky, J.: Technologiepotentiale. Wiesbaden: Deutscher Universitätsverlag, 1996

[BOOS21] Boos, W.; Trauth, D.; Arntz, K.; Prümmer, M.; Niemietz, P.; Wilms, M.; Lürken, C.; Mayer, J.: Wettbewerbsfaktor Resilienz. Handlungsfelder für den krisensicheren Werkzeugbau. 1. Aufl. Aachen: RWTH Aachen Werkzeugmaschinenlabor, 2021

[BOYS07] Boysen, N.; Fliedner, M.; Scholl, A.: Produktionsplanung bei Variantenfließfertigung: Planungshierarchie und Elemente einer Hierarchischen Planung. In: Journal of Business Economics. 77. Jg., 2007, 7-8, S. 759–793

[BUCH12] Buchholz, M.: Theorie der Variantenvielfalt. Diss. Technische Universität Ilmenau, 2012

[BUCH14] Buchholz, S. H.: Bewertung des Substitutionsrisikos von Fertigungssystemen. Diss. RWTH Aachen, 2014

[BURG17] Burger, N.; Demartini, M.; Tonelli, F.; Bodendorf, F.; Testa, C.: Investigating Flexibility as a Performance Dimension of a Manufacturing Value Modeling Methodology (MVMM): A Framework for Identifying Flexibility Types in Manufacturing Systems. In: Procedia CIRP. 63. Jg., 2017, S. 33–38

[BURG22] Burggräf, P.; Adlon, T.; Kahmann, H.; Röhl, L.: Uncertainty and Changeability in Manufacturing Equipment Planning. In: Procedia CIRP. 106. Jg., 2022, S. 221–226

[CASE02] Casella, G.; Berger, R. L.: Statistical inference. 2. Aufl. Pacific Grove, Calif.: Duxbury/Thomson Learning, 2002

[CICH17] Cichos, D.: Physikalische Modellierung technischer Änderungen in der Produktion. Dissertation TU Kaiserslautern, 2017

[CLAU19] Claus, T.; Herrmann, F.; Teich, E.: Kostensimulation. Grundlagen, Forschungsansätze, Anwendungsbeispiele. Wiesbaden: Springer Fachmedien, 2019

[COX89] Cox, T.: Toward the Measurement of Manufacturing Flexibility. In: Production and Inventory Management Journal. 30. Jg., 1989

[DENK19] Denkena, B.; Dittrich, M.-A.; Wilmsmeier, S.: Automated production data feedback for adaptive work planning and production control. In: Procedia Manufacturing. 28. Jg., 2019a, S. 18–23

[DENK19] Denkena, B.; Dittrich, M.-A.; Jacob, S.: Methodology for integrative production planning in highly dynamic environments. In: Production Engineering. 13. Jg., 2019b, 3-4, S. 317–324

[DIN20] Norm DIN 10209 (2020): DIN EN ISO 10209 – Technische Produktdokumentation

[DIN21] Norm DIN 199-1 (2021): Technische Produktdokumentation (TPD) (Entwurf)

[DIN22] Norm DIN 8580 (2022): DIN 8580:2003-12 Fertigungsverfahren

[DIN83] Norm DIN 66001 (1983): Informationsverarbeitung: Sinnbilder und ihre Anwendung

[DÖBB16] Döbbeler, B.: Entwicklung eines ressourceneffizienzorientierten Entscheidungsmodells zur Auswahl von Technologieketten in der Fertigungstechnik. Diss. RWTH Aachen, 2016

[DÖRM13] Dörmer, J.: Produktionsprogrammplanung bei variantenreicher Fließproduktion. Wiesbaden: Springer Fachmedien, 2013

[D'SO00] D'Souza, D. E.; Williams, F. P.: Toward a taxonomy of manufacturing flexibility dimensions. In: Journal of Operations Management. 18. Jg., 2000, 5, S. 577–593

[DUBO99] Dubois, D.; Prade; Henri; Yager, R.: Merging fuzzy information. In: Dubois, D.; Prade, H.; Bezdek, J. C. (Hrsg.): Fuzzy Sets in Approximate Reasoning and Information Systems. (Reihe: Springer eBook Collection Mathematics and Statistics). Boston: Springer, 1999, S. 335–401

[ELYA22] Elyasi, M.; Altan, B.; Ekici, A.; Örsan Özener, O.; Yanıkoğlu, İ.: Stochastic Production Planning with Flexible Manufacturing Systems and Uncertain Demand: A Column Generation-based Approach. In: IFAC-PapersOnLine. 55. Jg., 2022, 10, S. 3040–3045

[ENGE10] Engelhardt R.; Kloberdanz, H.; Mathias, J., Birkhoher, H.: An approach of a model to describe uncertainty in technical systems. In: International Design Conference, 2010, S. 213–222

[FAHR16] Fahrmeir, L.; Heumann, C.; Künstler, R.; Pigeot, I.; Tutz, G.: Statistik. Berlin, Heidelberg: Springer Berlin Heidelberg, 2016

[FALL00] Fallböhmer, M.: Generieren alternativer Technologieketten in frühen Phasen der Produktentwicklung. Diss. RWTH Aachen, 2000

[FLAG13] Flage, R.; Baraldi, P.; Zio, E.; Aven, T.: Probability and possibility-based representations of uncertainty in fault tree analysis. In: Risk analysis: an official publication of the Society for Risk Analysis. 33. Jg., 2013, 1, S. 121–133

[GAUS96] Gausemeier, J.; Fink, A.; Schlake, O.: Szenario-Management. Planen und Führen mit Szenarien. 2. Aufl. München: Hanser, 1996

[GEMB98] Gembrys, S.-N.: Ein Modell zur Reduzierung der Variantenvielfalt in Produktionsunternehmen. Diss. TU Berlin, 1998

[GERP05] Gerpott, T. J.: Strategisches Technologie- und Innovationsmanagement. (Reihe: Sammlung Poeschel, Bd. 162) 2. Aufl. Stuttgart: Schäffer-Poeschel, 2005

[GÖTZ13] Götzfried, A.: Analyse und Vergleich fertigungstechnischer Prozessketten für Flugzeugtriebwerks-Rotoren. Diss. TU München, 2013

[GROß04] Große-Heitmeyer, V.; Wiendahl, H.-P.: Einführung. In: Wiendahl, H.-P.; Gerst, D.; Keunecke, L. (Hrsg.): Variantenbeherrschung in der Montage. (Reihe: VDI-Buch). Berlin, Heidelberg: Springer Berlin Heidelberg, 2004

[GRÜN22] Grünebaum, T.: Methodik zur Gestaltung von Technologieketten und Prozessfolgen nach lebensphasenübergreifend ökologisch-ökonomischen Kriterien. Diss. RWTH Aachen, 2022

[HAGH21] Haghi, S.; Sippl, F.; Zink, L.; Reinhart, G.: A Methodology for Flexible Configuration of Change Management Processes. In: Procedia CIRP. 104. Jg., 2021, S. 1149–1154

[HEES15] Heeschen, D.: Kennzahlenbasierte Auswahl der Fertigungstechnologien und -ressourcen im industriellen Werkzeugbau. Diss. RWTH Aachen, 2015

[HEIN17] Heinicke, M.: Resilienzorientierte Beurteilung von Produktionsstrukturen. Diss. Otto-von-Guericke-Universität Magdeburg, 2017

[HERM19] Hermanns, L.: Modell zur Integrationsplanung variantenreicher Baukastenprodukte in einem Montagesystemverbund. Diss. Universität des Saarlandes, 2019

[HERM22] Hermann, L.: Cost-Efficient Design of Adaptations for Manufacturing Process Sequences of Safety-Critical Components. Diss. RWTH Aachen, 2022a

[HERM22] Hermann, L.; Schütz, M.; Coppers, F.; Barth, S.; Beckers, A.; Bergs, T.: Deterministic and cost-efficient change propagation analysis method for manufacturing process sequences. In: CIRP Journal of Manufacturing Science and Technology. 37. Jg., 2022b, S. 196–203

[HING22] Hingst, L.; Wecken, L.; Brunotte, E.; Nyhuis, P.: Einordnung der Robustheit und Resilienz in die Veränderungsfähigkeit. In: Journal of Production Systems and Logistics. 2. Jg., 2022, 3, S. 1–11

[HOAN19] Hoang, X.-L.; Caesar, B.; Fay, A.: Adaptation of Manufacturing Machines by the Use of Multiple-Domain-Matrices and Variability Models. In: IFAC-PapersOnLine. 52. Jg., 2019, 13, S. 1361–1366

[HOFM19] Hofmann C.; Brakemeier, N.; Krahe, C.; Stricker, N.; Lanza, G.: The Impact of Routing and Operation Flexibility on the Performance of Matrix

Production Compared to a Production Line. In: Schmitt, R. (Hrsg.): Advances in Production Research. Proceedings of the 8th Congress of the German Academic Association for Production Technology (WGP), Aachen, November 19-20 2018. (Reihe: Advances in Production Research). Cham: Springer Nature Switzerland AG, 2019, S. 155–165

[JENK07] Jenke, K.: Konzept zur Lösung technischer Qualitätsprobleme in der Produktion durch Anwendung der Theorie des erfinderischen Problemlösens. Diss. TU Kaiserslautern, 2007

[KALO08] Kalos, M. H.; Whitlock, P. A.: Monte Carlo Methods. 2. Aufl. Weinheim: WILEY-VCH, 2008

[KAUS18] Kausche, M.: Wirtschaftlichkeit schwimmender Offshore Windenergieanlagen. Wiesbaden: Springer Fachmedien Wiesbaden, 2018

[KELL20] Kellner, F.; Lienland, B.; Lukesch, M.: Produktionswirtschaft. Planung, Steuerung und Industrie 4.0. 2. Aufl. Berlin, Heidelberg: Springer Berlin Heidelberg, 2020

[KIEN18] Kiener, S.; Maier-Scheubeck, N.; Obermaier, R.; Weiss, M.: Produktionsmanagement. Grundlagen der Produktionsplanung und -steuerung. (Reihe: De Gruyter Studium) 11. Aufl. Berlin, Boston: De Gruyter Oldenbourg, 2018

[KLAP11] Klappert, S.; Schuh, G.; Aghassi, S.: Einleitung und Abgrenzung. In: Schuh, G. (Hrsg.): Technologiemanagement. (Reihe: VDI-Buch). 2. Aufl. Dordrecht: Springer, 2011

[KLEM11] Klemke, T.; Mersmann, T.; Wagner, C.; Goßmann, D.; Nyhuis, P.: Bewertung und Gestaltung der Wandlungsfähigkeit von Produktionssystemen. In: Zeitschrift für wirtschaftlichen Fabrikbetrieb. 106. Jg., 2011, 12, S. 922–927

[KLIR06] Klir, G. J.: Uncertainty and information. Foundations of generalized information theory. Hoboken, NJ: Wiley-Interscience, 2006

[KLOC05] Klocke, F.; Brinksmeier, E.; Weinert, K.: Capability Profile of Hard Cutting and Grinding Processes. In: CIRP Annals. 54. Jg., 2005, 2, S. 22–45

[KLOC17] Klocke, F.; Mattfeld, P.; Stauder, J.; Müller, J.; Grünebaum, T.: Robust technology chain design: Considering undesired interactions within the technology chain. In: Production Engineering. 11. Jg., 2017, 4-5, S. 575–585

[KLOC18] Klocke, F.: Fertigungsverfahren 1. Berlin, Heidelberg: Springer Berlin Heidelberg, 2018a

[KLOC18] Klocke, F.; Müller, J.; Mattfeld, P.; Kukulies, J.; Schmitt, R. H.: Integrative Technology and Inspection Planning—A Case Study in Medical Industry. In: Journal of Manufacturing Science and Engineering. 140. Jg., 2018b, 5

[KLUG02] Kluge, F.: Etymologisches Wörterbuch der deutschen Sprache. 24. Aufl. Berlin: de Gruyter, 2002

[KNET04] Knetsch, T.: Unsicherheiten in Ingenieurberechnungen. Diss. Otto-von-Guericke-Universität Magdeburg, 2004

[KNOC05] Knoche, K.: Generisches Modell zur Beschreibung von Fertigungstechnologien. Diss. RWTH Aachen, 2005

[KOCH17] Koch, J.: Manufacturing Change Management – a Process-Based Approach for the Management of Manufacturing Changes. Diss. TU München, 2017

[KOSF19] Kosfeld, R.; Eckey, H.-F.; Türck, M.: Wahrscheinlichkeitsrechnung und Induktive Statistik. Wiesbaden: Springer Fachmedien Wiesbaden, 2019

[KUKU19] Kukulies, J.: Priorisierung technischer Risiken zur Planung der Eigenschaftsabsicherung auf Basis von Unsicherheit. Diss. RWTH Aachen, 2019

[LAFO16] Lafou, M.; Mathieu, L.; Pois, S.; Alochet, M.: Manufacturing System Flexibility: Sequence Flexibility Assessment. In: Procedia CIRP. 57. Jg., 2016, S. 229–234

[LANZ10] Lanza, G.; Peter, K.; Rühl, J.; Peters, S.: Assessment of flexible quantities and product variants in production. In: CIRP Journal of Manufacturing Science and Technology. 3. Jg., 2010, 4, S. 279–284

[LANZ12] Lanza, G.; Peters, S.: Integrated capacity planning over highly volatile horizons. In: CIRP Annals. 61. Jg., 2012, 1, S. 395–398

[LIND09] Lindemann, U.: Methodische Entwicklung technischer Produkte. Methoden flexibel und situationsgerecht anwenden. (Reihe: VDI-Buch) 3. Aufl. Dordrecht, Heidelberg: Springer, 2009

[LÜDT16] Lüdtke, B.: Lösungsraum-Steuerung in der Produktentwicklung. Diss. RWTH Aachen, 2016

[MAAR22] Maarof, M. G. b.; Nawanir, G. b.; Fakhrul, M.: The Concepts and Determinants of Manufacturing Flexibility. In: Abdul Sani, A. S.; Osman Zahid, M. N.; Mohamad Yasin, M. R.; Ismail, S. Z.; Mohd Zawawi, M. Z.; Abdul Manaf, A. R.; Mohd Saffe, S. N.; Abd Aziz, R.; Mohd Turan, F. (Hrsg.): Enabling Industry 4.0 through Advances in Manufacturing and Materials. (Reihe: Lecture Notes in Mechanical Engineering). Singapore: Springer Nature Singapore, 2022, S. 189–197

[MAND78] Mandelbaum, M.: Flexibility in Decision Making: An Exploration and Unification. Diss. University of Toronto, 1978

[MARK18] Marks, P.; Hoang, X. L.; Weyrich, M.; Fay, A.: A systematic approach for supporting the adaptation process of discrete manufacturing machines. In: Research in Engineering Design. 29. Jg., 2018, 4, S. 621–641

[METR49] Metropoli, N.; Ula, S.: The Monte Carlo Method. In: Journal of the American Statistical Association. 44. Jg., 1949, 247, S. 335–341

[MIGN18] Mignolet, M. P.; Brake, M. R. W.; Segalman Daniel J.: A Primer for Uncertainty Modeling in Jointed Structures. In: Brake, M. R. W. (Hrsg.): The mechanics of jointed structures. Recent research and open challenges for developing predictive models for structural dynamics. Cham: Springer, 2018, S. 585–592

[MITC08] Mitchell, S.: Komplexitäten. Warum wir erst anfangen, die Welt zu verstehen. 1. Aufl. Frankfurt am Main: Suhrkamp, 2008

[MÖHR18] Möhrle, M.; Specht, D.; Haric, P.: Technologie, 2018. URL: https://wirtschaftslexikon.gabler.de/definition/technologie-48435/version-271688. [Stand: 28.09.2024]

[MÖLL08] Möller, N.: Bestimmung der Wirtschaftlichkeit wandlungsfähiger Produktionssysteme. Diss. TU München, 2008

[MOND16] Mondal, S. C.; Maiti, J.; Ray, P. K.; Shafiee, M.: Modelling process robustness: a case study of centrifugal casting. In: Production Planning & Control. 27. Jg., 2016, 3, S. 169–182

[MOSL17] Moslemi, A.; Seyyed-Esfahani, M.: Robustness Indices in Multistage Problems. In: Quality and Reliability Engineering International. 33. Jg., 2017, 6, S. 1211–1224

[MOUR12] Mourtzis, D.; Alexopoulos, K.; Chryssolouris, G.: Flexibility consideration in the design of manufacturing systems: An industrial case study. In: CIRP Journal of Manufacturing Science and Technology. 5. Jg., 2012, 4, S. 276–283

[MÜLL08] Müller, S.: Methodik für die entwicklungs- und planungsbegleitende Generierung und Bewertung von Produktionsalternativen. Diss. TU München, 2008

[MÜLL18] Müller, J.: Integrative Gestaltung von Fertigungsprozess- und Prüffolgen für sicherheitskritische Bauteile. Diss. RWTH Aachen, 2018

[MUN06] Mun, J.: Real options analysis. Tools and techniques for valuing strategic investments and decisions. (Reihe: Wiley finance) 2. Aufl. Hoboken: Wiley & Son, 2006

[NAEF20] Naefe, P.; Luderich, J.: Konstruktionsmethodik für die Praxis. Aktuelle Verfahren in der Produktentwicklung. (Reihe: Lehrbuch) 2. Aufl. Wiesbaden, Heidelberg: Springer Vieweg, 2020

[NAEF22] Naefe, P.; Kott, M.: Konstruktionslehre für Einsteiger*innen. Leicht verständliches Basiswissen für Maschinenbau-Technikerinnen, -Techniker und -Studierende. (Reihe: Lehrbuch) 2. Aufl. Wiesbaden, Heidelberg: Springer Vieweg, 2022

[NAVA16] Navaei, J.; ElMaraghy, H.: Grouping part/product variants based on networked operations sequence. In: Journal of Manufacturing Systems. 38. Jg., 2016, S. 63–76

[NEBL07] Nebl, T.: Produktionswirtschaft. (Reihe: Lehr- und Handbücher der Betriebswirtschaftslehre) München Wien: Oldenbourg Wissenschaftsverlag GmbH, 2007

[NEEM81] Neemann, U.: Zur Unterscheidung von logischer und faktischer Wahrheit. In: Zeitschrift für allgemeine Wissenschaftstheorie. 12. Jg., 1981, 1, S. 75–97

[NEST99] Nestler, A.: Erfahrungsbasierte Fertigungs- und Bearbeitungs-Feature. Forschungsbericht, 1999

[NYHU08] Nyhuis, P.; Reinhart, G.; Abele, E.: Wandlungsfähige Produktionssysteme. Heute die Industrie von morgen gestalten. Garbsen: PZH Produktionstechnisches Zentrum, 2008

[OBER04] Oberkampf, W. L.; Helton, J. C.; Joslyn, C. A.; Wojtkiewicz, S. F.; Ferson, S.: Challenge problems: uncertainty in system response given uncertain parameters. In: Reliability Engineering & System Safety. 85. Jg., 2004, 1-3, S. 11–19

[OBER10] Oberkampf, W. L.; Roy, C. J.: Verification and Validation in Scientific Computing. Cambridge: Cambridge University Press, 2010

[OLME18] Olmez, H.; Hassannezhad, M.; Ball, N.; Clarkson, P. J.: Modelling Change with an integrated Approach to Manufacturing System Design. In: Proceedings of the International Design Conference 2018, 2018, S. 611–622

[PATZ82] Patzak, G.: Systemtechnik - Planung komplexer innovativer Systeme. Grundlagen, Methoden, Techniken. Berlin, Heidelberg: Springer Berlin Heidelberg, 1982

[PÉRE16] Pérez Pérez, M.; Serrano Bedia, A. M.; López Fernández, M. C.: A review of manufacturing flexibility: Systematising the concept. In: International Journal of Production Research. 54. Jg., 2016, 10, S. 3133–3148

[PETE13] Peters, S.: Markoffsche Entscheidungsprozesse zur Kapazitäts- und Investitionsplanung von Produktionssystemen. Diss. Karlsruher Institut für Technologie, 2013

[PLEH17] Plehn, C.: A method for analyzing the impact of changes and their propagation in manufacturing systems. Diss. TU München, 2017

[POPP45] Popper, K. R.: Die offene Gesellschaft und ihre Feinde. Band 2: Falsche Propheten: Hegel, Marx und die Folgen. Tübingen: J.C.B. Mohr (Paul Siebeck), 1945

[PRAS19] Prasad, D.; Jayswal S. C.: A Review on Flexibility and Reconfigurability in Manufacturing System. In: Chattopadhyay, J.; Singh, R.; Prakash, O. (Hrsg.): Innovation in Materials Science and Engineering. Singapore: Springer Singapore, 2019, S. 187–200

[PRÜM20] Prümmer, M.: Kennzahlenbasiertes Bewertungssystem der Leistungsfähigkeit verketteter Fertigungssysteme. Diss. RWTH Aachen, 2020

[QIAN02] Qian, Y.: Strategisches Technologiemanagement im Maschinenbau: Erfolgsfaktoren chinesischer Maschinenbauunternehmen im kompetenzbasierten Wettbewerb. Diss. Universität Stuttgart, 2002

[RAUC13] Rauch, E.: Konzept eines wandlungsfähigen und modularen Produktionssystems für Franchising-Modelle. Diss. Universität Stuttgart, 2013

[REID15] Reid, N.: Statistical Sufficiency. In: Wright, J. D. (Hrsg.): International Encyclopedia of the Social & Behavioral Sciences. 2. Aufl. Oxford: Oxford Elsevier, 2015, S. 418–422

[REY20] Rey, J.: Methodik zur hochiterativen Gestaltung von Fertigungsprozessfolgen. Diss. RWTH Aachen, 2020

[RINN08] Rinne, H.: Taschenbuch der Statistik. 4. Aufl. Frankfurt am Main: Deutsch, 2008

[RODE13] Roderburg, A.: Methodik zur Entwicklung von hybriden Fertigungstechnologien. Diss. RWTH Aachen, 2013

[ROGA09] Rogalski, S.: Entwicklung einer Methodik zur Flexibilitätsbewertung von Produktionssystemen. Messung von Mengen-, Mix- und Erweiterungsflexibilität zur Bewältigung von Planungsunsicherheiten in der Produktion. Diss. Universität Karlsruhe (TH), 2009

[ROPO09] Ropohl, G.: Allgemeine Technologie. Eine Systemtheorie der Technik. 3. Aufl. Karlsruhe: Universitätsverlag Karlsruhe, 2009

[SCHA12] Schawel, C.; Billing, F.: Morphologischer Kasten. In: Schawel, C.; Billing, F. (Hrsg.): Top 100 Management Tools. Wiesbaden: Gabler Verlag, 2012, S. 174–176

[SCHI14] Schindler, S.: Strategische Planung von Technologieketten für die Produktion. Diss. TU München, 2014

[SCHM16] Schmidt, J.: Integrierte Arbeitsplanung und Fertigungssteuerung auf Basis von Zustandsinformationen. Diss. Leibniz Universität Hannove, 2016

[SCHR21] Schröter, M.: Konfiguration der Reihenfolgeplanung für die Variantenfließfertigung. Diss. RWTH Aachen, 2021

[SCHR99] Schraft, R. D.; Eversheim, W.; Tönshoff, H. K.; Milberg, J.; Reinhart, G.: Planung von Produktionssystemen. In: Eversheim, W.; Schuh, G. (Hrsg.): Gestaltung von Produktionssystemen. (Reihe: VDI-Buch). Berlin: Springer, 1999

[SCHU04] Schuh, G.; Gulden, A. G.; Wemhöner, N.; Kampker, A.: Bewertung der Flexibilität von Produktionssystemen. Kennzahlen zur Bewertung der Stückzahl-, Varianten- und Produktänderungsflexibilität auf Linienebene. In: wt Werkstattstechnik online. 94. Jg., 2004, 6, S. 299–304

[SCHU11] Schuh, G.; Klappert, S.; Moll, T.: Ordnungsrahmen Technologiemanagement. In: Schuh, G. (Hrsg.): Technologiemanagement. (Reihe: VDI-Buch). 2. Aufl. Dordrecht: Springer, 2011a

[SCHU11] Schuh, G. (Hrsg.): Technologiemanagement 2. Aufl. Dordrecht, 2011b: Springer; Reihe: VDI-Buch

[SCHU11] Schuh, G.; Klappert, S.; Schubert, J.; Nollau, S.: Grundlagen zum Technologiemanagement. In: Schuh, G. (Hrsg.): Technologiemanagement. (Reihe: VDI-Buch). 2. Aufl. Dordrecht: Springer, 2011c

[SCHU14] Schuh, G.; Schmidt, C.: Grundlagen des Produktionsmanagements. In: Schuh, G.; Schmidt, C. (Hrsg.): Produktionsmanagement. (Reihe: VDI-Buch). Berlin, Heidelberg: Springer Berlin Heidelberg, 2014, S. 1–62

[SCHW15] Schwarz, S.: Prognosefähigkeit dynamischer Simulationen von Werkzeugmaschinenstrukturen. Diss. TU München, 2015

[SEEB13] Seebacher, G.; Winkler, H.: A Citation Analysis of the Research on Manufacturing and Supply Chain Flexibility. In: International Journal of Production Research. 51. Jg., 2013, 11, S. 3415–3427

[SETH90] Sethi, A.; Sethi, S.: Flexibility in manufacturing: A survey. In: International Journal of Flexible Manufacturing Systems. 2. Jg., 1990, 4, S. 289–328

[SHAR21] Sharma, S.; Raja, L.; Patil, H.: Manufacturing plan optimization using dynamic programming. In: Materials Today: Proceedings. 44. Jg., 2021, S. 4689–4691

[SHEW98] Shewchuk, J. P.; Moodie, C. L.: Definition and Classification of Manufacturing Flexibility Types and Measures. In: International Journal of Flexible Manufacturing Systems. 10. Jg., 1998, 4, S. 325–349

[SIPP23] Sippl, F.; Cheikh, Y.; Reinhart, G.: Data-based similarity assessment of engineering changes and manufacturing changes. In: Procedia CIRP. 120. Jg., 2023, S. 422–427

[STAC73] Stachowiak, H.: Allgemeine Modelltheorie. Wien, New York: Springer, 1973

[STAU17] Stauder, J. M. J.: Anlauforientierte Gestaltung von Fertigungssystemen. Diss. RWTH Aachen, 2017

[STAU25a] Stauder, L.; Grünert, G.; Niemietz, P.; Bergs, T.: Evaluation of the demand-oriented flexibility in the planning of manufacturing process sequences in serial production. In: CIRP Journal of Manufacturing Science and Technology. Volume 61, 2025, S. 277–295

[STAU25b] Stauder, L.; Yang, F.; Grünert, G.; Niemietz, P.; Bergs, T.: Economic evaluation of manufacturing process sequences under consideration of potential component variants. In: Production Engineering. 2025

[STEL16] Steland, A.: Basiswissen Statistik. Kompaktkurs für Anwender aus Wirtschaft, Informatik und Technik. (Reihe: Springer-Lehrbuch) 4. Aufl. Berlin, Heidelberg: Springer Spektrum, 2016

[STOC21] Stockmann, C.; Winkler, H.; Kunath, M.: Robustness assessment in production systems. In: Journal of Manufacturing Technology Management. 32. Jg., 2021, 4, S. 932–951

[SULL15] Sullivan, T. J.: Introduction to Uncertainty Quantification. (Reihe: Texts in Applied Mathematics, Bd. 63) Cham: Springer International Publishing, 2015

[TEER21] Teerasoponpong, S.; Sopadang, A.: A simulation-optimization approach for adaptive manufacturing capacity planning in small and medium-sized enterprises. In: Expert Systems with Applications. 168. Jg., 2021, S. 1–13

[THOM20] Thommen, J.-P.; Achleitner, A.-K.; Gilbert, D. U.; Hachmeister, D.; Jarchow, S.; Kaiser, G. (Hrsg.): Allgemeine Betriebswirtschaftslehre. 9. Aufl. Wiesbaden, 2020: Springer Fachmedien Wiesbaden; Reihe: Springer Lehrbuch

[TÖNI14] Tönissen, S.: Economic Efficiency of Manufacturing Technology Integration. Diss. RWTH Aachen, 2014

[TONI98] Toni, A. de; Tonchia, S.: Manufacturing flexibility: A literature review. In: International Journal of Production Research. 36. Jg., 1998, 6, S. 1587–1617

[TRAN12] Tran, N. A.: Featurebasierte Entscheidungsmethodik zur Bewertung alternativer technologischer Prozessketten in der Teilefertigung. Diss. TU Chemnitz, 2012

[TROM01] Trommer, G.: Methodik zur konstruktionsbegleitenden Generierung und Bewertung alternativer Fertigungsfolgen. Diss. RWTH Aachen, 2001

[TSCH98] Tschirky, H.; Koruna, S.: Technologie-Management. Idee und Praxis. (Reihe: Technology, innovation and management) Zürich: Industrielle Organisation, 1998

[ULRI76] Ulrich, P. Hill, W.: Wissenschaftstheoretische Grundlagen der Betriebswirtschaftslehre (Teil I). In: WiSt Wirtschaftswissenschaftliches Studium. 5. Jg., 1976a, 7, S. 304–309

[ULRI76] Ulrich, P. Hill, W.: Wissenschaftstheoretische Grundlagen der Betriebswirtschaftslehre (Teil II). In: WiSt Wirtschaftswissenschaftliches Studium. 5. Jg., 1976b, 8, S. 345–350

[VDI17] Norm VDI 5201 (2017): Beschreibung und Messung der Wandlungsfähigkeit produzierender Unternehmen

[VDI19] Norm VDI 2221 Blatt 1 (2019): Entwicklung technischer Produkte und Systeme

[WADE12] Wade, W.: Scenario Planning. A Field Guide to the Future. Hoboken: John Wiley & Sons, 2012

[WALC07] Walck, C.: Handbook on Statistical Distributions for experimentalists University of Stockholm, 2007

[WEBE18] Weber, J.; Piekenbrock, D.: Opportunitätskosten, 2018. URL: https://wirtschaftslexikon.gabler.de/definition/opportunitaetskosten-42091. [Stand: 30.01.2025]

[WEMH05] Wemhöner, N.: Flexibilitätsoptimierung zur Auslastungssteigerung im Automobilrohbau. Diss. RWTH Aachen, 2005

[WEST06] Westkämper, E.: Einführung in die Organisation der Produktion. (Reihe: Springer-Lehrbuch) Berlin, Heidelberg: Springer, 2006

[WIEN14] Wiendahl, H.-P.; Reichardt, J.; Nyhuis, P.: Handbuch Fabrikplanung. Konzept, Gestaltung und Umsetzung wandlungsfähiger Produktionsstätten. 2. Aufl. München: Hanser, 2014

[WÖHE16] Wöhe, G.; Döring, U.; Brösel, G.: Einführung in die allgemeine Betriebswirtschaftslehre. (Reihe: Vahlens Handbücher der Wirtschafts- und Sozialwissenschaften) 26. Aufl. München: Verlag Franz Vahlen, 2016

[WUES12] Wuest, T.; Klein, D.; Seifert, M.; Thoben, K.-D.: Method to describe interdependencies of state characteristics related to distortion. In: Materialwissenschaft und Werkstofftechnik. 43. Jg., 2012, 1-2, S. 186–191

[ZAHN95] Zahn, E.: Grundlagen und Zweck des Technologiemanagements. In: Zahn, E. (Hrsg.): Handbuch Technologiemanagement. Stuttgart: Schäffer-Poeschel, 1995

[ZANG14] Zangemeister, C.: Nutzwertanalyse in der Systemtechnik. Eine Methodik zur multidimensionalen Bewertung und Auswahl von Projektalternativen. 5. Aufl. Norderstedt: Winnemark, 2014

[ZARD14] Zardari, N. H.: Weighting methods and their effects on multi-criteria decision making model outcomes in water resources management. (Reihe: SpringerBriefs in Water Science and Technology) Cham: Springer, 2014

[ZÖNN19] Zönnchen, S.: Die frühzeitige Bewertung und Gestaltung fertigungstechnischer Prozessketten im Rahmen der Entwicklung neuartiger Werkstoffe. Diss. TU Chemnitz, 2019

10 Anhang

Appendix

10.1 Vorgehen (2) zur Überprüfung der technologischen Umsetzbarkeit von Bauteilvarianten

Procedure (2) for verifying the technological feasibility of component variants

In der Abbildung 10-1 ist das Vorgehen (2) zur Überprüfung der technologischen Umsetzbarkeit (Widerlegung der Herstellbarkeit) dargestellt und wird im Folgenden erläutert. Zu Beginn sind analog zum Vorgehen zur Überprüfung der technologischen Umsetzbarkeit durch Bestätigung der Herstellbarkeit (vgl. Abbildung 6-26) drei Schritte zur Vorbereitung eines Durchlaufs des Vorgehens durchzuführen. Alle Merkmale (FK_jM_h), die mit diesem Vorgehen geprüft werden sollen, sind anhand ihrer Häufigkeit innerhalb der verschiedenen Bauteilvarianten zu reihen und das häufigste noch nicht betrachtete Merkmal auszuwählen. Anschließend sind die Anforderungen (z. B. Oberflächenrauheit) an dieses Merkmal innerhalb der unterschiedlichen Bauteilvarianten zu reihen, von niedrig (Laufvariable a = 1) bis hoch (Laufvariable a = m). Wird bspw. die Oberflächenrauheit einer Featureklasse betrachtet, erhält die höchste Rauheit dieser Featureklasse innerhalb der verschiedenen Bauteilvarianten die Laufvariable a = 1 (niedrigste Anforderung) und die niedrigste Rauheit die Laufvariable a = m (höchste Anforderung), wobei m die Gesamtanzahl an Bauteilvarianten ist, die dieses Merkmal aufweist. In einem letzten Schritt zur Vorbereitung des Vorgehens werden analog die technologischen Fähigkeiten der Fertigungsprozessfolgen in Bezug auf das aktuell betrachtete Merkmal von niedrig (Laufvariable b = 1) bis hoch (Laufvariable b = n) gereiht.

Im Anschluss beginnt die schrittweise Überprüfung der technologischen Umsetzbarkeit. In einem ersten Abgleich wird geprüft, ob die niedrigste Anforderung an das betrachtete Merkmal (a = 1) von der Fertigungsprozessfolge mit den höchsten technologischen Fähigkeiten bzgl. dieses Merkmals erfüllt werden kann (b = n) (vgl. Abbildung 10-1 (1)). Führt dies zu einem negativen Ergebnis, ergibt sich daraus die Schlussfolgerung, dass keine Bauteilvariante, welche das betrachtete Merkmal enthält, durch eine der potenziellen Fertigungsprozessfolgen gefertigt werden kann. Die Ursache hierfür liegt darin, dass selbst die Fertigungsprozessfolge mit den höchsten technologischen Fähigkeiten bzgl. des betrachteten Merkmals nicht in der Lage ist, die geringsten Anforderungen an das Merkmal zu fertigen. Daraus resultiert auch direkt, dass für alle Bauteilvarianten, die dieses Merkmal aufweisen, eine Überprüfung weiterer Merkmale bzgl. ihrer technologischen Umsetzbarkeit obsolet wird, da ihre Herstellbarkeit durch keine Fertigungsprozessfolge gegeben ist, sodass sich hieraus eine deutliche Aufwandsreduktion bei der Überprüfung der Herstellbarkeit ergibt. Wird diese erste Überprüfung jedoch bejaht, ist in einem zweiten Schritt zu prüfen, ob die höchste Anforderung an das betrachtete Merkmal (a = m) von der Fertigungsprozessfolge mit den niedrigsten technologischen Fähigkeiten bzgl. des Merkmals erfüllt werden kann (b = 1) (vgl. Abbildung 10-1 (2)). Führt diese Überprüfung zu einem positiven Ergebnis, bedeutet dies, dass dieses Merkmal von jeder Fertigungsprozessfolge anforderungsgerecht umgesetzt werden kann und somit keine weitere Überprüfung der technologischen Umsetzbarkeit dieses Merkmals erforderlich ist.

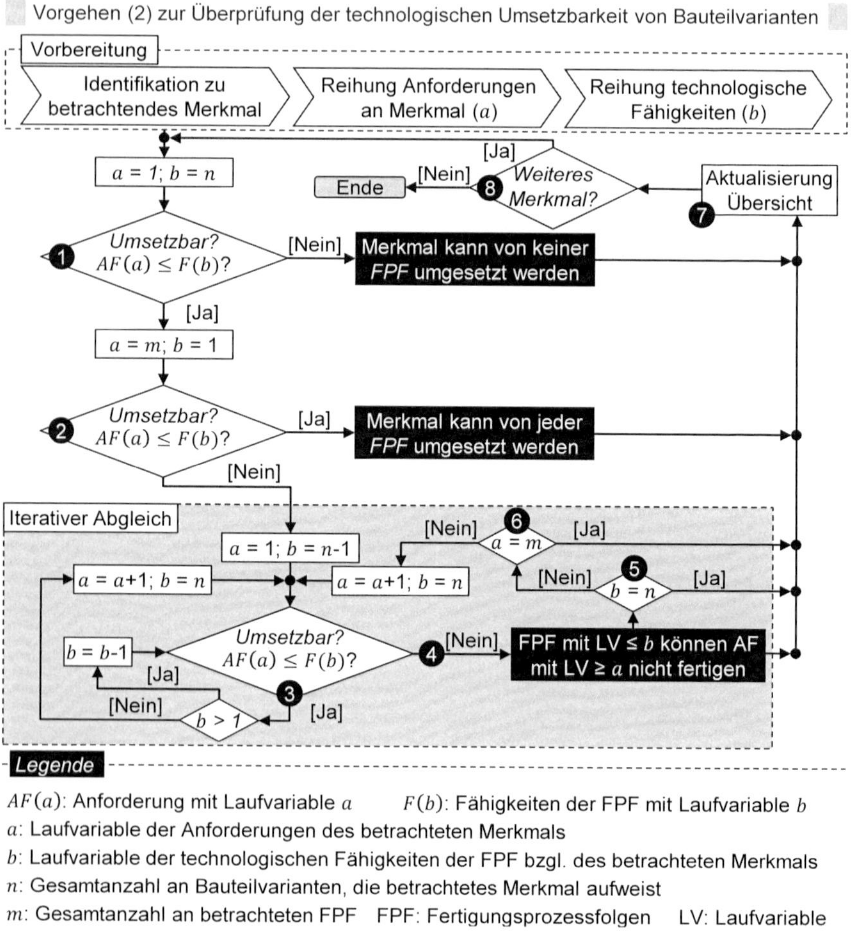

Abbildung 10-1: Vorgehen (2) zur Überprüfung der technologischen Umsetzbarkeit von Bauteilvarianten

Procedure (2) for verifying the technological feasibility of component variants

Führt der zweite Abgleich hingegen zu einem negativen Ergebnis, ist anschließend ein iterativer Abgleich der Anforderungen und Fähigkeiten erforderlich, um zu identifizieren, welche Fertigungsprozessfolgen welche Anforderungen bzgl. des Merkmals erfüllen können. Hierbei wird mit der niedrigsten Anforderung des Merkmals (*a* = 1) und der zweithöchsten Fähigkeit (*b* = n-1) begonnen (der Abgleich *a* = 1 und *b* = n ist bereits erfolgt und führte zu einem positiven Ergebnis). Es wird mit der niedrigsten

Anforderung begonnen, da der Anwendung dieses Vorgehens die Annahme einer Widerlegung der Herstellbarkeit zugrunde liegt und da durch die Widerlegung der Herstellbarkeit geringerer Anforderungen direkt auch die Herstellbarkeit höherer Anforderungen widerlegt wird, sodass eine Aufwandsreduktion erreicht und somit eine effiziente Anwendung sichergestellt wird. Führt der Abgleich zwischen Anforderungen und Fähigkeiten der Fertigungsprozessfolge zu einem positiven Ergebnis (vgl. Abbildung 10-1 (3)) wird der Abgleich so lange mit der jeweils nächsthöheren technologischen Fähigkeit wiederholt, bis die niedrigste erreicht wurde (b = 1) oder der Abgleich in einem negativen Ergebnis resultiert. Waren alle durchgeführten Abgleiche inkl. des Abgleichs mit b = 1 positiv, ist die nächsthöhere Anforderung ($a = a+1$) beginnend mit der höchsten technologischen Fähigkeit (b = n) entsprechend des Vorgehens zu prüfen. Führt der Abgleich zwischen Anforderung des Merkmals und technologischer Fähigkeit der Fertigungsprozessfolge zu einem negativen Ergebnis (vgl. Abbildung 10-1 (4)) ist daraus zu schlussfolgern, dass alle Fertigungsprozessfolgen mit einer Laufvariable $\leq b$ (gleiche oder niedrige technologische Fähigkeiten als aktuell betrachtet Fertigungsprozessfolge) nicht in der Lage sind die Anforderungen des betrachten Merkmals mit einer Laufvariable ≥ a (gleiche oder höhere Anforderungen als aktuell betrachtete Anforderungen an Merkmal) zu fertigen. Hieraus ergibt sich umgekehrt, dass alle Fertigungsprozessfolgen mit einer Laufvariable $> b$ in der Lage sind die Anforderungen des betrachten Merkmals mit einer Laufvariable ≤ a zu fertigen. Bevor nun das Vorgehen für das aktuell betrachtete Merkmal beendet werden kann, ist zu prüfen, ob der aktuelle Wert der Laufvariable b dem Wert n (maximale technologische Fähigkeit) entspricht (vgl. Abbildung 10-1 (5)). Ist dies der Fall, ist das Vorgehen für das betrachtete Merkmal zu beenden. Ursächlich hierfür ist, dass dann bereits im aktuellen Durchlauf des iterativen Abgleichs die Fertigungsprozessfolge mit der höchsten technologischen Fähigkeit betrachtet wurde und diese konnte die aktuell betrachtete Anforderung nicht erfüllen (vgl. Abbildung 10-1 (3) [Nein]). Nachfolgend werden entsprechend des Vorgehens nur höhere Anforderungen an das Merkmal betrachtet. Da für die höchste technologische Fähigkeit bereits gezeigt wurde, dass sie die aktuell betrachtete Anforderung nicht erfüllen kann, ist eine Überprüfung der Umsetzbarkeit höherer Anforderungen obsolet, da diese zwangsläufig zu einem negativen Ergebnis führen wird. Gilt jedoch aktuell für die Laufvariable b ($b \neq n$), ist nachfolgend zu checken, ob bereits die höchste Anforderung des Merkmals betrachtet wurden (Laufvariable $a = m$, vgl. Abbildung 10-1 (6)). Ist dies zu bejahen, ist das Vorgehen für das aktuelle Merkmal zu beenden. Andernfalls ist der iterative Abgleich mit der nächsthöheren Anforderung erneut zu durchlaufen. Ist das Vorgehen aufgrund einer der zuvor genannten Bedingungen zu beenden, ist die Übersicht bzgl. der Herstellbarkeit der Bauteilvarianten unter Berücksichtigung aller gewonnen Schlussfolgerungen (durch den iterativen Abgleich sind ggf. mehrere Schlussfolgerungen möglich) zu aktualisieren (vgl. Abbildung 10-1 (7)) und mit dem nächsten Merkmal das Vorgehen zu durchlaufen. Die Überprüfung der technologischen Umsetzbarkeit ist abgeschlossen, wenn alle Merkmale (FK_jM_h), die entsprechend der vorherigen Auswahl zu betrachten sind (vgl. Abbildung 6-24), analysiert wurden und/oder bzgl. aller Bauteilvarianten eine eindeutige Aussage bzgl. der

Herstellbarkeit mit den potenziellen Fertigungsprozessfolgen gegeben ist (vgl. Abbildung 10-1 (8)). Hierbei ist zu beachten, dass zwar zur Bestätigung der Herstellbarkeit einer Bauteilvariante mit einer Fertigungsprozessfolge die Umsetzbarkeit aller Merkmale der Bauteilvariante durch die Fertigungsprozessfolge nachzuweisen ist, jedoch so bald gezeigt wurde, dass ein Merkmal nicht durch die Fertigungsprozessfolge gefertigt werden kann, die technologische Umsetzbarkeit nicht gegeben ist. Somit sind in diesem Falle die verbliebenden Merkmale nicht zu prüfen und der Aufwand der Überprüfung kann deutlich reduziert werden.

10.2 Ergänzende Informationen und Abbildung zur Validierung in Abschnitt 6.1.3

Supplementary Information and Illustration for Validation in Section 6.1.3

Übersicht Features der Ritzelwelle

Feature-Nr.	Featureeigenschaft	
1 & 37 (FB)	Norm	ISO6411-A4/8,5
2 (MO)	Breite x Winkel	1,5 mm x 45°
3 (FT)	Länge	32,95 mm
	Durchmesser	25h6
	Rundlauf	↗ 0,013 A-B
	O.-Rauheit	4 µm
4 & 5 (FT)	Länge	25 mm
	Tiefe	4 mm
	Passung	8P9
	O.-Rauheit	1 µm
6 & 9 & 40 (MO)	Norm	DIN509 0,8x0,3
7 & 41 (MO)	Breite x Winkel	1 mm X 15°
8 & 39 (FT)	Länge	22,5 mm
	Durchmesser	30m6
	Rundlauf	↗ 0,012 A-B
	O.-Rauheit	4 µm
10 (FT)	Durchmesser	36 mm
	Länge	11,2 mm

Feature-Nr.	Featureeigenschaft	
11 (MO)	Durchmesser	2 mm
	Tiefe	0,1 mm
12 & 45 (-)	Radius	R1
13-36 (FT)	Länge	22,4 mm
	Durchmesser	49 mm
	Rundlauf	↗ 0,013 A-B
	Breite X Winkel	0,7 mm x 45°
	Teilkreisdur.	40 mm
	Teilung	6,414 mm
	O.-Rauheit	Ra 0,8 µm
38 (MO)	Breite x Winkel	0,25 mm x 45°
42 (FT)	Länge	8,5 mm
	Durchmesser	33,1±0,05 mm
43 (-)	Breite x Winkel	1 mm X 15°
44 (-)	Länge	6,9 mm
	Durchmesser	38 mm

Information bzgl. Härtung:
- Randhärte: 720 ± 40 HV1
- Kernhärte: 400 ± 40 HV1
- EHT (500 HV1): 1 mm ± 0,1 mm

FB: Fertigungsbedingt FT: Funktionstragend MO: Montagebedingt

Abbildung 10-2: Übersicht der Features der Ritzelwelle (Fallbeispiel)

Overview of the features of the pinion shaft (case study)

Übersicht Informationen Vorabbewertung Anforderungspakete

A.-Paket	EW	SZ (p.a.)	PZR	Summe SZ	$V_{SZ,i}$
1	80 %	1.500	3.-10. Periode	12.000	0,12
2	70 %	2.500	3.-10. Periode	20.000	0,2
3	75 %	2.000	3.-8. Periode	12.000	0,12
4	85 %	1.000	3.-10. Periode	8.000	0,08
5	50 %	1.300	4.-8. Periode	6.500	0,065
6	90 %	750	2.-5. Periode	3.000	0,03
7	60 %	1.250	3.-7. Periode	6.250	0,0625
8	15 %	800	4.-6. Periode	2.400	0,024
9	20 %	400	4.-6. Periode	1.200	0,012

EW: Eintrittswahrscheinlichkeit *SZ*: Stückzahl *PZR*: Produktionszeitraum A.-Paket
$V_{SZ,i}$: Verhältnis Stückzahl des Anforderungspakets i zur Stückzahl des initialen Bauteils

Abbildung 10-3: Übersicht der Informationen der Vorabbewertung der Anforderungspakete

Overview of information for the preliminary evaluation of the requirements packages

Beschreibung Bauteilanforderungen

		Bauteilvariante BV_1	Bauteilvariante BV_2	Bauteilvariante BV_3
Beinhaltete Anforderungen		AP_1, AP_2, AP_4	AP_3	AP_5
Beschreibung Anforderung		Reduktion Geräuschemissionen (2 dB)	Erhöhung Drehmoment (5 %)	Reduktion Geräuschemissionen (2 dB)
Quelle		Kunde 1, 2 und 3	F & E-Abteilung	Kunde 5
E-WK	Verteilung	Normalverteilung	Normalverteilung	Normalverteilung
	Parameter	$\mu_{EW,1} = 76\%$; $\sigma_{EW,1} = 2{,}35\%$	$\mu_{EW,2} = 75\%$; $\sigma_{EW,2} = 5\%$	$\mu_{EW,3} = 50\%$; $\sigma_{EW,3} = 4\%$
SZ	Verteilung	Normalverteilung	Normalverteilung	Normalverteilung
	Parameter	$\mu_{SZ,1} = 5.000$; $\sigma_{SZ,1} = 111$	$\mu_{SZ,2} = 2.000$; $\sigma_{SZ,2} = 80$	$\mu_{SZ,3} = 1.300$; $\sigma_{SZ,3} = 75$
A-ZP	Verteilung	Konstant	Konstant	Konstant
	Parameter	Periode 3	Periode 3	Periode 4
E-ZP	Verteilung	Konstant	Konstant	Konstant
	Parameter	Periode 10	Periode 8	Periode 8

		Bauteilvariante BV_4	Bauteilvariante BV_5
Beinhaltete Anforderungen		AP_6	AP_7
Beschreibung Anforderung		Steigerung der Lebensdauer (10 %)	Erhöhung Drehmoment (10 %)
Quelle		Kunde 5	F & E-Abteilung
E-WK	Verteilung	Normalverteilung	Normalverteilung
	Parameter	$\mu_{EW,4} = 90\%$; $\sigma_{EW,4} = 10\%$	$\mu_{EW,5} = 60\%$; $\sigma_{EW,5} = 9\%$
SZ	Verteilung	Normalverteilung	Normalverteilung
	Parameter	$\mu_{SZ,4} = 750$; $\sigma_{SZ,4} = 50$	$\mu_{SZ,5} = 1.250$; $\sigma_{SZ,5} = 75$
A-ZP	Verteilung	Konstant	Konstant
	Parameter	Periode 2	Periode 3
E-ZP	Verteilung	Konstant	Konstant
	Parameter	Periode 5	Periode 7

Legende

AP_n: Anforderungspaket n — *A-ZP*: Anfangszeitpunkt — BV_i: Bauteilvariante i

E-WK: Eintrittswahrscheinlichkeit — *E-ZP*: Endzeitpunkt — *SZ*: Stückzahl

$\mu_{AZ|EW|EZ|SZ,i}$: Erwartungswert Anfangszeitpunkt | Eintrittswahrscheinlichkeit | Endzeitpunkt | Stückzahl von Anforderungspaket i (Normalverteilung)

$\sigma_{AZ|EW|EZ|SZ,i}$: Standardabweichung Anfangszeitpunkt | Eintrittswahrscheinlichkeit | Endzeitpunkt | Stückzahl von Anforderungspaket i (Normalverteilung)

Abbildung 10-4: Übersicht der Anforderungen an die Bauteilvarianten des Fallbeispiels

Overview of the requirements for the component variants of the case study

Gewichtung der Bewertungskriterien alternativer Lösungskonzepte

	BK_1	BK_2	BK_3	BK_4
BK_1		0	0	0
BK_2	2		2	1
BK_3	2	0		0
BK_4	2	1	2	
S_i	6	1	4	1
g_i	5	1	3	1

- BK_1 (Herstellkosten) wichtiger als BK_2, BK_3 & BK_4
- BK_2 (Implementierungsaufwand) & BK_4 (Umweltauswirkungen) gleich wichtig
- BK_3 (Häufigkeit) wichtiger als BK_2 & BK_4

Normalisierungsparameter = 5

$$g_i = Rd\left[(X - 1) \cdot \frac{S_i - S_{\min}}{S_{\max} - S_{min}} + 1\right]$$

Legende

BK_i: Bewertungskriterium i

g_i: Gewichtung Kriterium i

S_i: Spaltensumme Kriterium i

Abbildung 10-5: Berechnung der Gewichtungen der Bewertungskriterien alternativer Lösungskonzepte

Calculation of the weightings of the evaluation criteria of alternative solution concepts

10.3 Ergänzende Informationen und Abbildungen zur Validierung in Abschnitt 6.2.3

Supplementary Information and Illustrations for Validation in Section 6.2.3

Bauteilvarianten für Validierung 6.2

BV	FK_jM_h	Erläuterung
BV_1	FK_2M_7	*Reduktion Rauheit auf Rz = 1 µm*
BV_2	FK_2M_8	*Erhöhung Härte auf 790±40 HV1*
BV_3	FK_3M_4	*Reduktion Rauheit auf Rz = 1 µm*
BV_4	FK_2M_7	*Reduktion Rauheit auf Rz = 0,5 µm*
BV_5	FK_3M_4	*Reduktion Rauheit auf Rz = 0,5 µm*

BV_i: Bauteilvariante i

FK_jM_h: Merkmal h der Featureklasse j

Abbildung 10-6: Abweichenden Merkmale von initialem Bauteil der Bauteilvarianten

Deviating characteristics from the initial component of the component variants

Fähigkeiten der FPF_k für relevante Merkmale

Merkmal	FPF_1	FPF_2	FPF_3	FPF_4	FPF_5
FK_2M_7	*≥ 1 µm*	*≥ 0,5 µm*	*≥ 1 µm*	*≥ 0,5 µm*	*≥ 1,5 µm*
FK_2M_8	*≤ 860 HV*	*≤ 900 HV*	*≤ 900 HV*	*≤ 780 HV*	*≤ 880 HV*
FK_3M_4	*≥ 2 µm*	*≥ 2 µm*	*≥ 0,75 µm*	*≥ 0,5 µm*	*≥ 0,5 µm*

FK_jM_h: Merkmal h der Featureklasse j

FPF_k: Fertigungsprozessfolge k

Abbildung 10-7: Übersicht Fähigkeiten der Fertigungsprozessfolgen bzgl. relevanter Merkmale

Overview of the capabilities of the manufacturing process sequences with regard to relevant characteristics

Input für Relevanzbewertung der Bauteilvarianten

BV_i	$\mu_{EW,i}$	$\sigma_{EW,i}$	$\mu_{SZ,i}$(p.a.)	PD_i	$\mu_{GSZ,i}$	$\mu_{AZ,i}$	$\mu_{DB,i}$	$\sigma_{DB,i}$
BV_1	90 %	5 %	6.000	8	48.000	3	50 €	4 €
BV_2	80 %	4 %	5.000	8	40.000	3	45 €	3 €
BV_3	75 %	5 %	3.000	6	18.000	4	40 €	4 €
BV_4	50 %	4 %	1.000	3	3.000	4	40 €	5 €
BV_5	35 %	6 %	900	4	3.600	6	30 €	5 €

Gesamtbetrachtungszeitrum: 10 Perioden bzw. 10 Jahre

Legende

BV_i: Bauteilvariante i PD_i: Produktionsdauer Bauteilvariante i

$\mu_{AZ|DB|EW|GSZ|SZ,i}$: Erwartungswert Anfangszeitpunkt / Deckungsbeitrag / Eintrittswahrscheinlichkeit / Gesamtstückzahl / Stückzahl (p.a.) Bauteilvariante i

$\sigma_{AZ|DB|EW|GSZ|SZ,i}$: Standardabweichung Anfangszeitpunkt / Deckungsbeitrag / Eintrittswahrscheinlichkeit / Gesamtstückzahl / Stückzahl (p.a.) Bauteilvariante i

Abbildung 10-8: Übersicht der Informationen für Relevanzbewertung der Bauteilvarianten

Overview of information for relevance assessment of component variants

Bestimmung der Gewichtungen der Einflussfaktoren

EF_g	EF_1	EF_2	EF_3	EF_4
EF_1	1	0	0	0
EF_2	2	1	0	0
EF_3	2	2	1	2
EF_4	2	2	0	1
$\sum$	7	5	1	3
w_g	0,44	0,31	0,06	0,19

- EF_1 (Eintrittswahrscheinlichkeit) wichtiger als EF_2, EF_3 & EF_4
- EF_2 (Stückzahl) wichtiger als EF_3 & EF_4
- EF_4 *(Deckungsbeitrag) wichtiger als* EF_3 *(Anfangszeitpunkt)*

$$w_g = \frac{Spaltensumme_g}{\sum Spaltensummen};$$

$$z.\,B.\; w_1 = \frac{7}{16} \approx 0{,}44$$

Legende

EF_g: Einflussfaktor g w_g: Gewichtung Einflussfaktor g

Abbildung 10-9: Bestimmung Gewichtungen der Einflussfaktoren der Relevanz Bauteilvarianten

Determination of weightings of the influencing factors of the relevance of component variants

Bestimmung der Gewichtungen der Einflussfaktoren

BV_i	EF_1	EF_2	EF_3	EF_4
$R^*_{g,1}$	18	0,43	0,7	13
$R^*_{g,2}$	20	0,36	0,7	15
$R^*_{g,3}$	15	0,16	0,6	10
$R^*_{g,4}$	12,5	0,03	0,6	8
$R^*_{g,5}$	5,83	0,03	0,4	6
$R_{g,1}$	0,9	1	1	0,83
$R_{g,2}$	1	0,83	1	1
$R_{g,3}$	0,75	0,375	0,86	0,67
$R_{g,4}$	0,63	0,06	0,86	0,53
$R_{g,5}$	0,29	0,08	0,57	0,4

Beispielrechnungen:

$$R^*_{2,2} = \frac{40.000}{48.000 + 40.000 + 18.000 + 3.000 + 3.6000} \approx 0{,}35$$

$$R^*_{3,3} = \frac{1}{10} \cdot (1 - 4) = 0{,}6$$

$$R^*_{4,5} = \frac{30\,€}{5\,€} = 6$$

Legende

BV_i: Bauteilvariante i EF_g: Einflussfaktor g

$R^*_{g,i}$: Absolute Relevanz BV_i bezogen auf EF_g

$R_{g,i}$: Relative Relevanz BV_i bezogen auf EF_g

R^*_i: Absolute Relevanz BV_i

R_i: Relative Relevanz BV_i

Abbildung 10-10: Übersicht der Ergebnisse der Bewertung der Relevanz der Bauteilvarianten je Einflussfaktor

Overview of the results of the evaluation of the relevance of the component variants per influencing factor

Übersicht Risikobewertung der Reduktion von Fertigungsprozessfolgen

Szenario s	*Gestrichene FPF*	NI_s	RZ_s	RI_s	NRI_s
S_1	FPF_1 raus	5	1,2517	0,1312	38,1212
S_2	FPF_2 raus	5	1,4867	0,2685	18,621
S_3	FPF_3 raus	5	1,3167	0,1741	28,7238
S_4	FPF_4 raus	5	1,6533	0,3422	14,6103
S_5	FPF_5 raus	5	1,4208	0,2346	21,3141
S_6	FPF_1 & FPF_2 raus	11	1,815	0,4008	27,4433
S_7	FPF_1 & FPF_3 raus	10	1,69	0,3565	28,0498
S_8	FPF_1 & FPF_4 raus	10	1,8983	0,4271	23,4127
S_9	FPF_1 & FPF_5 raus	10	1,6683	0,3481	28,7242
S_{10}	FPF_2 & FPF_3 raus	10	1,925	0,4351	22,9851
S_{11}	FPF_2 & FPF_4 raus	11	2,3683	0,5408	20,3399
S_{12}	FPF_2 & FPF_5 raus	10	1,9033	0,4286	23,3305
S_{13}	FPF_3 & FPF_4 raus	10	2,2283	0,5120	19,5328
S_{14}	FPF_3 & FPF_5 raus	10	1,9983	0,4558	21,9401
S_{15}	FPF_4 & FPF_5 raus	10	2,3467	0,5366	18,6364
S_{16}	FPF_1 & FPF_4 & FPF_5 raus	15	2,675	0,5935	25,2756
S_{17}	FPF_2 & FPF_4 & FPF_5 raus	16	3,145	0,6542	24,4569
S_{18}	FPF_3 & FPF_4 & FPF_5 raus	16	5,315	0,7954	20,1159

Beispielrechnungen: $NI_1 = 1 + 2 \cdot 2 + 0 = 5 \quad RZ_1 = \frac{0{,}97}{3} + \frac{1}{3} + \frac{0{,}66}{3} + \frac{0{,}47}{2} + \frac{0{,}88}{2} \approx 1{,}2517$

$$RI_1 = 1 - \frac{1{,}0875}{1{,}2517} \approx 0{,}1312 \quad NRI_1 = \frac{5}{0{,}1312} \approx 38{,}1212$$

Legende

FPF_k: Fertigungsprozessfolge k NI_s: Nutzenindex S_s NRI_s: Nutzen-Risiko-Verhältnis S_s
RI_s: Risikoindex Szenario s RZ_s: Risikozahl Szenario s S_s: Szenario s

Abbildung 10-11: Übersicht Berechnungsergebnisse der Risikobewertung der Reduktion von Fertigungsprozessfolgen

Overview of calculation results of the risk Evaluation of the reduction of manufacturing process sequences

10.4 Exemplarische Ergebnisdarstellung Softwareprototyp

Exemplary Presentation of Results for the Software Prototype

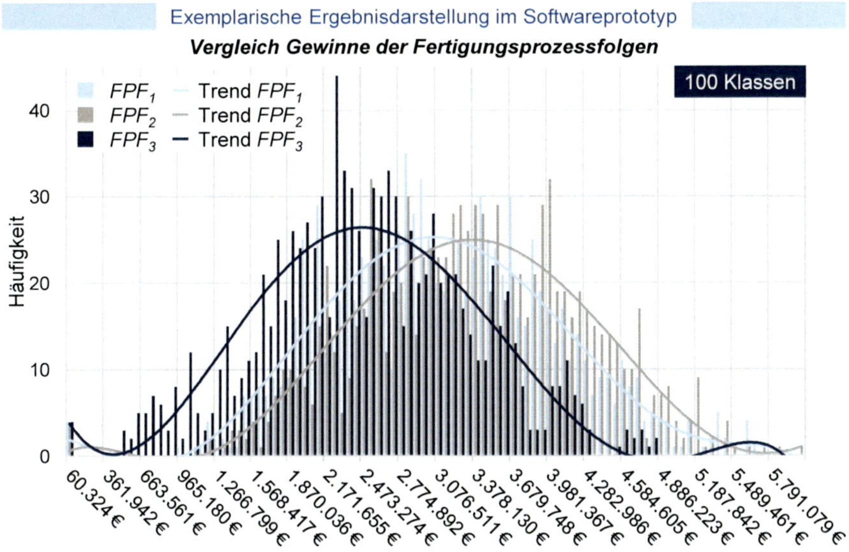

Abbildung 10-12: Exemplarische Ergebnisdarstellung Softwareprototyp (100 Klassen)

Exemplary presentation of results of the software prototype (100 classes)

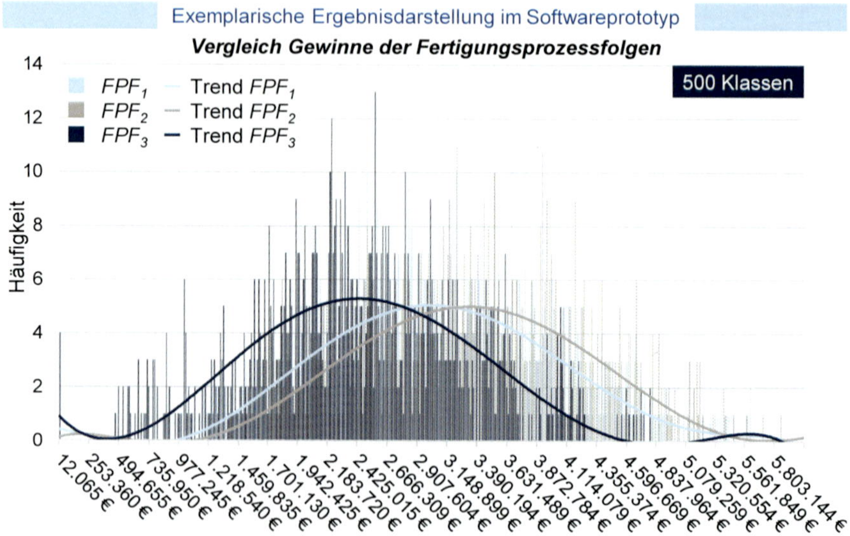

Abbildung 10-13: Exemplarische Ergebnisdarstellung Softwareprototyp (500 Klassen)

Exemplary presentation of results of the software prototype (500 classes)

10.5 Ergänzende Informationen und Abbildungen zur Validierung in Abschnitt 6.3.3

Supplementary Information and Illustrations for Validation in Section 6.3.3

Übersicht Inputinformationen Bauteilvarianten Wirtschaftlichkeitsbewertung (1/2)

		BV_0	BV_1	BV_2
Stückzahl pro Periode	Periode 1	4.000	-	-
	Periode 2	4.000	-	-
	Periode 3	4.000	-	NV ($\mu_{SZ,2} = 2.000$; $\sigma_{SZ,2} = 120$)
	Periode 4	3.500	NV ($\mu_{SZ,1} = 3.000$; $\sigma_{SZ,1} = 100$)	NV ($\mu_{SZ,2} = 2.000$; $\sigma_{SZ,2} = 120$)
	Periode 5	3.000	NV ($\mu_{SZ,1} = 3.000$; $\sigma_{SZ,1} = 100$)	NV ($\mu_{SZ,2} = 2.000$; $\sigma_{SZ,2} = 120$)
	Periode 6	3.000	NV ($\mu_{SZ,1} = 3.000$; $\sigma_{SZ,1} = 100$)	NV ($\mu_{SZ,2} = 2.000$; $\sigma_{SZ,2} = 120$)
	Periode 7	3.000	NV ($\mu_{SZ,1} = 3.000$; $\sigma_{SZ,1} = 100$)	NV ($\mu_{SZ,2} = 2.000$; $\sigma_{SZ,2} = 120$)
	Periode 8	3.000	-	-
	Periode 9	3.000	-	-
	Periode 10	3.000	-	-
Rohmaterial		2,67 kg	2,67 kg / Stück	2,67 kg / Stück
Preis Rohmat.		2 €	2 € / pro kg	2 € / pro kg
Verkaufspreis		150 €	175 €	175 €
E-WK		100 %	80 %	NV ($\mu_{EW,2} = 70\ \%$; $\sigma_{SZ,2} = 5\ \%$)
A-ZP		1	Periode 4	Periode 3
E-ZP		11	Periode 8	NV ($\mu_{EZ,2} = 7$; $\sigma_{EZ,2} = 1$)

Legende

A-ZP: Anfangszeitpunkt — BV_i: Bauteilvariante i — *E-WK*: Eintrittswahrscheinlichkeit

E-ZP: Endzeitpunkt — *NV*: Normalverteilung — *SZ*: Stückzahl

$\mu_{EW|EZ|SZ,i}$: Erwartungswert Eintrittswahrscheinlichkeit | Endzeitpunkt | Stückzahl von Anforderungspaket i (Normalverteilung)

$\sigma_{EW|EZ|SZ,i}$: Standardabweichung Eintrittswahrscheinlichkeit | Endzeitpunkt | Stückzahl von Anforderungspaket i (Normalverteilung)

Abbildung 10-14: Informationen Bauteilvarianten für die Validierung von Abschnitt 6.3 (1/2)

Information on component variants for the validation of section 6.3 (1/2)

Übersicht Inputinformationen Bauteilvarianten Wirtschaftlichkeitsbewertung (2/2)

		BV_3	BV_4
Stückzahl pro Periode	*Periode 1*	-	-
	Periode 2	-	-
	Periode 3	-	-
	Periode 4	-	-
	Periode 5	*NV* ($\mu_{SZ,3} = 3.500; \sigma_{SZ,3} = 250$)	-
	Periode 6	*NV* ($\mu_{SZ,3} = 3.500; \sigma_{SZ,3} = 250$)	-
	Periode 7	*NV* ($\mu_{SZ,3} = 3.500; \sigma_{SZ,3} = 250$)	*NV* ($\mu_{SZ,4} = 2.000; \sigma_{SZ,4} = 100$)
	Periode 8	*NV* ($\mu_{SZ,3} = 3.500; \sigma_{SZ,3} = 250$)	*NV* ($\mu_{SZ,4} = 2.000; \sigma_{SZ,4} = 100$)
	Periode 9	*NV* ($\mu_{SZ,3} = 3.500; \sigma_{SZ,3} = 250$)	*NV* ($\mu_{SZ,4} = 2.000; \sigma_{SZ,4} = 100$)
	Periode 10	-	-
Rohmaterial		*2,67 kg / Stück*	*2,67 kg / Stück*
Preis Rohmat.		*2 € / pro kg*	*2 € / pro kg*
Verkaufspreis		*170 €*	*155 €*
E-WK		*GV (Untere G.=40%; obere G.=60%)*	*NV* ($\mu_{EW,4} = 45\ \%; \sigma_{SZ,4} = 4\ \%$)
A-ZP		*GV (Untere G.=5; obere G. = 7)*	*Periode 7*
E-ZP		*GV (Untere G.= 8; obere G. = 10)*	*Periode 10*

Legende

A-ZP: Anfangszeitpunkt BV_i: Bauteilvariante i *E-WK*: Eintrittswahrscheinlichkeit

E-ZP: Endzeitpunkt *NV*: Normalverteilung *SZ*: Stückzahl

$\mu_{EW|EZ|SZ,i}$: Erwartungswert Eintrittswahrscheinlichkeit | Endzeitpunkt | Stückzahl von Anforderungspaket i (Normalverteilung)

$\sigma_{EW|EZ|SZ,i}$: Standardabweichung Eintrittswahrscheinlichkeit | Endzeitpunkt | Stückzahl von Anforderungspaket i (Normalverteilung)

Abbildung 10-15: Informationen Bauteilvarianten für die Validierung von Abschnitt 6.3 (2/2)

Information component variants for the validation of section 6.3 (2/2)

Übersicht Informationen Wirtschaftlichkeitsbewertung Fertigungsprozessfolge FPF_1

		FP_2^1	FP_3^1	FP_4^1	FP_6^1	FP_7^1
Laufzeit pro Periode		2.080 h	2.080 h	2.080 h	2.080 h	2.080 h
Abschr.-kosten Periode		62.720 €	30.000 €	65.500 €	90.000 €	80.000 €
Raumkosten Periode 1		877,50 €	1.050 €	2.860 €	2.230 €	2.400 €
Instandhaltungsk. Periode 1		6.000 €	5.000 €	3.000 €	7.000 €	12.000 €
Zinskosten pro Periode		12.480 €	8.550€	12.825 €	22.500 €	13.400 €
Werkzeug 1	Standmenge	100	250	700	1.000	400
	Kosten	50 €	100 €	300 €	80 €	20 €
Werkzeug 2	Standmenge	50	1.000	700	100	800
	Kosten	10 €	80 €	300 €	82 €	78 €
Werkzeug 3	Standmenge	200	745	-	-	-
	Kosten	200 €	60 €	-	-	-
Bedienverhältnis		2	2	2	2	2
Prozesszeit BV_0		420 s	74 s	518 s	300 s	190 s
Prozesszeit BV_1		430 s	87 s	500 s	250 s	190 s
Prozesszeit BV_2		430 s	67 s	480 s	270 s	195 s
Prozesszeit BV_3		380 s	67 s	480 s	270 s	195 s
Prozesszeit BV_4		400 s	80 s	490 s	320 s	300 s

Legende

BV_i: Bauteilvariante *i* FP_j^k: Fertigungsprozess *j* der Fertigungsprozessfolge FPF_k

Abbildung 10-16: Informationen Fertigungsprozessfolge 1 für die Validierung von Abschnitt 6.3

Information manufacturing process sequence 1 for the validation of section 6.3

Übersicht Informationen Wirtschaftlichkeitsbewertung Fertigungsprozessfolge FPF_2

		FP_2^2	FP_3^2	FP_4^2	FP_6^2	FP_7^2
Laufzeit pro Periode		2.080 h	2.080 h	2.080 h	2.080 h	2.080 h
Abschr.-kosten Periode		62.720 €	30.000 €	65.500 €	90.000 €	60.000 €
Raumkosten Periode 1		877,50 €	1.050 €	2.860 €	2.230 €	2.350 €
Instandhaltungsk. Periode 1		6.000 €	5.000 €	3.000 €	7.000 €	5.000 €
Zinskosten pro Periode		12.480 €	8.550€	12.825 €	22.500 €	11.180 €
Werk-zeug 1	Standmenge	100	250	700	1.000	800
	Kosten	50 €	100 €	300 €	80 €	60 €
Werk-zeug 2	Standmenge	50	1.000	700	100	700
	Kosten	10 €	80 €	300 €	82 €	60 €
Werk-zeug 3	Standmenge	200	745	-	-	-
	Kosten	200 €	60 €	-	-	-
Bedienverhältnis		2	2	2	2	2
Prozesszeit BV_0		420 s	74 s	518 s	300 s	400 s
Prozesszeit BV_1		430 s	87 s	500 s	250 s	350 s
Prozesszeit BV_2		430 s	67 s	480 s	270 s	330 s
Prozesszeit BV_3		380 s	67 s	480 s	270 s	380 s
Prozesszeit BV_4		Bauteilvariante mit Fertigungsprozessfolge nicht herstellbar				

Legende

BV_i: Bauteilvariante *i* FP_j^k: Fertigungsprozess *j* der Fertigungsprozessfolge FPF_k

Abbildung 10-17: Informationen Fertigungsprozessfolge 2 für die Validierung von Abschnitt 6.3

Information manufacturing process sequence 2 for the validation of section 6.3

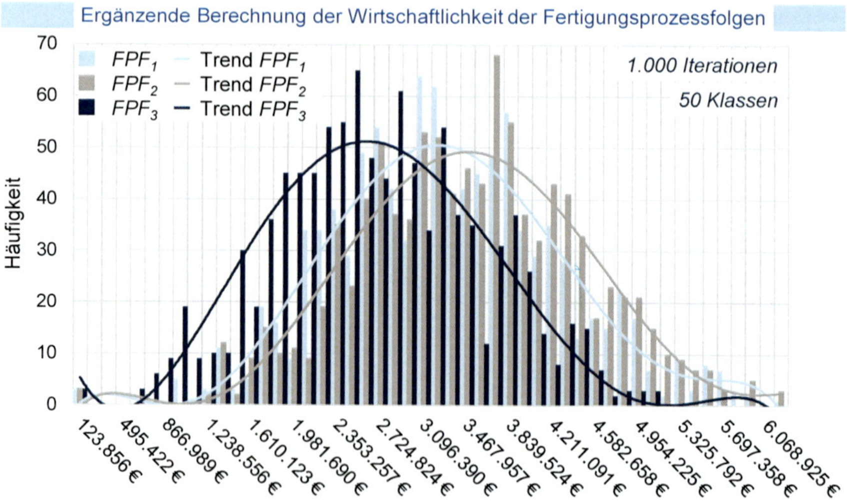

	Erwartungswert Gewinn	Standardabweichung Gewinn
Fertigungsprozessfolge 1	3.261.661 €	953.947 €
Fertigungsprozessfolge 2	3.448.682 €	949.024 €
Fertigungsprozessfolge 3	2.629.990 €	886.801 €

Abbildung 10-20: Ergänzende Berechnung der Wirtschaftlichkeit der Fertigungsprozessfolgen des Fallbeispiels

Additional Calculation of the Economic Efficiency of the Manufacturing Process Sequences of the Case Study

In der Reihe **Innovations in Manufacturing Technology** zuletzt erschienen:

Stauder, Lars Niklas:
Planung flexibler und wirtschaftlicher Fertigungsprozessfolgen für die variantenreiche Serienfertigung
ISBN 978-3-98555-307-5
Erscheinungsdatum: 27.10.2025

Smyczek, Gregor Josef:
Schwingungsunterstützte Zerspanung von faserverstärkten Kunststoffen
ISBN 978-3-98555-301-3
Erscheinungsdatum: 06.10.2025

Prinz, Sebastian:
Material Removal Behavior during Grinding of Fiber-Reinforced Non-Oxide Ceramics
ISBN 978-3-98555-297-9
Erscheinungsdatum: 04.08.2025

Ganser, Philipp:
Adaptive Milling of Free-Form Surfaces with Circle Segment End Mills
ISBN 978-3-98555-274-0
Erscheinungsdatum: 02.06.2025

Edition Wissenschaft
Apprimus

Meurer, Markus:

Modellgestützte Schätzung prozessinduzierter Rekristallisationsmechanismen in der Zerspanung

ISBN 978-3-98555-266-5
Erscheinungsdatum: 15.04.2025

Apelt, Sebastian:

Methodik zur Gestaltung agiler Serienanläufe

ISBN 978-3-98555-270-2
Erscheinungsdatum: 31.03.2025

Horstkotte, Rainer:

Methodik zur Automatisierung der additiven Prozesskette mit Pulverbettverfahren

ISBN 978-3-98555-258-0
Erscheinungsdatum: 24.03.2025

Holst, Carsten:

Automated Flank Wear Segmentation and Measurement with Deep Learning Image Processing

ISBN 978-3-98555-261-0
Erscheinungsdatum: 10.02.2025

Kolibri 360 GmbH
Ferdinand-Jühlke-Straße 7
99095 Erfurt, Deutschland
produktsicherheit@kolibri360.de